高职高专机电类
工学结合模式教材

浙江省"十一五"重点教材建设项目

模块化生产加工系统(MPS)运行、调试及维修

高龙士 主 编

唐 鸣 吕原君 副主编

清华大学出版社

北京

内 容 简 介

本书从实际应用出发,以实际操作和企业应用案例对模块化生产加工系统(MPS)和库卡(KUKA)机器人进行了介绍,基于工作任务的课程设计理念把 PLC 技术、传感器技术、气压传动技术等领域的知识和操作技能进行了有机融合。每个工作任务都包含了工作原理、过程分析、工作准备、工作实施、成果检验和任务总结 6 个环节,并针对该工作任务所涉及的专业知识和技能进行了较详细的阐述。

本书可作为高等职业院校机电一体化技术、工业自动化、电气工程及其自动化、生产过程自动化等专业的教材,也可供工程技术人员自学使用和作为培训教材。

图书在版编目(CIP)数据

模块化生产加工系统(MPS)运行、调试及维修/高龙士主编. —北京:清华大学出版社,2012.12
(2017.8 重印)
(高职高专机电类工学结合模式教材)
ISBN 978-7-302-29802-1

Ⅰ. ①模… Ⅱ. ①高… Ⅲ. ①机电一体化-模块化-加工-高等职业教育-教材 Ⅳ. ①TH-39

中国版本图书馆 CIP 数据核字(2012)第 190141 号

责任编辑:刘翰鹏
封面设计:刘艳芝
责任校对:袁　芳
责任印制:刘祎淼

出版发行:清华大学出版社
　　　　　网　　　址:http://www.tup.com.cn,http://www.wqbook.com
　　　　　地　　　址:北京清华大学学研大厦 A 座　　　　邮　　编:100084
　　　　　社 总 机:010-62770175　　　　　　　　　　　邮　　购:010-62786544
　　　　　投稿与读者服务:010-62776969,c-service@tup.tsinghua.edu.cn
　　　　　质 量 反 馈:010-62772015,zhiliang@tup.tsinghua.edu.cn
　　　　　课 件 下 载:http://www.tup.com.cn,010-62795764
印 装 者:北京国马印刷厂
经　　销:全国新华书店
开　　本:185mm×260mm　　印　张:14　　　字　　数:314 千字
版　　次:2012 年 12 月第 1 版　　　　　　　印　　次:2017 年 8 月第 2 次印刷
印　　数:3001~3800
定　　价:36.00 元

产品编号:041953-02

　　本书以德国 FESTO 公司生产的模块化生产加工系统(MPS)教学设备为基础,针对 MPS 的组成结构、技术体系进行了较为详细的介绍。根据学习过程的一般规律,对学习内容采用了基于工作过程的方式进行编排。本书针对气压传动技术、传感器技术和 PLC 技术 3 方面内容,按照知识和技能的学习顺序分为基础篇和任务篇,对 MPS 的运行、调试、维护及相关知识和技能做出了较为全面的介绍。基础篇分 4 个专题,主要讲述必要的基础知识;任务篇精心设计了 8 个任务,每个任务中"任务实施过程"部分是核心内容,其余部分是相应知识和技能的拓展、补充和完善。

　　全书通过完成 8 个任务,力求启发读者去思考、探询、解决一些机电设备运行、调试及维修方面的实际问题,突出处理生产实际问题能力的培养,以提高学生对知识的综合应用能力;同时,通过完成组装、编程、设计流水线的任务,突出创新意识的培养,进一步激发学生的创新潜能。

　　本书注重实际,强调应用,努力以"模块导向、任务驱动、理实一体"的教学理念进行课程设计,是一本偏重工程实践性的应用类教程,可作为高等职业院校机电一体化技术、工业自动化、电气工程及其自动化、生产过程自动化等专业的教材,也可供工程技术人员自学使用和作为培训教材,对了解和掌握模块化的生产加工过程具有较大的参考价值。

　　本书由浙江工业职业技术学院高龙士担任主编,唐鸣、吕原君担任副主编,吴雄喜、高奇峰、卢民等参加了编写。在编写过程中得到了许多同行的大力帮助和支持,在此深表感谢。

　　由于编者水平有限,书中难免存在不妥之处,恳请读者批评指正。

编　者

2012 年 6 月

基 础 篇

任 务 篇

基础篇

模块系统的构成

1.1 MPS 教学系统技术特征

常用的 MPS(模块化生产加工系统)具有 5 个工作单元,按照工序流程依次为供料单元、检测单元、加工单元、操作手单元和分拣单元,如图 1-1-1 所示。

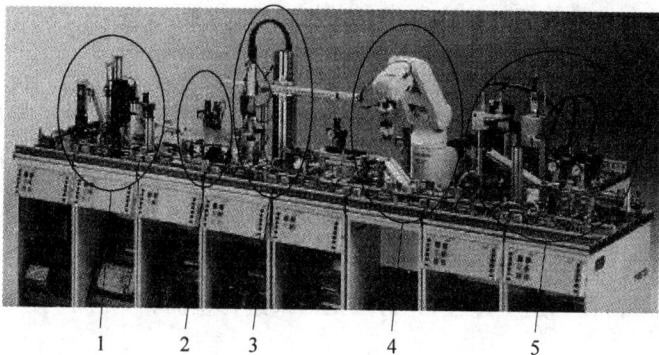

图 1-1-1　MPS 的组成单元

1—供料单元；2—检测单元；3—加工单元；4—操作手单元；5—分拣单元

5 个单元功能相对独立,在工序流程上又存在着一定的联系,如图 1-1-2 所示。前述 5 个工作单元作为一个功能独立的模块出现,每个模块拥有各自对应的软件处理系统用以完成独立的工作,而生产线中所存在的产品在被每个模块"处理"之后,即一道工序完成之后,必须得到软件的确认、判断和处理,之后进入后一道工序,即下一个模块。图 1-1-2 中的"放行"意义即此。通过"工序"使 5 个模块之间产生联系。

如图 1-1-2 所示,各个模块拥有自己独立的软件系统,然而各个软件处理系统之间同样存在着联系,即信息的交换。交换的信息对应于各个模块,对于智能系统而言,这种信息交换称为"通信",将在 1.4 节中进行

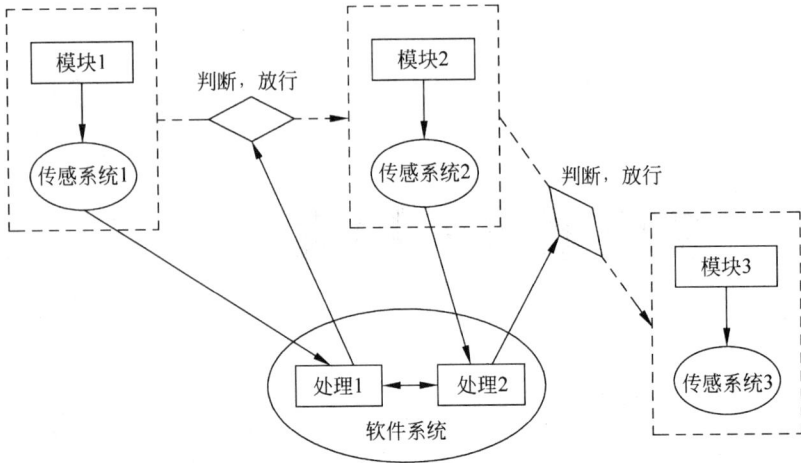

图 1-1-2　模块之间通过工序相互联系

详细讲述。

各个单元的基本功能如下。

1. 供料单元

依照顺序将放置在料仓中的毛坯料依次取出，放置在特定位置。

2. 检测单元

通过机构获取到物料，对物料进行颜色、材质的辨识以及高度的检测，对于辨别符合要求的物料，将其送入到下一个环节，对于不符合要求的物料则将其通过滑槽送出工作站。

3. 加工单元

对物料进行加工，包括钻孔等加工过程，并对加工效果进行检测。

4. 操作手单元

将加工完毕后的工件取走，并进行辨别——符合加工要求的工件送入下一个环节，否则通过滑槽送出工作站。

5. 分拣单元

将成品工件进行分类，从不同的滑槽送出工作站。

1.2　PLC 及其控制系统概述

"软件是核心"，作为功能完整的机电一体化系统，软件需要担负起系统中各个功能元件的控制、信息采集、任务协调等工作。由此可知，软件设计的合理程度将是整个系统是否能够稳定工作的前提和保障。MPS 以 PLC 作为软件的载体，所采用的 PLC 的型号为 SIMATIC S7-300。

1.2.1 PLC型号的选取：西门子S7-300

西门子的产品 SIMATIC S7-300 属于中小型 PLC 系统,在模块化编程设计方面相对于其他品牌 PLC 而言具有独到之处。同时,S7-300在便于安装、自由扩展方面具有较强的优势,适用于作为中小型应用系统的 MPS,如图 1-1-3 所示。因此,S7-300 在工程领域的诸多行业中均有较为广泛的使用。S7-300 本身共包含电源(PS)、中央处理器(CPU)、信号模板(SM)、功能模板(FM)、通信处理器(CP)5 个常用模块。此外,S7-300 与编程器或者安装了针对 S7-300 的编程软件的 PC 组合则构成一个完整的 PLC 系统。

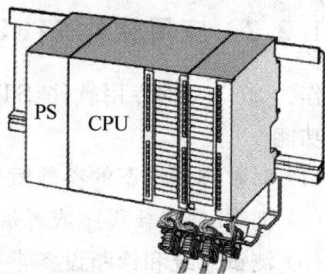

图 1-1-3　安装在机架上的 S7-300

1. S7-300 的特点

(1) 由一个中央处理单元(CPU)和一个或多个扩展模块组成(EM)。如果已用完所有 CU 的插槽,则可以使用 EM。其所有模块可装在一个导轨上。

(2) S7-300 信号模板种类较多,几乎拥有所有类别信号的模板、功能模板、通信处理器模板、接口模板、空位模板。

(3) S7-300 是一个面维护的系统,仅仅需要将操作系统备份在微型存储卡(MMC)上即可。

(4) 相对于其他品牌的 PLC 而言,SIMATIC S7-300 系列的 CPU 在工作过程中具有更高的安全性:CPU 所具有的 4 种工作模式的选择均需要通过一个钥匙开关进行控制,只有当钥匙开关插上时,才可改变工作模式,可有效防止因无关人员改变运行模式或改变用户程序而造成安全事故。

2. CPU 的 4 种工作模式

(1) RUN-P 模式

在 RUN-P 模式下,允许用户向 CPU 下载用户程序,一般用于程序调试,在使用进程中,钥匙开关不能拔出。

(2) RUN 模式

在 RUN 模式下,PLC 正常工作,程序被扫描、执行,在进程中不能下载或者修改程序,且可以取出钥匙以保护程序不被更改。

(3) STOP 模式

在 STOP 模式下,用户程序不被扫描和执行,程序可被下载或加载,可取出钥匙以防止误操作。

(4) MERS 模式

在 MERS 模式下,可以复位,清除所有内部存储器的用户程序,但需要复杂的操作动作。

由此可见,S7-300 具有比较突出的工作和安全性能。除此之外,用户所使用的市售人机接口、触摸屏、组态软件绝大部分均是利用 S7-300 编程电缆(适配器)结合编程软件

STEP 7 原理开发出来的,故而利用西门子 STEP 7 软件能够对 S7-300 方便、安全而快捷地编程。事实上,STEP 7 或者 STEP 7-Lite 能够以简单的方式和友好的界面实现 S7-300 的全部功能。下面对 STEP 进行简单介绍。

1.2.2　应用软件 STEP 7

作为 S7-300 的专用软件,STEP 7 除了具有基本的程序创建和修改功能之外,还拥有以下功能。

(1) 对硬件和组态的参数赋值。

(2) 向 PLC 加载程序或者从 PLC 下载程序。

(3) 测试系统和诊断设备常见故障。

(4) 拥有 SIMATIC 管理器、硬件和网络组态、符号编辑器等实用工具。

与其他应用软件相同,STEP 7 对 PC 具有基本的安装要求:CPU 80486 以上,RAM 在 32MB 以上,硬盘空间至少 100MB,操作系统为 Windows 95/98/Me/NT。

STEP 7 采用了与诸多高级语言类似的结构化编程环境。作为 PLC 的程序编辑器,STEP 7 采用 PLC 固有的编程语言进行编程,然后将编写的程序文件导入到 PLC 的 ROM 中。

1.2.3　数据接口卡

数据接口卡的作用是为系统中的信息进出 PLC 提供专用的通道。

一个功能完备的机电一体化系统必然包含各种数据信息。其中,PLC(或其他形式的智能终端,例如 PC、微型机、工控机等)负责传感器系统的信息汇聚、外设的命令发布等涉及信号输入/输出的控制,可能存在着相对于 PLC 自有接口而言需要接入的设备数量众多的问题。因此,必须采用一种手段进行接口的扩展。另外,PLC 驱动能力的限制、信号制式的不统一(例如串行和并行数据)等问题均存在于实际的数据采集和命令发布通道的设计中,因而采用数据接口卡,使得具有独立编程能力的接口卡能够进行数据通信的操作,以减轻 PLC 的负担,保证系统工作的高效率。

数据接口卡实际上是能够内置通信协议的芯片组。

1.3　气动系统及传感器系统构成

通过前面对 MPS 结构的简要介绍可知,气压传动结构为 MPS 的主要硬件体系之一。每个独立的工作单元都是 MPS 中功能完整的组成部分,其中的气动系统均与传感器系统相配合。组成部分中的每个气动元件均采用了与电子元件相结合的方式以便于进行检测,使得 MPS 中的每个组成部分都能够受到来自 PLC 的实时监控,从而实现完整的系统功能。因此,要对 MPS 的硬件组织进行分门别类的介绍,应包含两个系统,即气压传动系统和传感与检测系统。

1.3.1　气压传动系统

气压传动系统是 MPS 硬件系统的主要组成部分,通过气动回路组成 MPS 的整个工作流程。本节将介绍气压传动的基本原理,分类别对气压元件进行概括介绍,从气压回路方面进一步介绍 MPS 结构。MPS 中所涉及的具体元件及其应用将在后续章节的对应部分做出具体说明。

1. 气压传动系统结构

气压传动系统的工作原理是利用空气压缩机将电动机或其他原动机输出的机械能转换为空气的压力能,然后在控制元件的控制和辅助元件的配合下,通过执行元件把空气的压力能转换为机械能,如图 1-1-4 所示。

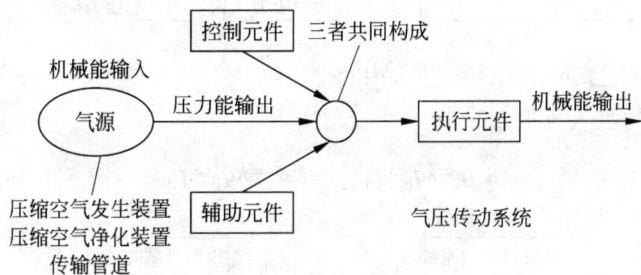

图 1-1-4　气压传动系统原理简图

气压传动系统的计量参数意义及定义如下。

(1) 计量单位

国际单位制:帕斯卡(简称帕,Pa)

常用的单位:大气压(atm)或千克力每平方厘米(kgf/cm²)

实际应用单位:兆帕(MPa)或巴(bar)

(2) 压力单位换算

$1Pa=1N/m^2$,　　　　$1MPa=10^6 Pa$,　　　　$1bar=10^5 Pa=0.1MPa$

$1atm=1.033kgf/cm^2=1.0133bar=101330Pa$

(3) 表压力

表压力是指相对于大气压的压力差。在工程领域中常用表压力来表示。表压力为 0 时,绝对压力即为大气压。

(4) 压力的正负

以大气压力作为参考零点,大于大气压力的压力为正压力,小于大气压力的压力则为负压力。负压力也称为真空。

2. 气源(空气压缩机的选择)

如图 1-1-4 所示,"气源"是气动系统提供符合一定要求的压缩空气的系统,包含了压缩空气发生装置、压缩空气净化装置和传输管道等装置。

压缩空气发生装置主要为空气压缩机(Air Compressor)。空气压缩机简称空压机,是气源装置中的主体,是将原动机(通常是电动机)的机械能转换成气体压力能的装置。空气压缩机主要依据气动系统的工作压力和流量选择。由于要考虑到供气管道的沿程损失和局部损失,空气压缩机的工作压力应比气动系统中的最高工作压力高 20% 左右。如果系统中某些地方的工作压力要求较低,可以采用减压阀来供气。空气压缩机的额定排气压力分为低压(0.7～1.0MPa)、中压(1.0～10MPa)、高压(10～100MPa)和超高压(100MPa 以上),可根据实际需求来选择。通常使用的压力一般为 0.7～1.25MPa。

(1) 空压机的输出压力 p_c。

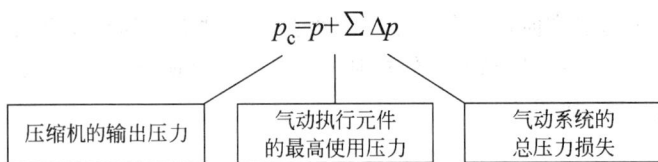

$$p_c = p + \sum \Delta p$$

| 压缩机的输出压力 | 气动执行元件的最高使用压力 | 气动系统的总压力损失 |

一般情况下, $\sum \Delta p = 0.15 \sim 0.2$MPa。

(2) 空压机的吸入流量 q_c。

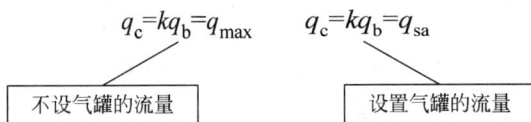

$$q_c = kq_b = q_{max} \qquad q_c = kq_b = q_{sa}$$

| 不设气罐的流量 | 设置气罐的流量 |

式中:q_b——气动系统提供的流量。

q_{max}——气动系统的最大耗气量。

q_{sa}——气动系统的平均耗气量。

q_c——空压机的吸入流量。

k——修正系数。主要考虑气动元件、管接头等处的漏损、气动系统耗气量的估算误差、多台气动设备不同时使用的利用率以及增添新的气动设备的可能性等因素。一般而言 $k = 1.5 \sim 2.0$。

(3) 空压机的功率 P

$$P = (n+1)kp_1 q_c \left(\frac{p_c}{p_1}\right)^{\frac{(k-1)/[(n+1)k]-1}{0.06(k-1)}}$$

3. 控制元件

通过气动控制元件(Pneumatic Control Components)能够改变工作介质的压力、流量或流动方向,从而完成执行元件所规定的运动,如各种压力、流量、方向控制阀和各种气动逻辑元件。气动系统中的控制元件主要指各类阀,不论哪类阀都要满足动作灵敏、使用可靠、密封性能好、结构紧凑且安装调整、使用维护方便、通用性强等基本要求。

气压传动系统中的控制元件通常有方向控制阀、压力控制阀、流量控制阀等。

4. 气动执行元件

执行元件是装置中将电信号转换为某种规定动作的器件。如图 1-1-4 所示,气动执行元件(Pneumatic Actuator)是将气体能量转换成机械能以实现往复运动或回转运动的执行元件,实现直线往复运动的气动执行元件称为气缸,实现回转运动的气动执行元件称为气缸马达。

一般而言,气动执行元件常见的有气缸和气动马达。

（1）气缸

气缸一般用 0.5～0.7MPa 的压缩空气作为动力源，行程从数毫米到数百毫米，输出推力从数十千克到数十吨。随着应用范围的扩大，还不断出现新结构的气缸，如带行程控制的气缸、气液进给缸、气液分阶进给缸、具有往复和回转 90°两种运动方式的气缸等。

气缸一般分为单作用式和双作用式，如表 1-1-1 所示。

表 1-1-1 单作用式气缸和双作用式气缸

单作用式	压缩空气从一端进入→气缸前向运动→另一端依靠弹簧力或者自重使得气缸回到原来位置
双作用式	双作用式气缸活塞的往复运动均由压缩空气推动

（2）气动马达

气动马达通常也分为两种，如表 1-1-2 所示。

表 1-1-2 常见的两种气动马达

摆动式	叶片式	通过气路进排气产生压缩空气推动叶片带动转子摆动
	螺杆式	利用螺杆将活塞的直线运动转变为回转运动
回转式	叶片式	活塞式转矩大，叶片式转速高
	活塞式	

摆动式马达是依靠装在轴上的销轴来传递扭矩的，在停止回转时有很大的惯性力作用在轴心上，即使调节缓冲装置也不能消除这种作用，因此需要采用油缓冲，或设置外部缓冲装置。回转式气动马达可以实现无级调速，只要控制气体流量就可以调节功率和转速。它还具有过载保护作用，过载时马达只降低转速或停转，但不超过额定转矩。

1.3.2 MPS 中的传感器系统

作为自动化、智能化的机电一体化设备，在 MPS 中，PLC 对气压传动系统的控制，需要依据源自于气动元件各种动作信息的实时反馈。因此，MPS 中的气压传动系统离不开传感器技术的支持。MPS 中的智能 PLC 对各个单元以及各个单元内部各组件的控制，将以分布在工作系统中各处的传感器的信号为依据，所有的传感器信号与 PLC 控制程序相配合就构成了 MPS 的传感器系统。本节将对 MPS 中的传感器系统的组织结构以及所使用的传感器类别进行简要介绍，所涉及的元件的具体功能及应用将在后续章节中进行详细说明。

1. MPS 中的传感器系统

每个独立的工作单元均对应了 PLC 的处理程序，则这些处理程序工作的依据便是传感器的信号，例如，在气压传动系统中，气缸的运动位置需要进行限制；在某个状况下，气缸是否需要前进或者后退，则需要 PLC 对气缸运动条件是否满足进行判断，判断依据则来自于传感器的信号。图 1-1-5 较清楚地表示出了传感器系统与气压传动系统之间的关系。

如图 1-1-5 所示，传感器将实时地向 PLC 传送来自于气动元件的状态，不论是气缸的位置状态抑或是各种阀的通断状态，作为一个完整的系统，PLC 必须实时地得到所有元

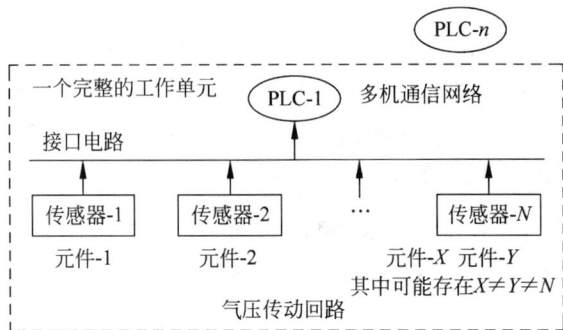

图 1-1-5 MPS 中传感器系统与气压传动系统的关系

件的运行状态,根据程序设定展开下一步动作,否则系统将无法准确工作。

每个工作单元均有 PLC 存在,因而在工作单元之间需要通过 PLC 联机进行信号传递,这种互联互通将在 MPS 中进行合理的安排,准确、有序地组织起系统的工作。

2. 传感与检测技术简介

传感器是以自身量的变化反映出被检测元件对应性质变化的装置,因而传感器作为一种实体装备,被安装在需要进行状态检测的环境中。这种环境可能是实体元件,可能仅仅是一种变化着的物理特性。因此传感器存在不同的分类方法。

(1) 按照工作机理分类。

(2) 按照能量转换情况分类。

(3) 按照物理原理分类。

(4) 按照用途分类。

(5) 按照输出电信号类型分类。

不论是哪一种分类,传感器的作用都是将被测量的相应变化转变为电量的变化,即通过传感器的电量输出而反映出被测量的变化。例如,温度的变化通过温度传感器输出的电流变化而反映出来。

传感器在一个完整的工作单元中,作为独立于硬件体系之外的另外一个体系而存在,直接为控制中枢提供硬件体系中各元件的状态信息。

1.4 MPS 各单元联机通信及总体控制结构

MPS 作为生产流水线的系统,5 个组成部分按照工序而有机地结合了起来,不考虑工序的因素,则各组成部分均为独立模块。因此,通过工序进行组织的 MPS 存在一种互联互通的工作状态,即联机工作状态。

联机工作状态:供料→检测→加工→分拣。

联机工作状态能够真正反映出流水线的特点,但联机工作状态所必需的技术准备工作是复杂的,包含以下几个方面的工作。

(1) PLC 之间通信策略的规划。

（2）各个模块之间需要进行全局变量的设置以展开全局控制。

（3）对于硬件动作的设计需要进行整体考虑。

联机状态所涉及的并不是各个模块直接而简单的拼接和综合，而是紧密结合了硬件系统、传感器系统和软件系统于一体的整体规划。本书将从解决实际问题的角度出发，在后续内容中针对模块与模块之间的两模块联机、三模块联机、四模块联机以及整体联机等不同情况进行介绍。

软件基础知识

2.1 西门子自动化系统基础

2.1.1 工业自动化

工业自动化就是通过调整工业生产中的各种参数来实现各种过程控制,在整个工业生产中,尽量减少人力操作,充分利用动物以外的能源与各种资讯来进行生产工作,即称为工业自动化生产,而使工业能进行自动生产的过程称为工业自动化。

工业自动化是指机器设备或生产过程不需要人工直接干预,按预期的目标实现测量、操纵等信息处理和过程控制的统称。自动化技术就是探索和研究实现自动化过程的方法和技术。它是涉及机械、微电子、计算机等技术领域的一门综合性技术。

工业革命是自动化技术的助产士。正是由于工业革命的需要,自动化技术才冲破了卵壳,得到了蓬勃发展。同时自动化技术也促进了工业的进步,如今自动化技术已经被广泛地应用于机械制造、电力、建筑、交通运输、信息技术等领域,成为提高劳动生产率的主要手段。

Festo 公司的 MPS 产品构造类似于自动化仓储技术,下面先对自动化仓库进行简要介绍。

1. 简介

自动化技术在仓储领域(包括主体仓库)中的发展可分为 5 个阶段:人工仓储技术阶段、机械化仓储技术阶段、自动化仓储技术阶段、集成化自动仓储技术阶段和智能自动化仓储技术阶段。在 20 世纪 90 年代后期及 21 世纪的若干年内,智能自动化仓储将是自动化技术的主要发展方向。自动化仓库模型如图 1-2-1 所示。

2. 发展

第一阶段是人工仓储技术阶段,物资的输送、存储、管理和控制主要靠人工实现。人工仓储技术明显的优点是实时性和直观性,在设备初期投资的经济指标也具有一定的优越性。

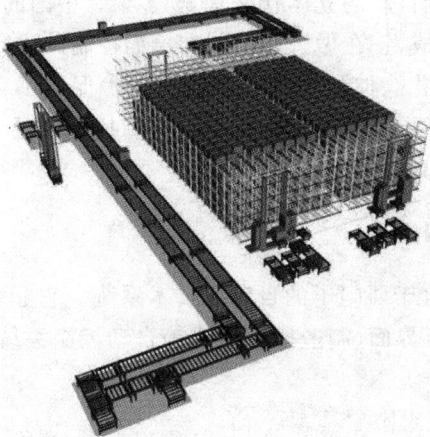

图 1-2-1 自动化仓库模型

第二阶段是机械化仓储技术阶段,物料可以通过各种各样的传送带、工业输送车、机械手、吊车、堆垛机和升降机来移动和搬运,用货架托盘和可移动货架存储物料,通过人工操作机械存取设备,用限位开关、螺旋机械制动、机械监视器等控制设备的运行。机械化基本上满足了人们速度、精度、高度、重量、重复存取和搬运等要求。

第三阶段是自动化仓储技术阶段。自动化技术对仓储技术的发展起了重要的促进作用。20 世纪 50 年代末和 60 年代,人们相继研制和采用了自动导引小车(AVG)、自动货架、自动存取机器人、自动识别和自动分拣等系统。70 年代和 80 年代,旋转体式货架、移动式货架、巷道式堆垛机和其他搬运设备都被加入了自动控制的行列,但这时只是各个设备的局部自动化并且各自独立应用,称为“自动化孤岛”。随着计算机技术的发展,工作重点转向物资的控制和管理,要求实时、协调和一体化,计算机之间、数据采集点之间、机械设备的控制器之间以及它们与主计算机之间的通信可以及时地汇总信息,仓库计算机及时地记录订货和到货时间,显示库存量,计划人员可以方便地做出供货决策,他们知道正在生产什么、订什么货、什么时间发什么货,管理人员能随时掌握货源及需求。信息技术的应用已成为仓储技术的重要支柱。

第四阶段是集成化自动仓储技术阶段。在 20 世纪 70 年代末和 80 年代,自动化技术被越来越多地用到生产和分配领域,显然,“自动化孤岛”需要集成化,于是便形成了“集成系统”的概念。在集成化系统中,整个系统的有机协作使总体效益和生产的应变能力大大超过各部分独立效益的总和。

集成化仓储技术作为计算机集成制造系统(Computer Integrated Manufacturing System,CIMS)中物资存储的中心受到人们的重视。虽然人们在 20 世纪 80 年代已经注意到系统集成化,但在中国已建成的集成化仓储系统至今还不多。集成化系统中包括人、设备和控制系统,前面 3 个阶段是基础。

20 世纪 70 年代初期,中国开始研究采用巷道式堆垛机的立体仓库。1980 年,由北京机械工业自动化研究所等单位研制建成的我国第一座自动化立体仓库在北京汽车制造厂投产。自此以后,立体仓库在我国得到了迅速的发展。据不完全统计,目前我国已建成的立体仓库近 300 座,其中全自动的立体仓库有 30 多个。中国的自动化仓储技术已实现了与其他信息决策系统的集成,正在做智能控制和模糊控制的研究工作。

第五阶段是智能自动化仓储技术。人工智能技术促进了自动化技术向更高级的阶段——智能自动化方向发展。现在,智能自动化仓储技术还处于初级发展阶段,到 20 世纪智能自动化仓储技术将具有广阔的应用前景。

2.1.2 西门子 PLC

SIMATIC 系统是来自于西门子的自动化技术系统。它涵盖了从传感器、传动设备、可编程控制器到网络、人机界面、制造执行系统等自动控制系统的各个层面,具有强大的功能,主要体现在以下几个方面。

(1) 集成、高效的工程组态工具。

(2) 功能齐全的智能诊断工具。

(3) 统一的通信协议。

(4) 基于自动化系统的故障安全功能。

(5) 友好的人机界面。

德国西门子(SIEMENS)公司生产的可编程序控制器在我国的应用也相当广泛,在冶金、化工、印刷生产线等领域都有应用。西门子(SIEMENS)公司的 PLC 产品包括LOGO、S7-200、S7-300、S7-400、工业网络、HMI 人机界面、工业软件等,如图 1-2-2 所示。

图 1-2-2　西门子自动化系列产品

西门子 S7 系列 PLC 体积小、速度快、标准化,具有网络通信能力,功能更强,可靠性更高。

S7 系列 PLC 产品可分为微型 PLC(如 S7-200),小规模性能要求的 PLC(如 S7-300)和中、高性能要求的 PLC(如 S7-400)等。

1) SIMATIC S7-200 PLC

S7-200 PLC 是超小型化的 PLC。它适用于各行各业、各种场合中的自动检测、监测及控制等。S7-200 PLC 的强大功能使其无论在单机上运行,还是连成网络都能实现复杂的控制功能。S7-200 PLC 可提供 4 个不同的基本型号、8 种 CPU 可供选择使用。

2) SIMATIC S7-400 PLC

S7-400 PLC 是用于中、高档性能范围的可编程序控制器。

S7-400 PLC 采用模块化无风扇的设计,可靠耐用,同时可以选用多种级别(功能逐步升级)的 CPU,并配有多种通用功能的模板,这使用户能根据需要组合成不同的专用系统。当控制系统规模扩大或升级时,只要适当地增加一些模板,便能使系统升级和充分满足需要。

3) 工业通信网络

通信网络是自动化系统的支柱,西门子的全集成自动化网络平台提供了从控制级到现场级的一致性通信,SIMATIC NET 是全部网络系列产品的总称,他们能在工厂的不同部门,在不同的自动化站以及通过不同的级交换数据,有标准的接口并且相互之间完全兼容。

4) SIMATIC S7-300 PLC

S7-300 是模块化小型 PLC 系统,能满足中等性能要求的应用。对各种单独的模块可进行广泛组合以构成不同要求的系统。与 S7-200 PLC 相比,S7-300 PLC 采用模块化结构。具备高速($0.6 \sim 0.1 \mu s$)的指令运算速度,用浮点数运算比较有效地实现了更为复杂的算术运算,一个带标准用户接口的软件工具方便用户为所有模块进行参数赋值,方便的人机界面服务已经集成在 S7-300 操作系统内,人机对话的编程要求大大减少。

SIMATIC 人机界面(HMI)从 S7-300 中取得数据,S7-300 按用户指定的刷新速度传送这些数据。S7-300 操作系统能自动地完成数据的传送;CPU 的智能化诊断系统能连续监控系统的功能是否正常、记录错误和特殊系统事件(例如超时、模块更换等);多级口令保护可以使用户高度、有效地保护其技术机密,防止其他人未经允许进行复制和修改;S7-300 PLC 设有操作方式选择开关,操作方式选择开关像钥匙一样可以拔出,当钥匙拔出时,就不能改变操作方式了,这样就可以防止其他人非法删除或改写用户程序。S7-300 PLC 具备强大的通信功能,可通过编程软件 STEP 7 的用户界面提供通信组态功能,这使得组态变得非常容易、简单。

S7-300 作为西门子系列产品中性价比较高的一款,在中小型的生产系统中应用广泛。按照结构形式、I/O 点数、内存容量、控制功能等,均可实现对 PLC 的分类。

(1) 按结构分类

按结构可分为整体式和模块式,前者将各组成部分安装在一起,后者将基本组成部分作为独立模块。

(2) 按 I/O 种类和内存大小分类

按 I/O 种类和内存大小分类并非绝对,目前基本上可以分为小型、中型、大型 3 种,如 S7-300 属于点数在 256 以内、内存在 4KB 以内的小型 PLC。其中:

① 小型机一般以开关量控制为主,其输入/输出总点数在 256 点以内,存储容量在 4KB 以内,价格低廉,体积小巧,适用于单机或小规模生产过程的控制。

② 中型机点数在 $256 \sim 1024$ 范围内,用户存储容量为 $2 \sim 64KB$,具有开关量和模拟量的控制功能,还具有更强的数字计算能力,网络和模拟量功能更强大,适用于复杂的逻辑控制系统以及连续生产过程的过程控制场合,S7-300 系列即属于中型机。

③ 大型机点数在 1024 以上,存储容量在 32KB 以上,与工业控制计算机功能相当,具有完善的指令系统,具有齐全的中断控制、过程控制、智能控制和远程控制功能,网络功能极其强大。

（3）按控制功能分类

按控制功能可分为低、中、高三档,控制功能和运算能力以及运算速度等具有较为明显的差别,如 S7-300 能够完成不算复杂的三角函数运算、指数运算以及 PID 运算等,属于中型系统。

西门子系列产品以其卓越的质量和实用性能著称于世,在我国市场上占有较大的份额,在各行各业都得到了广泛的应用。

2.1.3　S7-300 硬件系统

关于 S7-300 的具体结构在第 1 讲中已进行了初步的介绍,现将简要介绍 PLC 的具体工作方式。PLC 的基本结构如图 1-2-3 所示。

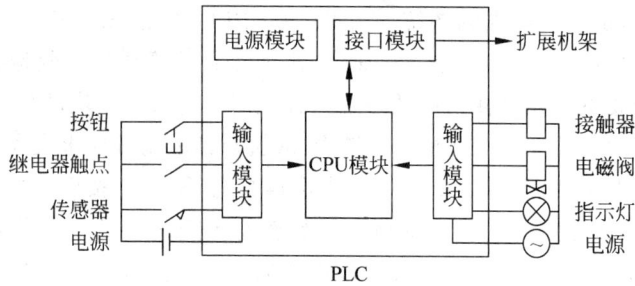

图 1-2-3　PLC 的基本结构

PLC 具有 CPU,具有数据处理功能。因此,PLC 归根结底是工业计算机的一种,通过程序的方式实现对外界的控制,其对于程序的执行采用了基于过程的方式,即 CPU 采用扫描的方式对程序的语句进行扫描,在扫描的过程中获取来自于外界的各种信息,每一轮的扫描均包含对输入模块和输出模块中存储器状态的判断,并在一轮扫描过程结束后迅速地依据程序的设定对这些状态量进行计算、处理,上述过程称为一个完整的扫描过程,其所占用的时间称为扫描周期。

扫描过程,加上在此之前的上电初始化过程和此后的错误处理和响应过程,共同构成了 PLC 的工作过程。

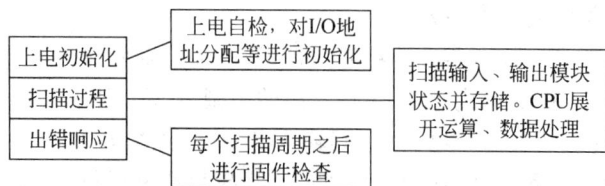

作为 PLC 的核心功能,扫描过程可分为几个阶段,如图 1-2-4 所示,即在 PLC 的一个完整扫描周期内所完成的全部工作。可把 PLC 的扫描周期分割为以下 3 个部分。

（1）输入采样阶段

CPU 按照由上到下的顺序依次读出来自于输入端子的开关量信息，并将这些信息存储到输入映像寄存器中。

（2）程序执行阶段

按照程序（梯形图）从左至右、由上而下逐句执行，并从输入映像寄存器中取出相应的输入开关量参与程序运行，将程序的执行结果存放至输出映像寄存器中。

（3）输出刷新阶段

输出映像寄存器中所存储的输出继电器的量被刷新，然后被送入输出锁存器，并由此将程序执行的结果传送至输出端子，完成扫描周期的工作。

PLC 的扫描周期占用的时间长短可作为 PLC 性能评判的标准之一。一般而言，扫描周期在 10ms 左右，具体依据 CPU 性能而定。由图 1-2-4 可知，扫描周期是 PLC 的输入信号发生到输出信号发生之间的时间间距中的一部分，则该时间间距可称为"I/O 响应时间"。I/O 响应时间对于 PLC 的抗干扰能力等具有一定的意义。原因在于，通常 PLC 的输入信号在生成之前需要有一个保持时间用于确定信号的稳定性，即防止该信号输入时的干扰信号。一般而言，该保持时间为 $2\mu s$。

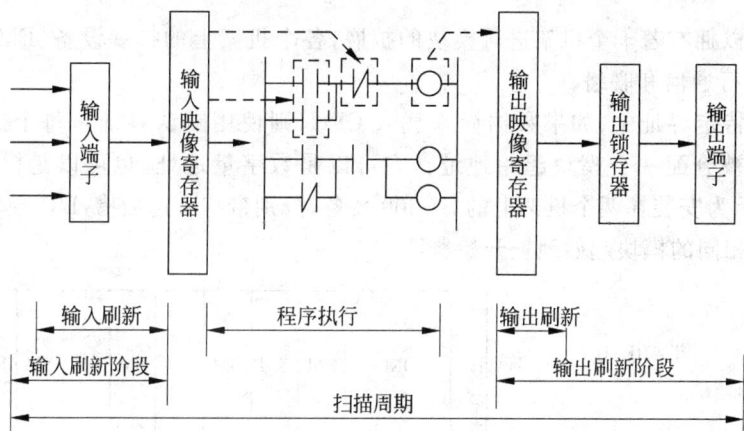

图 1-2-4 PLC 完整的扫描周期

S7-300 的 PLC 组成模块如表 1-2-1 所示。其安装顺序如表 1-2-2 所示。

表 1-2-1 PLC 组成模块

模 块	包含的附件	说 明
CPU	1×插槽号标签	用于分配插槽号
	铭文标签	用于记入 MPI 地址和固件版本（所有的 CPU）用于标志集成所有的输入和输出
信号模块（SM）功能模块（FM）	一个总线连接器	用于模块的电气互联
	一个标签条	用于标注模块 I/O
通信模块（CP）	一个总线连接器	用于模块的电气互联
	一个铭文标签	用于标注 AS 接口的连接器
接口模块（IM）	1×插槽号标签	用于在机架上分配插槽号

表 1-2-2 PLC 主要组件安装顺序

1	插入总线连接器到 CPU 以及表 1-2-1 中的各个模块,除 CPU 之外,每个模块都带有一个总线连接器 (1) 在插入总线连接器时,必须从 CPU 开始。拔掉装配中"最后一个"模块的总线连接器 (2) 将总线连接器插入另一个模块,"最后一个"模块不接受总线连接器	
2	按指定的顺序,将所有模块挂靠到导轨上的①处,滑动到靠近左边的模块②,然后向下旋转到③	

  PLC 可以拥有若干个机架进行模块的扩展,各个机架上的扩展设备(EM)采用接口模块(IM)进行通信和联络。

  在插槽特定寻址中(如果数据尚未载入 CPU,则使用默认寻址),每个插槽号根据模块的类型被分配一个模块起始地址。它可以是数字量地址,也可以是模拟量地址。图 1-2-5 所示为安装在两个机架上的 S7-300 装备,分别带有可选插槽,I/O 模块的输入和输出地址从相同的模块起始地址开始。

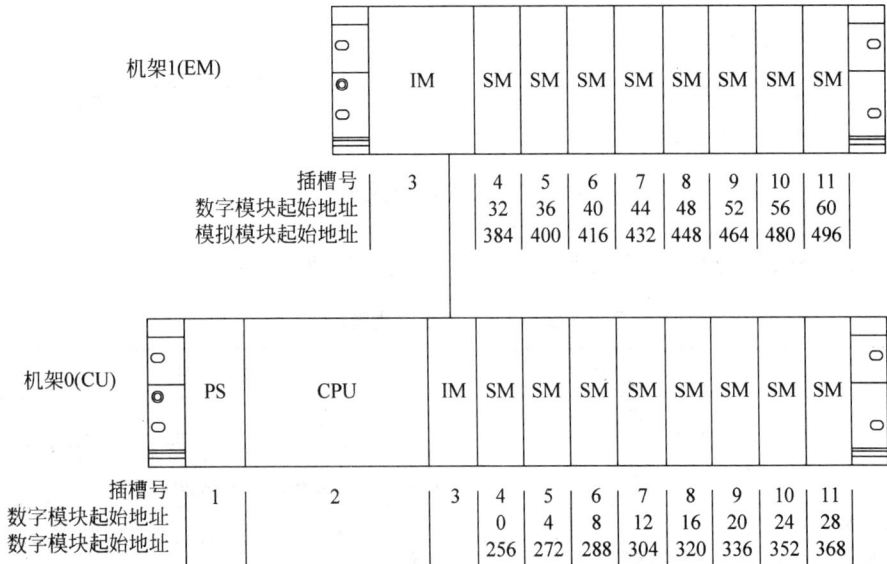

机架1(EM)

插槽号	3	4	5	6	7	8	9	10	11
数字模块起始地址		32	36	40	44	48	52	56	60
模拟模块起始地址		384	400	416	432	448	464	480	496

机架0(CU)

插槽号	1	2	3	4	5	6	7	8	9	10	11
数字模块起始地址				0	4	8	12	16	20	24	28
数字模块起始地址				256	272	288	304	320	336	352	368

图 1-2-5 模块的安装以及各模块起始地址

2.1.4 PLC 的调试

在开始调试 S7-300 之前,需要对设备进行检查,检查内容及具体步骤如下。

1. 机架

是否将导轨牢固地安装在了墙壁框架或者机架上;是否已经保留了所需的足够空间;是否正确安装了电线槽;是否循环良好。

2. 接地和底盘接地

是否已经和本地地面建立了低阻抗的连接(大表面、大接地面积);所有机架或导轨是否已经正确地连接到了参考电位和地面(直接的电气连接或接地操作);电气连接模块和负载电源装置的所有接地点是否已经连接到参考电位。

3. 模块安装和接线

所有模块是否正确接入并拧入;是否所有的连接器均已正确地连接、插入、拧紧或锁到正确的模块。

4. 电源电压

是否为所有组件设置了正确的电源电压。

5. 电源模块

电源插头是否已经正确可靠地进行了连接。

以上 5 项是 PLC 上电运行、调试之前的检查项目。在确认这些项目均符合要求之后,即可进入到程序的调试阶段。首先需要启动 SIMATIC 管理器,该管理器用于在线、离线编辑 S7 对象(项目、用户程序、块、硬件站和工具)的 GUI,利用 SIMATIC 管理器可以实现以下功能。

(1) 管理项目和库。

(2) 调试 STEP 7 工具。

(3) 在线方位 PLC(AS)。

(4) 编辑"存储卡"。

使用该管理器,调用 STEP 7 的"监视和修改变量"工具可以监视程序变量、编辑 CPU 中的变量状态或数据、在程序中设置出发点等,即利用该管理器对程序的运行进行干预,对程序运行中的运算量以及运算结果进行监视、修改,从而对程序进行更好的调试,使得 PLC 达到最佳运行状态。

2.2 S7-300 PLC 软件系统及编程

PLC 的中文全称为"可编程逻辑控制器",需要明确的概念是,PLC 是一台功能强大的专用计算机,与人们通常使用的 PC 或工控机不同,其功能针对性强,不兼有其他例如娱乐等功能,这也是所谓的"专用计算机"和普通计算机及工业计算机之间的区别。

PLC 作为计算机的一种,要掌握使用 PLC 的基本技能,需要了解 PLC 的数据类型,学习并掌握"数据处理"的概念。

2.2.1　PLC 编程基础

1. 数制和编码

PLC 中所使用的数制包括二进制、十进制和十六进制。其规则依次为逢二进一、逢十进一和逢十六进一。不同进制的加法运算如表 1-2-3 所示。

(1) 二进制包含数字 0 和 1,逢二进一。

(2) 十进制包含自然数 0~9,逢十进一。

(3) 十六进制包含自然数 0~9,字母 A~E,共计 15 个字符,逢十六进一。

表 1-2-3　不同进制的加法运算

二进制加法	十进制加法	十六进制加法
1+1=10	1+1=2	1+1=2
1101+0100=10001	1101+0100=1201	1101+0100=1201
11+11=110	18+29=47	18+29=41

通常,二进制用 B 标识,十六进制用 H 标识,十进制数字可不用标识。例如:

11B:二进制数字 1,念作"一一"。

11:十进制数字 11,念作"十一"。

11H:十六进制数字 11,念作"一一";2DH:十六进制数字 2D,念作"二 D"。

2. 使用二进制数字

在计算机中采用的是只有 0 和 1 两个基本数字组成的二进制数,而不使用人们习惯的十进制数,原因如下:

(1) 二进制数在物理上最容易实现。例如,可以只用高、低两个电平表示 1 和 0,也可以用脉冲的有、无或者脉冲的正、负极性表示它们。

(2) 二进制数的编码、计数、加减运算规则简单。

(3) 二进制数的两个符号 1 和 0 正好与逻辑命题的两个值"是"和"否"或"真"和"假"相对应,为计算机实现逻辑运算和程序中的逻辑判断提供了便利的条件。

至于又引入八进制数和十六进制数的原因在于:二进制数书写冗长、易错、难记,而十进制数与二进制数之间的转换过程复杂,所以一般用十六进制数或八进制数作为二进制数的缩写。

3. 进位计数制

按进位的原则进行的计数方法称为进位计数制,在采用进位计数的数字系统中,如果用 r 个基本符号(例如:$0,1,2,\cdots,r-1$)表示数值,则称其为基 r 数制(Radix-r Number System),r 称为该数制的基(Radix)。如人们在日常生活中使用的十进制数,这时 $r=10$,其基本符号为 $0,1,2,\cdots,9$。如取 $r=2$,即基本符号为 $0,1$,则为二进制数。表 1-2-4 中给出了各种数制的数。

表 1-2-4 各种数制的数

二进制数	十进制数	八进制数	十六进制数
0	0	0	0
1	1	1	1
10	2	2	2
11	3	3	3
100	4	4	4
101	5	5	5
110	6	6	6
111	7	7	7
1000	8	10	8
1001	9	11	9
1010	10	12	A
1011	11	13	B
1100	12	14	C
1101	13	15	D
1110	14	16	E
1111	15	17	F
10000	16	20	10

不同数制的共同特点如下：

（1）每一种数制都有固定的符号集。如十进制数制，其符号有 10 个：$0,1,2,\cdots,9$；二进制数制，其符号有两个：0 和 1。

（2）都是用位置表示法，即处于不同位置的数符所代表的值不同，与数符所在位置的权值有关。

例如，十进制数可表示为 $5555.555 = 5\times10^3 + 5\times10^2 + 5\times10^1 + 5\times10^0 + 5\times10^{-1} + 5\times10^{-2} + 5\times10^{-3}$。由此可以看出，各种进位计数制中权的值恰好是基数的某次幂。因此，对于任何一种用进位计数制表示的数都可以写出按其权展开的多项式之和，任意一个 r 进制数 N 可表示为：

$$N = \sum_{i=-k}^{m-1} D_i \times r^i$$

式中：D_i——该数制采用的基本数符；

r^i——位权（权），r 是基数，表示不同的进制数；

m——整数部分的位数；

k——小数部分的位数。

"位权"和"基数"是进位计数制中的两个要素。在十进位计数制中，是根据"逢十进一"的原则进行计数的。一般的，基数为 r 的进位计数制是根据"逢 r 进一"或"逢基进一"的原则进行计数的。在微型计算机中采用的是二进制、八进制和十六进制。其中，二进制用得最为广泛。表 1-2-5 中为对进位计数制的比较。

表 1-2-5 进位计数制的比较

进位制	二进制	八进制	十进制	十六进制
规则	逢二进一	逢八进一	逢十进一	逢十六进一
基数	$r=2$	$r=8$	$r=10$	$r=16$
数符	0,1	$0,1,\cdots,7$	$0,1,\cdots,9$	$0,1,\cdots,9,A,\cdots,F$
位权	2^i	8^i	10^i	16^i
形式表示	B	O	D	H

下面举例说明如何将二、八、十六进制数(非十进制数)转换为十进制数。

例 1　$(100110.101)_2 = (\quad)_{10}$

$$(100110.101)_2 = 1\times2^5 + 1\times2^2 + 1\times2^1 + 1\times2^{-1} + 1\times2^{-3}$$
$$= 32 + 4 + 2 + 0.5 + 0.125$$
$$= (38.625)_{10}$$

例 2　$(5675)_8 = (\quad)_{10}$

$$(5675)_8 = 5\times8^3 + 6\times8^2 + 7\times8^1 + 5\times8^0$$
$$= 2560 + 384 + 56 + 5$$
$$= (3005)_{10}$$

例 3　$(3B)_{16} = (\quad)_{10}$

$$(3B)_{16} = 3\times16^1 + 11\times16^0$$
$$= 48 + 11$$
$$= (59)_{10}$$

4. BCD 码

BCD 码用 4 位二进制数表示 1 位十进制数。例如,十进制数 9 对应的二进制数为 1001,高 4 位用来表示符号。BCD 码实际上是十六进制数,但却是逢十进一而非逢十六进一。例如,296 对应的 BCD 码为 W♯16♯296 或 2♯0000 0010 1001 0110。对比非 BCD 码的十六进制数 2♯0000 0001 0010 1000,其对应的十进制数也是 296($2^8+2^5+2^3=256+32+8=296$)。

5. 基本数据类型

(1) 位(bit):位数据的数据类型为布尔(Bool)型。图 1-2-6 用方格状图形诠释了 I3.2 的含义。

(2) 字节(Byte):取值范围为 0~255。

(3) 字(Word):表示无符号数。取值范围为 W♯16♯0000~W♯16♯FFFF。

(4) 双字(Double Word):表示无符号数。取值范围为 DW♯16♯0000_0000~DW♯16♯FFFF_FFFF。

(5) 16 位整数(INT,Integer):表示有符号数,补码。最高位为符号位,为 0 时表示正数,取值范围为 −32768~32767。

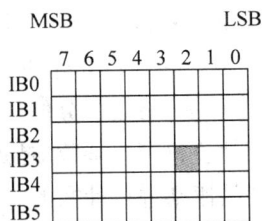

图 1-2-6 I3.2 的含义

(6) 32 位整数(Double Integer,DINT):最高位为符号位,取值范围为 $-2147483648 \sim$ 2147483647。

(7) 32 位浮点数:浮点数又称为实数(Real)。

此外,还有一些用于通信的高级数据类型,在此不再一一详述,如想进一步了解可参考相关教材或资料。

2.2.2 内部资源

PLC 实质上是一种专用于工业控制的计算机,其硬件结构与微型计算机基本相同,下面对 PLC 内部组成结构进行介绍。

1. 中央处理单元

中央处理单元(CPU)是 PLC 的控制中枢。它按照 PLC 系统程序赋予的功能接收并存储从编程器输入的用户程序和数据;检查电源、存储器、I/O 以及警戒定时器的状态,并能诊断用户程序中的语法错误。当 PLC 投入运行时,首先以扫描的方式接收现场各输入装置的状态和数据,并分别存入 I/O 映像区,然后从用户程序存储器中逐条读取用户程序,经过命令解释后按指令的规定执行逻辑或算数运算的结果送入 I/O 映像区或数据寄存器内。等所有的用户程序执行完毕之后,将 I/O 映像区的各输出状态或输出寄存器内的数据传送到相应的输出装置。如此循环运行,直到停止运行。

为了进一步提高 PLC 的可靠性,近年来对大型 PLC 还采用双 CPU 构成冗余系统,或采用 3 个 CPU 的表决式系统。这样,即使某个 CPU 出现故障,整个系统仍能正常运行。

2. 存储器

存放系统软件的存储器称为系统程序存储器。存放应用软件的存储器称为用户程序存储器。PLC 常用的存储器类型如下。

(1) RAM(Random Access Memory):这是一种读/写存储器(随机存储器),其存取速度最高,由锂电池支持。

(2) EPROM(Erasable Programmable Read Only Memory):这是一种可擦除的只读存储器。在断电情况下,存储器内的所有内容保持不变(在紫外线连续照射下可擦除存储器内容)。

(3) EEPROM(Electrical Erasable Programmable Read Only Memory):这是一种电可擦除的只读存储器。使用编程器就能很容易地对其所存储的内容进行修改。

3. PLC 存储空间的分配

虽然各种 PLC 的 CPU 最大寻址空间各不相同,但是根据 PLC 的工作原理,其存储空间一般包括以下 3 个区域:系统程序存储区、系统 RAM 存储区和用户程序存储区。

(1) 系统程序存储区

在系统程序存储区中存放着相当于计算机操作系统的系统程序,包括监控程序、管理程序、命令解释程序、功能子程序、系统诊断子程序等。由制造厂商将其固化在 EPROM 中,用户不能直接存取,和硬件一起决定了该 PLC 的性能。

（2）系统 RAM 存储区

系统 RAM 存储区包括 I/O 映像区和各种系统软设备,如逻辑线圈、数据寄存器、计时器、计数器、变址寄存器、累加器等存储器。

① I/O 映像区:由于 PLC 投入运行后,只是在输入采样阶段才依次读入各输入状态和数据,在输出刷新阶段才将输出的状态和数据送至相应的外部设备。因此,它需要一定数量的存储单元(RAM)以存放 I/O 的状态和数据,这些单元称为 I/O 映像区。一个开关量 I/O 占用存储单元中的一个位(bit),一个模拟量 I/O 占用存储单元中的一个字(16 个 bit)。因此整个 I/O 映像区可看成由两个部分组成:开关量 I/O 映像区、模拟量 I/O 映像区。

② 系统软设备存储区:系统软设备存储区包括逻辑线圈、计时器、计数器、数据寄存器和累加器等。该存储区又分为具有失电保持的存储区域和无失电保持的存储区域,前者在 PLC 断电时,由内部的锂电池供电,数据不会遗失;后者当 PLC 断电时,数据被清零。

③ 逻辑线圈:与开关输出一样,每个逻辑线圈占用系统 RAM 存储区中的一个位,但不能直接驱动外部设备,只供用户在编程中使用。其作用类似于电器控制线路中的继电器。另外,不同的 PLC 提供数量不等的特殊逻辑线圈,具有不同的功能。

④ 数据寄存器:与模拟量 I/O 一样,每个数据寄存器占用系统 RAM 存储区中的一个字(16bits)。另外,PLC 还提供数量不等的特殊数据寄存器,具有不同的功能。

⑤ 计数器:在 CPU 的存储器中保留了计数器,存储空间为 16 位。梯形逻辑指令集支持 256 个计数器,对应有 6 种不同的计数操作方式。

（3）用户程序存储区

用户程序存储区存放用户编制的程序。不同类型的 PLC,其存储容量各不相同。

4. 存储区寻址方式

地址是一个特定存储区域和存储位置。一条指令的地址指通过一个常数或一条指令找到的数值数据对象的位置,指令可对该数进行操作。正确理解各种寻址方式是使用 PLC 指令进行编程的前提。

5. 寻址方式

寻址方式分为直接寻址和间接寻址,如表 1-2-6 所示。

表 1-2-6　西门子 PLC 寻址方式

直接寻址	绝对寻址	
	符号地址	
间接寻址	存储器间接寻址	16 位指针
		32 位指针内部区域
	寄存器间接寻址	32 位指针内部区域
		32 位指针交叉区域

2.2.3　语言和指令系统

PLC 编程语言的国际标准是 IEC 61131,IEC 61131 标准中的 1～4 部分是于 1992—

1995 年发布的,我国在 1995 年 11 月发布了 GB/T 15969-1/2/3/4(等同于 IEC 61131-1/2/3/4)。IEC 61131-3 被广泛地应用于 PLC、DCS 和工控机、"软件 PLC"、数控系统、RTU 等产品中。

1. PLC 定义的 5 种编程语言

PLC 定义了如下 5 种编程语言,如图 1-2-7 所示。

(1) 指令表 IL(Instruction List):西门子称为语句表 STL。

(2) 结构文本 ST(Structured Text):西门子称为结构化控制语言(SCL)。

(3) 梯形图 LD(Ladder Diagram):西门子简称为 LAD。

(4) 功能块图 FBD(Function Block Diagram):标准中称为功能方框图语言。

(5) 顺序功能图 SFC(Sequential Function Chart):对应于西门子的 S7-Graph。

其中,指令表形式的语言是最基本的编程语言,其他四种形式均能够采用指令语句"翻译",反之则未必可行。

图 1-2-7 PLC 编程语言

2. STEP 中的编程语言

梯形图、语句表和功能模块中的基本编程语言可以相互转换。

起保停电路:

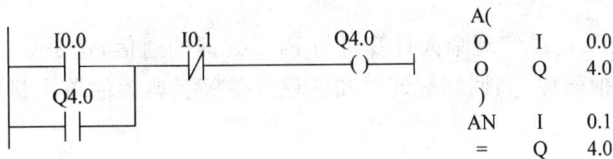

置位复位电路:

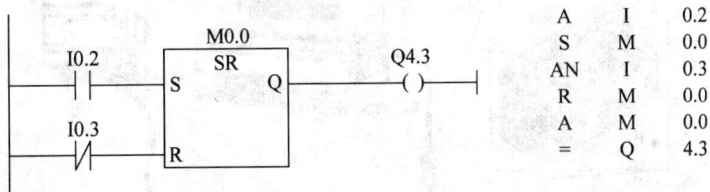

以下是 PLC 常用的几种编程方式,是初学者应掌握的基本编程技能。

(1) 顺序功能图(SFC):STEP 7 中的 S7 Graph。

(2) 梯形图(LAD):直观易懂,适合于数字量逻辑控制。

（3）语句表（STL）：功能比梯形图或功能块图强。

（4）功能块图（FBD）：LOGO 系列微型 PLC 使用功能块图编程。

（5）结构文本（ST）：STEP 7 的 S7 SCL（结构化控制语言）符合 EN61131-3 标准。

通常，PLC 利用梯形图编程的方法用得比较多，结构文本通常在比较高级的应用中较为常见。下面将主要介绍梯形图。

2.3　PLC 的编程软件

1. 系统要求

操作系统：Windows 95、Windows 98、Windows Me 或 Windows 2000。

计算机：IBM 486 以上兼容机，内存 8MB 以上，VGA 显示器，至少 50MB 以上硬盘空间，Windows 支持的鼠标。

通信电缆：PC/PPI 电缆（或使用一个通信处理器卡），用来将计算机与 PLC 连接起来。

2. 系统安装

STEP 7-Micro/WIN_V4_SP3 编程软件程序存储在一张光盘上，用户可按以下步骤安装。

（1）将光盘插入光盘驱动器中。

（2）系统自动进入安装向导，或单击"开始"按钮打开"开始"菜单。

（3）选择"运行"命令。

（4）按照安装向导完成软件的安装。

（5）在安装结束时，会提示是否重新启动计算机。

3. 硬件连接

可以用 PC/PPI 电缆实现个人计算机与 PLC 之间的通信，这是单主机与个人计算机的连接，不需要其他硬件，如调制解调器和编程设备等。典型的单主机连接及 CPU 组态如图 1-2-8 所示。

图 1-2-8　单主机连接及 CPU 组态

安装完软件并且连接好硬件之后，可以按下面的步骤进行设置。

（1）单击 STEP 7-Micro/WIN 图标。

（2）选择 Tools 菜单中的 Options 命令，打开 Options 对话框。

（3）选择 General 选项卡，在 Language 下拉列表框中选择 Chinese 选项。

（4）完毕退出，重新打开出现中文使用说明。

4. 基本功能

利用程序编辑中的语法检查功能可以提前避免一些语法和数据类型方面的错误。梯形图和语句表的错误检查结果如图 1-2-9 所示。

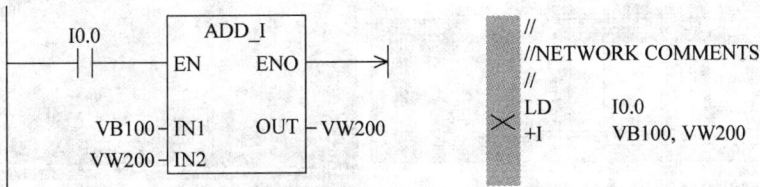

图 1-2-9　梯形图及其对应语句

软件功能可以在联机工作方式（在线方式）下实现，部分功能可以在离线工作方式下实现。

联机方式：有编程软件的计算机或编程器与 PLC 连接，此时允许两者之间直接通信。

离线方式：有编程软件的计算机或编程器与 PLC 断开连接，此时能完成大部分基本功能，如编程、编译和调试程序、系统组态等。

5. 外观

启动 STEP 7 编程软件后，整个管理界面包含硬件配置条、组织块、功能块、数据块。组织块和功能块里面可进行编程操作，界面包含状态栏、输出窗口、编程界面和符号表，如图 1-2-10 所示。

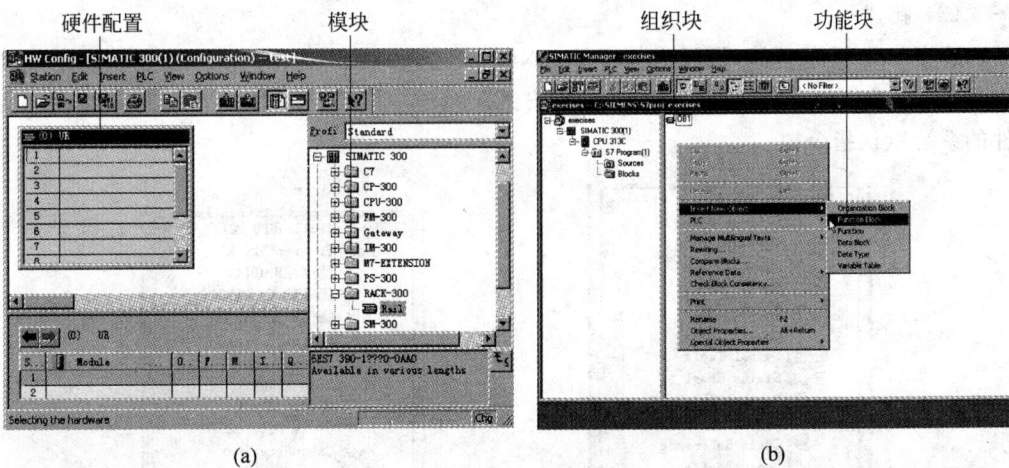

(a)　　　　　　　　　　　　　　　(b)

图 1-2-10　STEP 软件编程界面

指令树

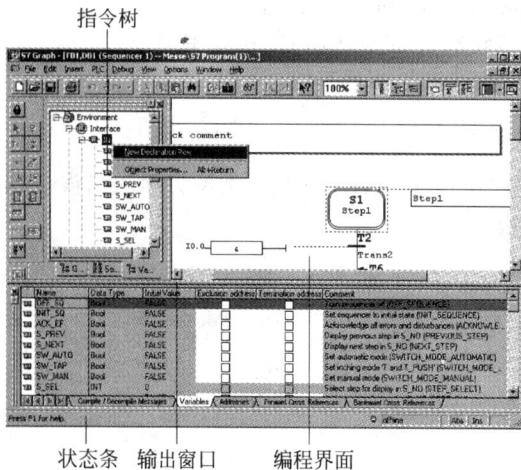

符号表

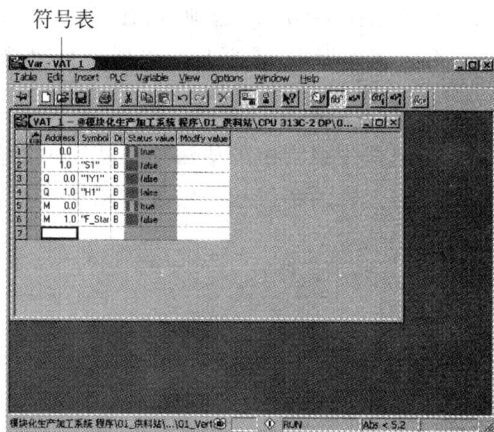

状态条　输出窗口　　　编程界面

(c)　　　　　　　　　　　　　　　　(d)

图　1-2-10(续)

2.3.1　程序编制

程序文件来源有 3 个：打开、上装和新建。

（1）打开

打开一个磁盘中已有的程序文件，可以选择 File→Open 命令，在打开的对话框中选择打开的程序文件；也可以通过单击工具栏中的 Open 按钮来完成。图 1-2-11 为一个打开的指令树窗口中的程序结构。

（2）上装

在已经与 PLC 进行通信的前提下，如果要上装一个 PLC 存储器中的程序文件，可以选择 File→Upload 命令，也可以通过单击工具栏中的 Upload 按钮来完成。

（3）新建

建立一个程序文件，可以选择 File→New 命令，在主窗口中将显示新建的程序文件主程序区；也可以通过工具栏中的 New 按钮来完成。图 1-2-12 所示为一个新建程序文件的系统默认指令树。

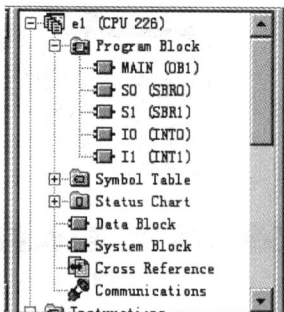

图 1-2-11　打开的程序结构

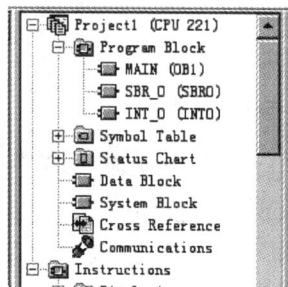

图 1-2-12　指令树

用户可以根据实际编程需要进行以下操作。

① 确定主机型号。

② 将程序重命名。

③ 添加一个子程序。

④ 添加一个中断程序。

⑤ 编辑程序。

2.3.2 编写程序的步骤

程序编写一般分为9步：①输入编程元件；②编辑复杂结构的梯形图；③进行插入和删除操作；④进行块操作；⑤符号表；⑥局部变量表；⑦注释；⑧进行语言转换；⑨编译。下面进行详细说明。

1. 输入编程元件

方法1：利用指令树窗口中的 Instructions 节点下所列的一系列指令，双击要输入的指令，再根据指令的类别将指令分别编排在若干子目录中，如图 1-2-13 所示。

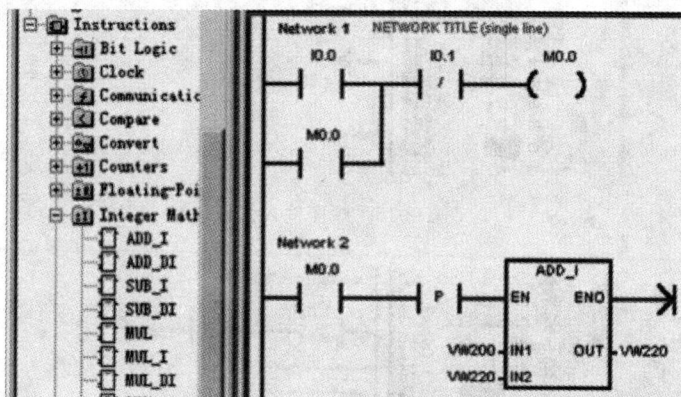

图 1-2-13 梯形图程序示例

方法2：利用工具栏上的一组编程按钮，单击触点、线圈或指令盒按钮，从打开窗口的下拉列表所列出的指令中，选择要输入的指令单击即可。编程按钮和下拉列表如图 1-2-14 和图 1-2-15 所示。

2. 编辑复杂结构的梯形图

利用工具栏上的指令按钮可编辑复杂结构的梯形图，例如图 1-2-16 所示的实现。单击图中第一行下方的编程区域，则在本行下一行的开始处显示小图标，然后输入触点新生成一行。输入完成后如图 1-2-17 所示，将光标移到要合并的触点处，单击上行线按钮即可。

3. 进行插入和删除操作

插入和删除命令如图 1-2-18 所示。

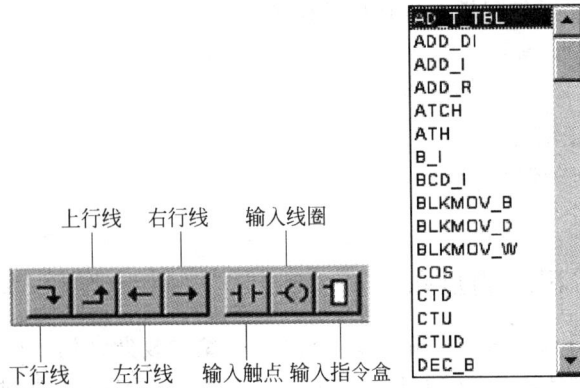

图 1-2-14 编程按钮和下拉列表

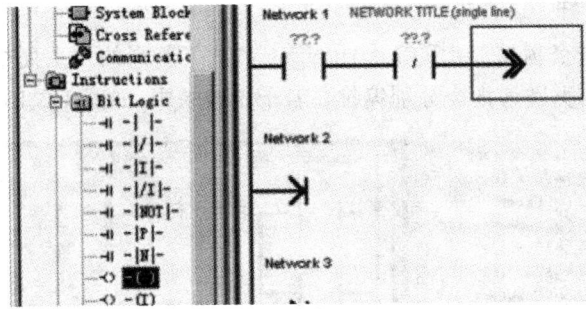

图 1-2-15 顺序输入元件

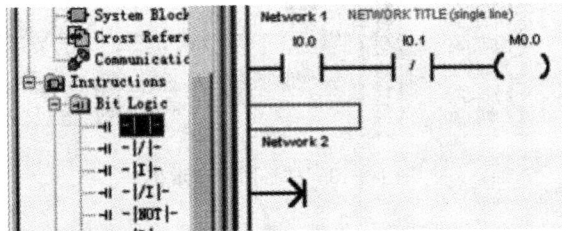

图 1-2-16 新生成行

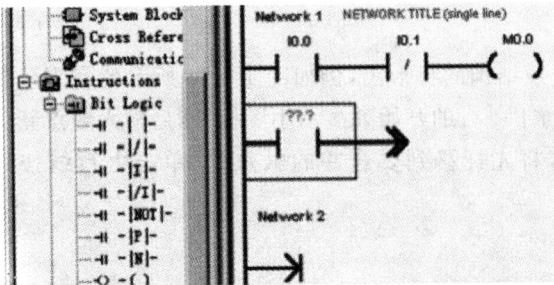

图 1-2-17 向上合并

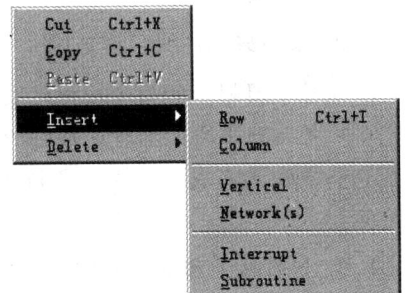

图 1-2-18 进行插入和删除操作

4. 进行块操作

利用块操作对程序进行大面积删除、移动、复制操作十分方便。块操作包括块选择、块剪切、块删除、块复制和块粘贴。这些操作非常简单,与一般字处理软件中的相应操作方法完全相同。

5. 符号表

符号表如图 1-2-19 所示,用符号表编程的界面如图 1-2-20 所示。

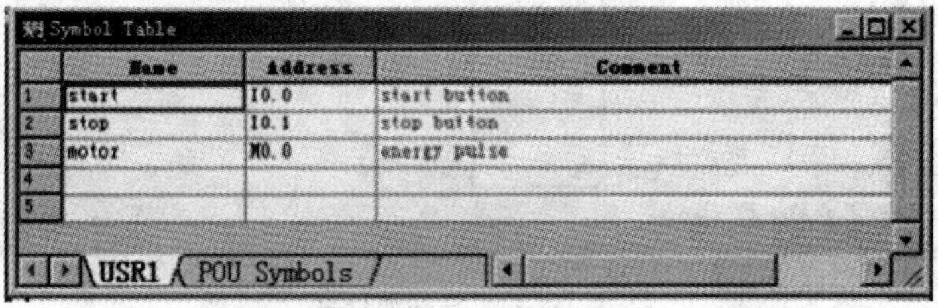

图 1-2-19　符号表

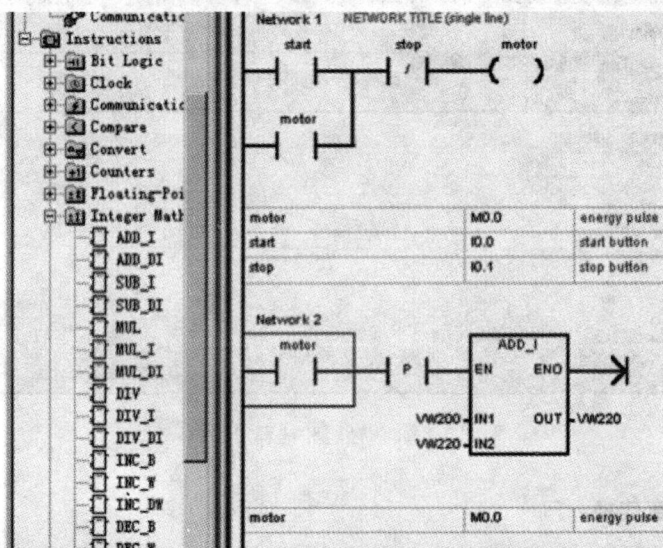

图 1-2-20　用符号表编程

6. 局部变量表

局部变量表如图 1-2-21 所示。

7. 注释

梯形图编辑器中的 Network n 用于标志每个梯级,同时又是标题栏,可在此为本梯级加标题或必要的注释说明,使程序清晰易读。方法:双击 Network n 区域,打开如图 1-2-22 所示的对话框,此时可以在 Title 文本框中输入标题,在 Comment 文本框中输入注释。

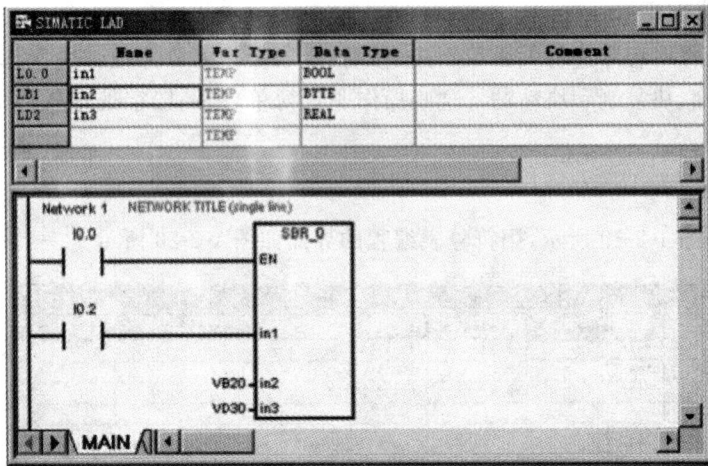

图 1-2-21　局部变量表

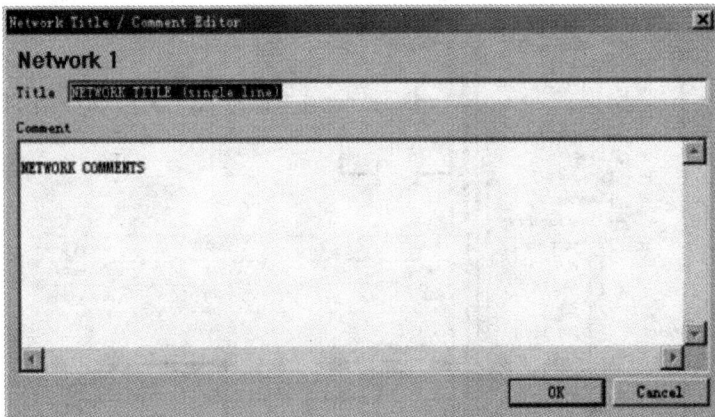

图 1-2-22　标题和注释对话框

8. 进行语言转换

利用软件可实现 3 种编程语言(编辑器)之间的任意切换。具体方法为：选择菜单 View 中的 STL、LAD 或 FBD 命令便可进入对应的编程环境。

9. 编译

程序编辑完成，可以选择 PLC→Compile 命令进行离线编译。编译结束，在输出窗口中显示编译结束信息。

2.3.3　调试及运行监控

1. 选择扫描次数

（1）多次扫描

方法：将 PLC 置于 STOP 模式下，使用菜单命令 Debug→Multiple Scans 来指定执行的扫描次数,如图 1-2-23 所示,然后单击 OK 按钮进行监视。

（2）初次扫描

将 PLC 置于 STOP 模式下,然后使用菜单命令 Debug→First Scan 进行初始扫描。

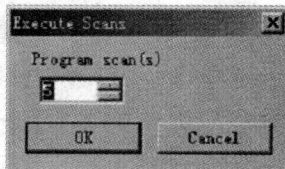

图 1-2-23　执行多次扫描

2. 状态表监控

（1）使用状态表,如图 1-2-24 所示。

图 1-2-24　状态表监视

（2）强制指定值。

① 强制范围。

② 强制一个值。

③ 读所有强制操作。

④ 解除一个强制操作。

⑤ 解除所有强制操作。

3. 在运行模式下编辑

操作步骤如下:

（1）选择 Debug→Program Edit in Run 命令,屏幕弹出警告信息。

（2）在运行模式进行下载。

（3）退出运行模式编辑。

4. 程序监视

（1）梯形图监视,如图 1-2-25 所示。

（2）功能块图监视,如图 1-2-26 所示。

（3）语句表监视,如图 1-2-27 所示。

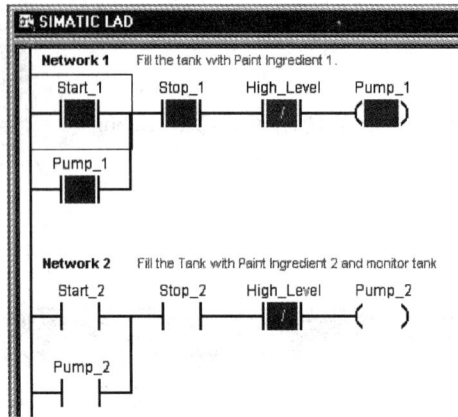

图 1-2-25 梯形图监视

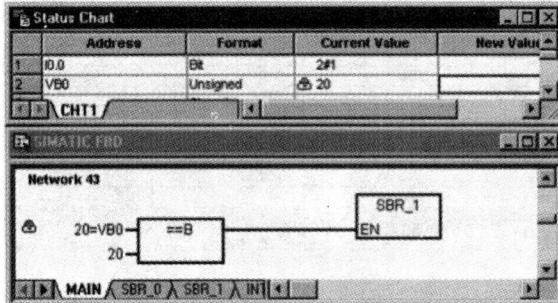

图 1-2-26 功能块图监视

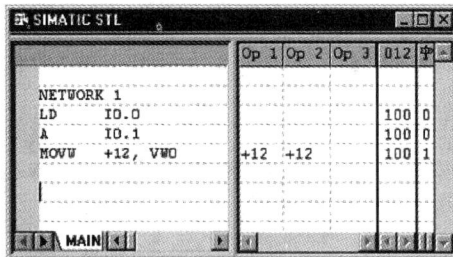

图 1-2-27 语句表监视

2.4 梯 形 图

梯形图是 PLC 使用最多的图形编程语言,称为 PLC 的第一编程语言。梯形图与电器控制系统的电路图很相似,具有直观易懂的优点,很容易被技术人员掌握,特别适用于开关量逻辑控制。梯形图常被称为电路或程序,梯形图的设计称为编程。掌握梯形图编程,需要了解梯形图的 4 个方面。

1. 软继电器

PLC 梯形图中的某些编程元件沿用了继电器这一名称,如输入继电器、输出继电器、内部辅助继电器等。但是,它们不是真实的物理继电器,而是一些存储单元(软继电器)。每一个软继电器与 PLC 存储器中映像寄存器的一个存储单元相对应。该存储单元如果为 1 状态,则表示梯形图中对应软继电器的线圈"通电",其常开触点接通,常闭触点断开,称这种状态是该软继电器的 1 或 ON 状态;如果该存储单元为 0 状态,对应软继电器的线圈和触点的状态与上述相反,称该软继电器为 0 或 OFF 状态。在使用过程中也常将这些"软继电器"称为编程元件。

2. 能流

如图 1-2-28 所示,触点 1、2 接通时,有一个假想的"概念电流"或"能流"从左向右流动,这一方向与执行用户程序时的逻辑运算顺序是一致的。能流只能从左向右流动。利用能流这一概念,可以更好地理解和分析梯形图。图 1-2-28 中存在的能流有(1,2)、(1,5,4)、(3,4)和(3,5,2),为此可以将图 1-2-28(a)转化为图 1-2-28(b)。

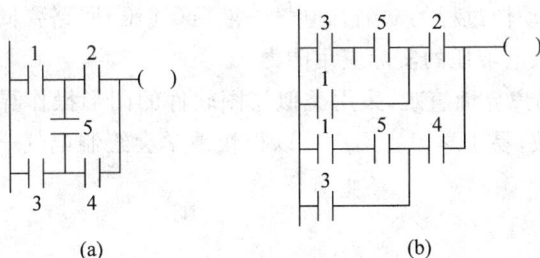

图 1-2-28 梯形图"能流"示意图

3. 母线

梯形图两侧的垂直公共线称为母线。在分析梯形图的逻辑关系时,为了借用继电器电路图的分析方法,可以想象左右两侧母线(左母线和右母线)之间有一个左正右负的直流电源电压,母线之间有"能流"从左向右流动。右母线可以不画出。

4. 梯形图的逻辑解算

根据梯形图中各触点的状态和逻辑关系求出与图中各线圈对应的编程元件的状态,称为梯形图的逻辑解算。梯形图的逻辑解算是按从左至右、从上到下的顺序进行的。解算的结果可以马上被后面的逻辑解算所使用。逻辑解算是根据输入映像寄存器中的值,而不是根据解算瞬时外部输入触点的状态来进行的。

2.5 FluidSIM 气压仿真软件

FluidSIM 软件由德国 Festo 公司 Didactic 教学部门和 Paderborn 大学联合开发,是专门用于液压与气压传动的教学软件。FluidSIM 软件分为 FluidSIM-H 和 FluidSIM-P 两个系统。其中,FluidSIM-H 用于液压传动教学,而 FluidSIM-P 用于气压传动教学。

FluidSIM 软件的主要特征如下。

1. CAD 功能和仿真功能紧密联系

FluidSIM 软件符合 DIN 电气—液压(气压)回路图绘制标准,CAD 功能是专门针对流体而特殊设计的。例如,在绘图过程中,FluidSIM 软件将检查各元件之间的连接是否可行。最重要的是可对基于元件物理模型的回路图进行实际仿真,并且会显示元件的状态图,这样就使回路图绘制和相应液压(气压)系统仿真相一致,从而能够在设计完回路后验证设计的正确性,并演示回路动作过程。

2. 系统学习

FluidSIM 软件可用来系统地自学、采用多媒体方式教授液压(气压)技术知识。液压(气压)元件的相关知识可以通过文本说明、图形表达以及演示其工作原理的动画来描述;通过各种练习和教学视频讲授重要回路和液压(气压)元件的使用方法。

3. 可设计与液压气动回路相配套的电气控制回路

FluidSIM 气压仿真软件弥补了以前液压与气动学习中只见气压回路不见电气回路,从而不明白各种阀的动作过程的缺陷。电气—液压(气压)回路要同时设计与仿真,能够显著地提高对电气动、电液压的实际应用能力。

FluidSIM 软件用户界面直观,采用类似绘图软件的图形操作界面,拖拉图标进行设计,面向对象设置参数,易于学习。用户可以很快地学会绘制电气—液压(气压)回路图,并对其进行仿真。

机电设备维护及检修
的基本知识

3.1　机电设备的特点和管理制度

1. 设备

设备是指企业中长期使用，且在使用过程中基本保持实物状态，价值在一定限额以上的劳动资料和其他物质资料的总称。

2. 设备管理

依据企业的生产经营目标，通过一系列的技术、经济和组织措施，对设备寿命周期内的所有设备物质运动状态和价值运动状态进行的综合管理工作。设备管理水平的高低：

(1) 直接影响企业活动的均衡性。

(2) 直接关系到企业产品的产量和质量。

(3) 直接影响着产品制造成本的高低。

(4) 关系到安全生产和环境保护。

(5) 影响着企业生产资金的合理使用。

3. 设备管理的主要内容

设备被购置并使用后，必须确定设备维护的具体细则，依据设备的特点、工作环境和使用状况进行综合考虑而制定相应的制度进行保障和管理，设备管理通常包含以下几个方面。

(1) 依据企业经营目标及生产需要制定设备规划。

(2) 选择、购置、安装、调试、验收所需设备。

(3) 合理使用和维修保养。

(4) 适时改造、调拨和更新报废。

(5) 合理的经济管理：合理筹集、使用资金，计提折旧，费用核算等。

(6) 制度管理。

4. 设备维修

（1）事后维修：设备发生故障后再进行维修。

（2）预防维修：以预防为主,日常加强检查和维护保养。

（3）生产维修：根据设备重要性选择不同的维修方法。

（4）维修预防：在设备的设计和制造阶段就考虑维修问题,提高设备的可靠性和易修性。

（5）设备综合管理：在设备维修预防的基础上,从行为科学、系统理论的观点出发,对设备进行全面管理的一种重要方式。

3.2　机电设备的安装、调试、维修和保养

3.2.1　设备的准备环节

1. 设备的选择与评价

设备选择总的原则：技术上先进、经济上合理、生产上可行。需综合考虑以下因素。

（1）生产效率：应与企业的长短期生产任务相适应。

（2）配套性：性能、功率方面的配套性。

（3）可靠性：精度保持性、零件耐用性、操作安全性。

（4）适应性：与原有设备及生产的产品相适应。

（5）节能性：能量转换效率高、工作过程中能量损失小。

（6）维修性：可维修、易维修、售后服务好。

（7）环保性：噪声、有害物质排放符合相关标准。

经济评价：总的评价来自于设备对于企业生产效能的提升,一次性的投入能够带来一个较长的回报周期,也即投资回收期要短,设备的平均生命周期要长。

2. 设备常用的经济评价方法

（1）按投资回收期计算的方法：根据投入的资金需要几年才能回收来决定投资的方法称为投资回收期法。回收期越短越有利。

（2）按成本（费用）比较计算的方法：比较设备整个生命周期的总费用,考虑资金的时间因素,才能把费用等价换算成能够进行比较的数值。换算方法有现值法、年值法、终值法 3 种。这种按费用比较的方法也叫做成本比较法或最小成本法。

（3）按利润率（收益率）比较计算的方法：根据投资要求预想实现的利润率进行比较的方法,是一种把利润率较高的方案或者高于一定利润率的方案作为投资对象的方法。

3. 设备的安装、调试

设备安装：在预先设定的基础上安装相应的设备。经过找平、灌浆、稳固等,使设备安装精度达到规定的要求。

设备调试：对安装到位的设备进行必要的清洁、检查、调整、试运转、验收、移交等。应由设备的安装部门、使用部门、管理部门等协同进行调试。

3.2.2 设备合理使用及故障

设备的合理使用是保证设备安全运行、保持较长寿命的基本原则。设备的使用是设备寿命周期中所占时间最长的环节。合理地使用设备可以减少设备的磨损,提高设备利用率,发挥设备效益。

1. 设备合理使用

(1)设法提高设备利用率。

(2)严格操作程序,保证设备精度。

(3)为设备创造良好的工作环境。

(4)合理配备操作工人。

(5)建立、健全的设备使用制度。

2. 设备的磨损理论

设备的有形磨损:机器设备在使用过程中因震动、摩擦、腐蚀、疲劳或在自然力作用下造成的设备实体的损耗,也称为物质磨损。

(1)第Ⅰ种有形磨损:在使用过程中,由于摩擦、应力、化学反应等原因造成的有形磨损,又称为使用磨损。表现为:零部件尺寸变化引发形状变化;公差配合性质改变使得性能精度降低;零部件损坏。

(2)第Ⅱ种有形磨损:不是因为设备的使用而产生,而是源于自然力的作用所发生的有形磨损,又称为自然磨损。

(3)有形磨损曲线(规律):设备有形磨损的发展过程具有一定的规律性,一般分为3个阶段,如图 1-3-1 所示。

第Ⅰ阶段:初期磨损阶段磨损速度快,时间跨度短,是对设备危害较小的必经阶段,称为"磨合"或"跑合"。

第Ⅱ阶段:是正常磨损阶段。磨损速度缓慢,磨损量小,曲线呈平稳状态,是设备的最佳运行状态。

第Ⅲ阶段:是急剧磨损阶段。磨损速度非常快,设备(零件)丧失了原有的精度和强度,事故概率急升。

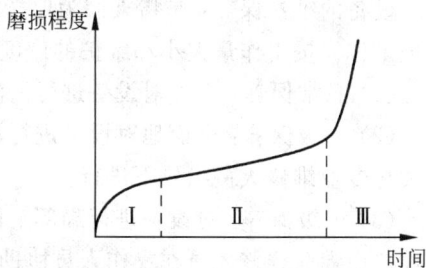

图 1-3-1 零件磨损示意图

设备的无形磨损:不表现为实体的变化,却表现为设备原始价值的贬值,又称为精神磨损。有以下两种情况。

(1)第Ⅰ类无形磨损:由于设备制造工艺不断改进,劳动生产率不断提高,致使生产同种设备所需要的社会平均劳动减少,成本降低,从而使原已购买的设备贬值。此类无形磨损不会影响设备功能。

(2)第Ⅱ类无形磨损:由于社会技术的进步,出现性能更完善和效率更高的新型设备,致使原有设备陈旧落后,丧失部分或全部使用价值,又称为技术性无形磨损。其后果是生产率大大低于社会平均水平,因而生产成本大大高于社会平均水平。

3. 设备故障曲线

设备故障:设备在其生命周期内,由于磨损或操作使用等方面的原因,使设备暂时丧失其规定功能的状况。

(1)突发故障:突然发生的故障。发生时间随机,较难预料,设备使用功能丧失。

(2)劣化故障:由于设备性能的逐渐劣化所引起的故障。发生速度慢,有规律可循,局部功能丧失。

(3)设备故障率:单位时间内故障发生的比率。

(4)设备故障曲线(规律):实践证明,可维修设备的故障率随时间的推移呈图 1-3-2 所示曲线形状,这就是著名的"浴盆曲线"。设备维修期内的设备故障状态分为以下 3 个时期。

① 初始故障期:故障率由高而低。材料缺陷、设计制造质量差、装配失误、操作不熟练等原因造成。

② 偶发故障期:故障率低且稳定,由于维护不好或操作失误造成。期间为设备的最佳工作期。

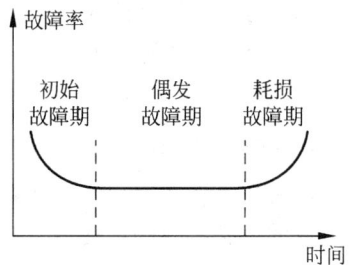

图 1-3-2　故障率曲线(浴盆曲线)

③ 耗损故障期:故障率急剧升高,磨损严重,有效生命周期结束。

3.2.3　设备维修的基本内容

1. 设备的维护保养和检查

设备的维护保养:是指人们为保持设备正常工作以及消除隐患而进行的一系列日常保护工作。按工作量大小和维护的广度、深度分为以下几种。

(1)日常保养:重点对设备进行清洗、润滑、紧固、检查状况。由操作人员进行。

(2)一级保养:全面地对设备进行清洗、润滑、紧固、检查,并进行局部调整。由操作人员在专业维修人员指导下进行。

(3)二级保养:对设备进行局部解体和检查,并进行内部清洗、润滑。恢复和更换易损件。由专业维修人员在操作人员协助下进行。

(4)三级保养:对设备主体进行彻底检查和调整,对主要零部件的磨损进行检查鉴定。由专业维修人员在操作人员配合下定期进行。

设备的检查:对设备的运行状况、工作性能、零件的磨损程度进行检查和校验,以求及时地发现问题,消除隐患,并能有针对性地发现问题,提出维护措施,做好修理前的各种准备,以提高设备修理工作的质量,缩短修理时间。包含日常检查和定期检查两类。

2. 设备修理

设备修理是对设备的磨损或损坏所进行的补偿或修复。其实质是补偿设备的物质磨损。

(1)小修:对设备进行的局部修理。拆卸部分零部件。

（2）中修：对设备部分解体，工作量较大。

（3）大修：进行全面的修理，将设备全部拆卸分解，彻底修理。

3. 设备维修制度

（1）计划预修制：按照以预防为主的原则，根据设备磨损理论，有计划地对设备进行日常维护保养、检查、校正和修理，以保证设备正常运行。主要内容：日常维护、定期检查、计划修理。

（2）计划保修制：有计划地对设备进行三级保养和修理。包含三级保养加大修；三级保养、小修加大修；三级保养、小修、中修加大修。

（3）全面生产维修制度：全员参加的、以提高设备综合效率为目标的、以设备整个生命周期为对象的生产维修制。

3.2.4　设备的更新与改造

1. 设备寿命与设备更新

设备寿命是指设备可运行的年限，主要包含以下几个方面。

（1）物理寿命：设备从投入使用到无法运行的累计使用时间。

（2）技术寿命：无形磨损导致设备丧失使用价值（达不到相应精度要求）的累计使用时间。

（3）经济寿命：年平均费用最低的累计使用时间。

（4）折旧寿命：设备从投入使用到提完折旧的累计使用时间。

设备更新：用新型设备更换原有的技术落后或经济上不合理的旧设备。

2. 设备的技术改造

技术改造是指设备的现代化改装，广义的设备更新方式，是针对设备的无形磨损而采取的局部补偿的设备更新方式。贯穿于设备使用的整个过程。设备的技术改造一般分为以下 3 类。

（1）对大型设备进行现代化改造。

（2）将普通设备改造成专用设备。

（3）对设备的重点部件进行改造。

设备技术改造的重要特点有 4 个：相关性强、针对性强、适应性广、经济性优。

KUKA机器人简介

4.1 KUKA(库卡)机器人基本情况

随着科技的进步,KUKA 工业机器人已经越来越受到企业的青睐。KUKA 具有显示屏,即用于建立、选择和执行程序的资源管理器。资源界面如图 1-4-1 所示,手持控制器(编程器)的主要功能按钮如图 1-4-2 所示,各按钮的功能如表 1-4-1 所示。

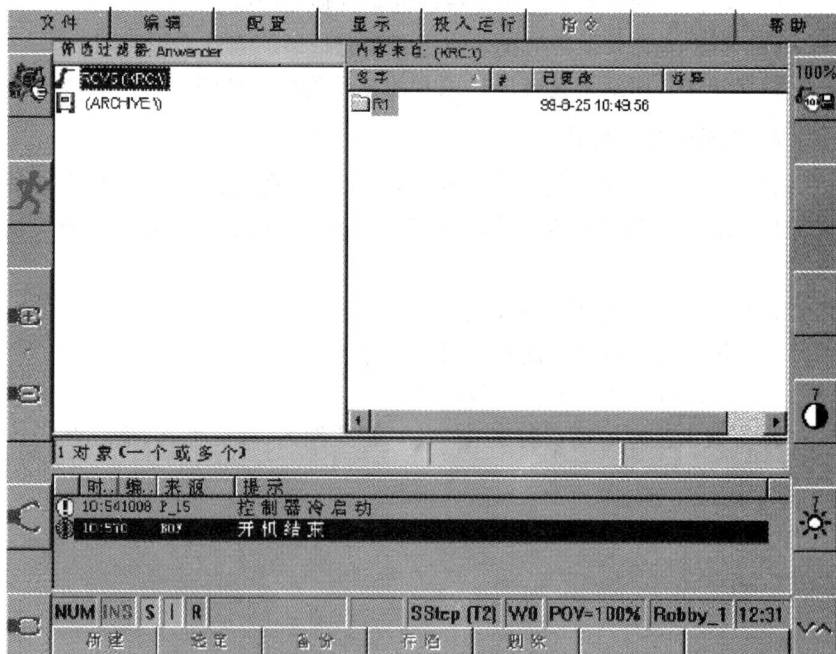

图 1-4-1　资源界面

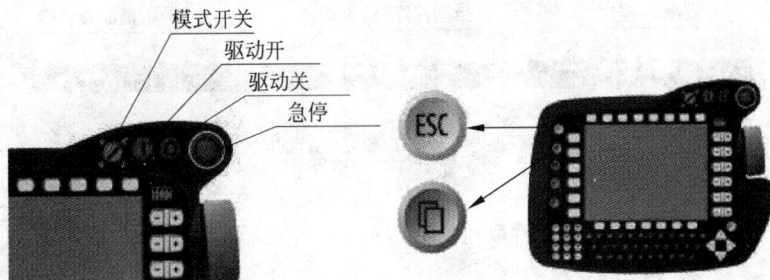

图 1-4-2　主要功能按钮

表 1-4-1　主要功能按钮及功能

按　钮	名　称	功　能
ESC	退出键	退出程序编辑界面
窗口选择键		在屏幕上的 3 个区域转移,高亮区域为当前可编辑区域
(STOP)	程序停止	在程序执行过程中按下此键,程序停止
程序启动向前		程序从当前位置继续向前执行
程序启动向后		程序由当前位置向后执行,即依次撤销动作

程序编辑区及状态栏内容说明如图 1-4-3 和图 1-4-4(a)、(b)、(c)所示。

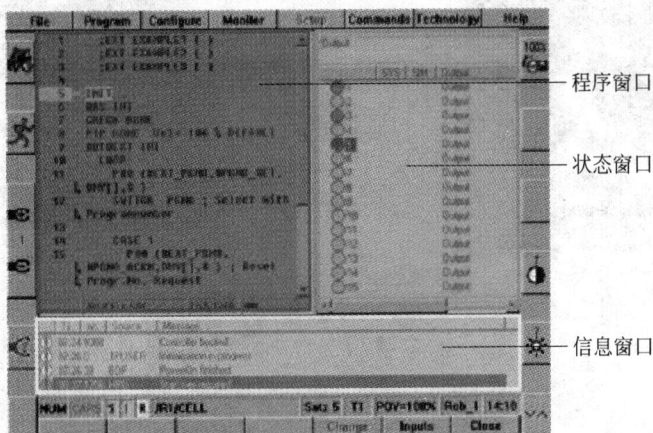

图 1-4-3　程序编辑区

　　程序编辑区的显示顺序,通常在编辑程序之后可以随时改动程序,可以随时查阅程序,可以删除程序,对应的界面及视图如图 1-4-5 所示,阴影区域表示被激活。

　　在程序编辑过程中可能出现的各类提示信号如表 1-4-2 所示。

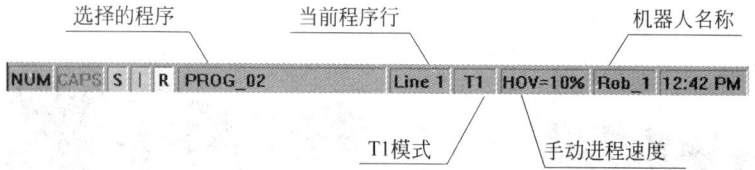

(a)

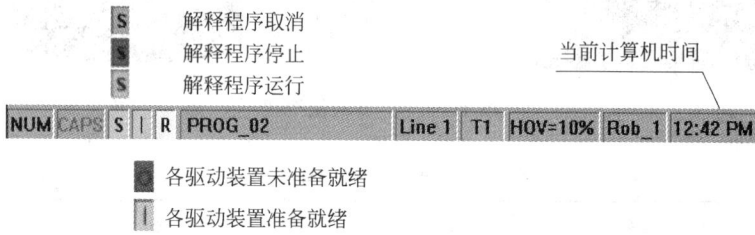

(b)

(c)

图 1-4-4　状态栏内容说明

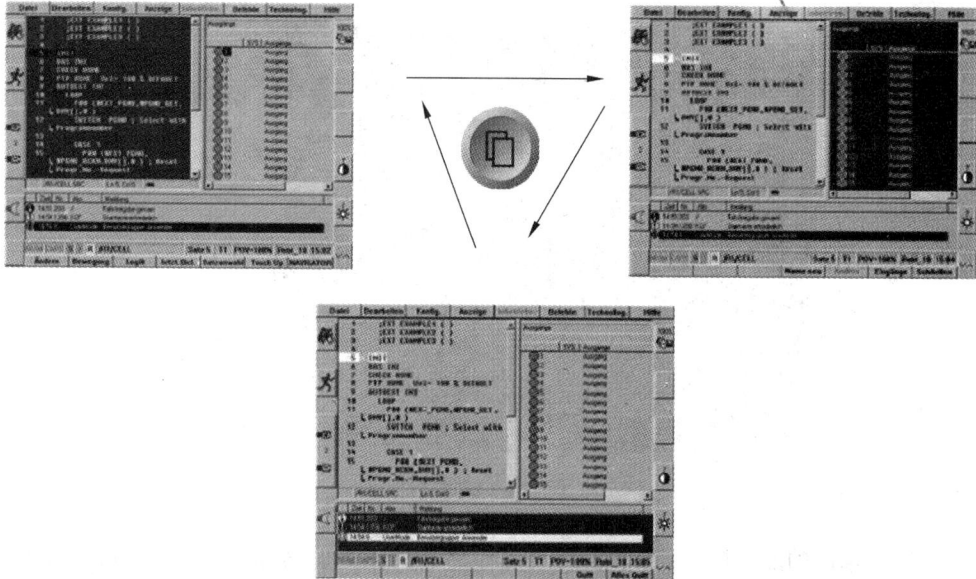

图 1-4-5　程序编辑区的切换

表 1-4-2 提示信号及其提示功能

提示信息	名　称	功　能
	说明性提示	例如按下某个不允许的键后,给使用者提供一个说明
	状态性提示	提示设备状态,该状态致使控制器发生反应(例如急停)
	确认提示	标注某种必须被识别并确认的情况
	对话信息	要求使用者确认"是"或者"否"

手持控制器的按键如图 1-4-6 所示。

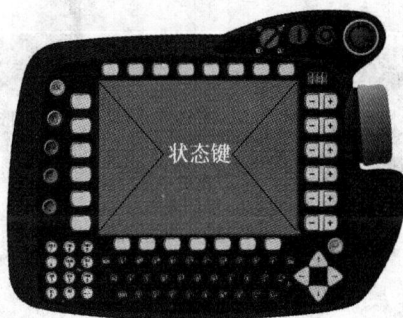

图 1-4-6 手持控制器(编程器)的按键

4.2 坐标系及其控制屏

机器人运动依据坐标轴完成,有 3 种运动方式,如表 1-4-3 所示。

表 1-4-3 机器人运动方式

方　式	说　明
手动运行完全切换	只用于工作程序执行或"自由运行"方式
使用空间鼠标器运行	用于同时运行 3 个轴或 6 个轴,与自由度的设置有关
使用运行按键运行	便于实现每个轴的单独移动

通过上述各种运动方式可以在控制屏中完成控制任务。

机器人运动编程图标及功能如表 1-4-4 所示。

表 1-4-4 机器人运动编程图标及功能

图　标	名　称	功　能
	与轴相关的坐标系	每个机器人单轴转动
	全局坐标系	原点在机器人的底脚里

续表

图　标	名　　称	功　　能
	BASE 坐标系	原点在需要加工的工件上
	工具坐标系	原点在工具上

图 1-4-7(a)、(b)、(c)、(d)所示依次对应表 1-4-4 中的 4 个类别。

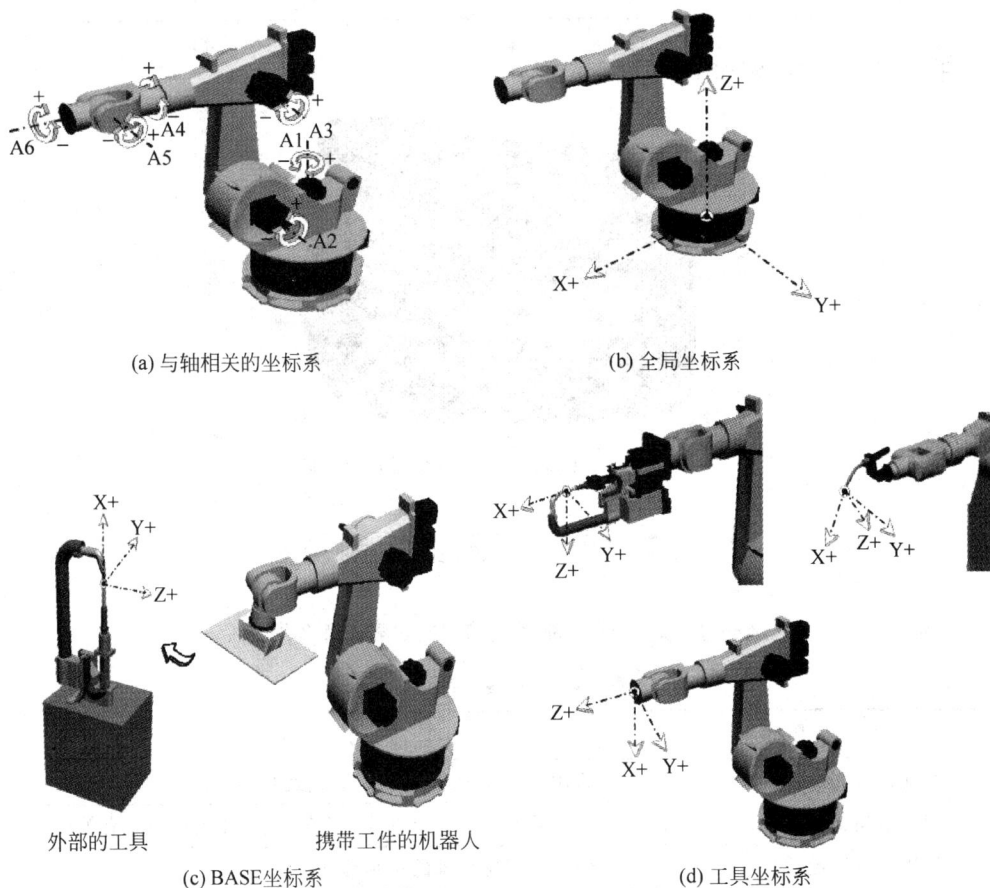

(a) 与轴相关的坐标系

(b) 全局坐标系

外部的工具　　　携带工件的机器人

(c) BASE坐标系

(d) 工具坐标系

图 1-4-7　机器人运动编程图标

4.3　库卡机器人编程基础

4.3.1　程序编辑

第一次在创建机器人程序之前,应当熟悉 KUKA 文件管理器 Navigator。如果想创建一个新的程序,必须先创建一个所谓的"选择程序"。如果想修改一个已存在的程序,仅需要在编辑器中选择或装载它。

激活浏览器,单击软键 New,在输入行中输入要求的程序名(最多为 24 个字符)和相应的注释,如图 1-4-8 所示。

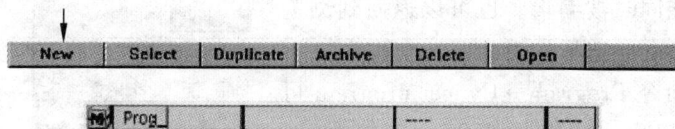

图 1-4-8 新建工程软键

如果在编辑器中已选择一个程序或有一个程序,必须首先激活文件选择对话框,否则不能创建新的程序。在目录 R1\Program 中创建用户程序以便通过选择 File→Archive→Applications 命令自动保存。

单击 Select("选择")按钮执行程序,这样可以使程序在被创建的同时被测试。要求的程序在程序窗口中显示,如图 1-4-9 所示。菜单项的分配,软键和状态栏可以同时改变,以便使编程机器人必要的功能有效。

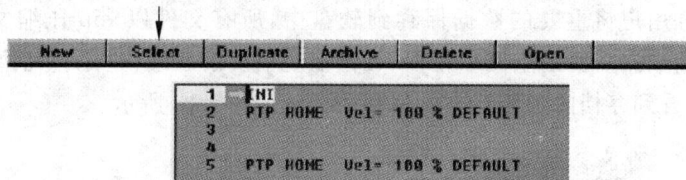

图 1-4-9 测试选定程序

如果想修改一个存在的程序,可以选择程序或将其装载到编辑器中。利用软键条中提供的 Open 软键可以将文件装载到编辑器中。如果已选择程序,软键条中的 Open 软键不再有效,如图 1-4-10(a)所示。也可以使用菜单命令 File→Open→File/Folder,如图 1-4-10(b)所示。

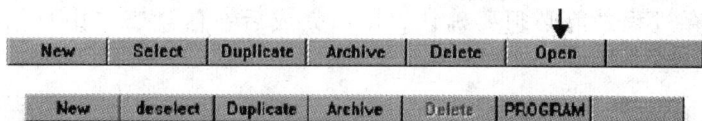

(a)

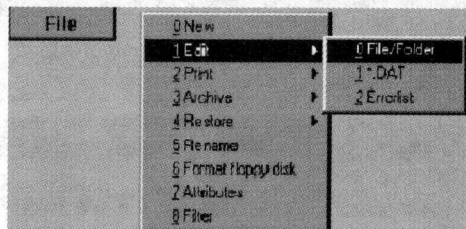

(b)

图 1-4-10 对已有程序进行编辑

要同时处理两个程序,可采用这种做法:选择一个程序后,可返回到浏览器并通过菜单命令 File→Open 装载下一个想要编辑的程序到编辑器。如图 1-4-10(b)所示。但是所选择的程序不能同时被编辑。也可以返回到浏览器并使用软键 Select 选择编辑的下一个程序。

使用菜单命令 Program→Cancel program 可以取消选择的程序。使用菜单命令 Program→Close 可以关闭编辑器中的程序,如图 1-4-11 所示。也可以通过单击软键 Close 来关闭。用户确认后会自动保存修改。

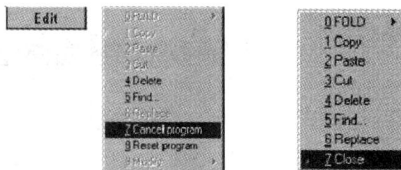

图 1-4-11 关闭程序

如果程序窗口未打开,仅软键条中的软键 deselect 有效,如图 1-4-12 所示。

图 1-4-12 软键条

此功能允许用户将重要的数据保存到软盘中,所有文件以 Zip 压缩文件格式保存。压缩数据比原始数据需要的空间小得多,在读取之前要解压缩,这是自动执行的。使用浏览器,用户可以看到存档的内容。文件保存命令如图 1-4-13 所示。

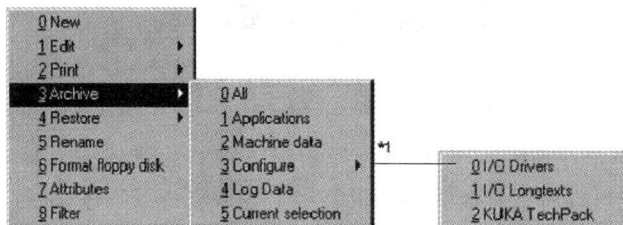

图 1-4-13 文件保存命令

在执行保存过程之前必须要确认。操作完成后在信息窗口中显示提示信息,如图 1-4-14 所示。

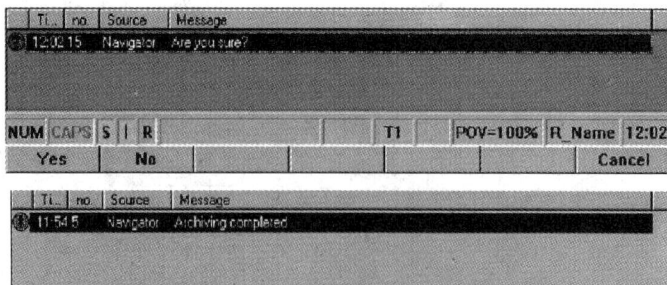

图 1-4-14 保存程序及结果提示

要删除的程序不能是当前选择的或被编辑的程序。可以首先取消选择程序或关闭编辑器。在用户确认后程序就会被永久删除。使用箭头键来移动编辑光标到想删除的行,如图 1-4-15(a)所示。

从 Program 菜单中选择命令 Delete,可在信息窗口中阅读显示的信息。这时要在 3 个按钮中进行选择,Yes 代表确定删除,No 和 Cancel 代表放弃删除,如图 1-4-15(b)所示。

选择菜单命令 Program→Reset program,已被停止或中断的程序返回到初始状态,黄色程序段指针跳到指示程序的第 1 行。选择的程序可以随后重新开始,如图 1-4-15(c)所示。

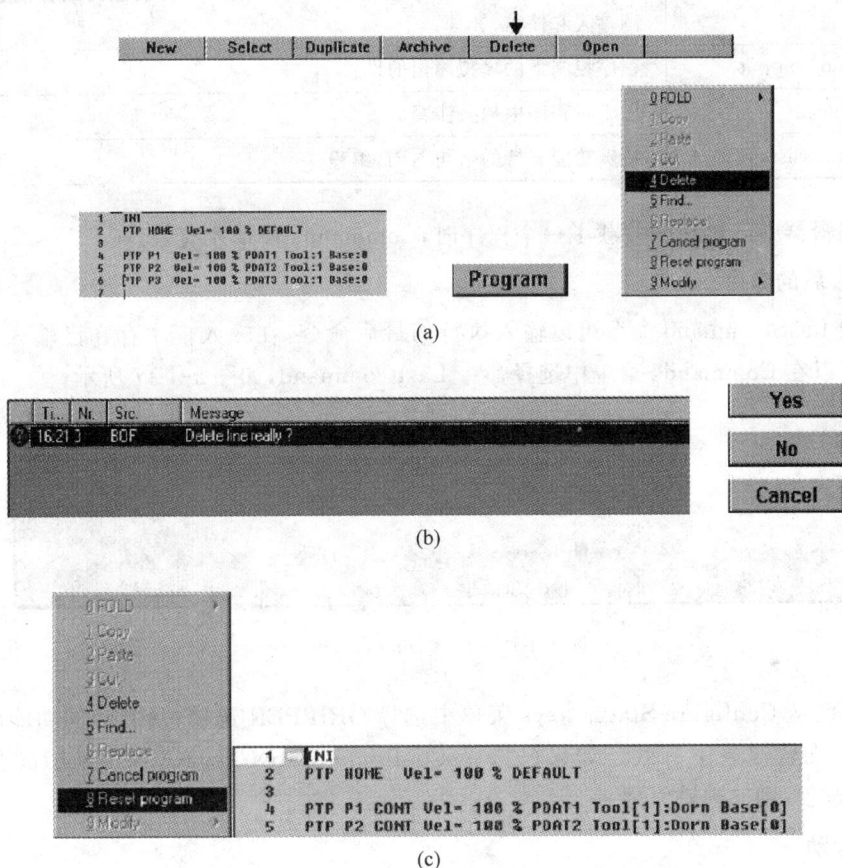

(a)

(b)

(c)

图 1-4-15 程序文件的删除

单击菜单键 Program,在打开的菜单中选择选项 Lose。在软键条中单击菜单命令 Close,编辑器显示在程序窗口,此命令保存编辑器所做的修改在硬盘上,并实时地装载它们到系统中,然后程序窗口被关闭。

4.3.2 运动程序命令

在程序内可以添加 PLC 指令,例如,Motion 命令。这些指令的执行依赖于 PLC 触发器。本节将介绍 KCP 菜单 Commands 中提供的命令,如图 1-4-16 所示,功能描述如表 1-4-5 所示。

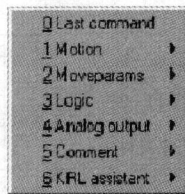

图 1-4-16 Commands 菜单命令

表 1-4-5　Commands 命令功能描述

命　令	功　能
Last command	输入最后执行命令的指令
Motion	使能 PTP、LIN 和 CIRC 运动的编程
Moveparams	转矩监控的编程
Logic	逻辑命令和等待时间,由路径决定的转换和脉冲功能的编程设置和检测输入和输出
Analog output	程序控制下的模拟输出的设置
Comment	用于在程序中插入注释
KRL assistant	特殊功能支持的语句 KRL 编程

在编辑器中已选择或装载了一个程序时,Commands 菜单才有效。

1. 最后的命令

使用 Last command 命令可以输入执行的最后命令,在输入框中存在已输入过的建议值。可以在 Commands 菜单中选择命令 Last command,如图 1-4-17 所示。

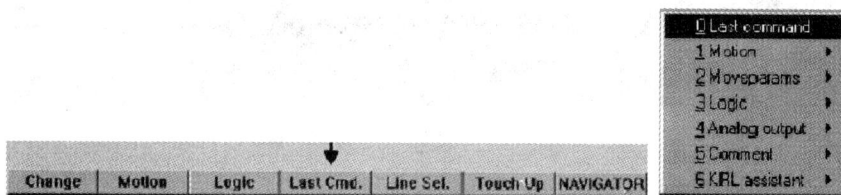

图 1-4-17　Last command 命令

如果已从 Configure-Status keys 菜单中选择 GRIPPER 选项,具有相同功能的软键 Last Cmd 在软键条中有效。如果已选择 Configure-Status keys-ARC Tech10 或 ARC Tech 20 选项,则此软键无效。

2. 运动

为了移动一个机器人刀具到程序控制下的一个点,对相应的运动命令必须编程。这个命令定义了运动和速度的类型、终点的定义。对于圆弧路径 CIRC,也包含一个中点和依赖于运动类型的其他设置。所有运动命令的意义和应用将在下面介绍。对于编程运动有效的运动类型如表 1-4-6 所示。

表 1-4-6　标准运动

运动类型	说　明
PTP(点到点)	刀具在空间尽可能快地沿着曲线路径到终点
LIN(线性)	刀具按照定义的速度沿着直线运动
CIRC(圆弧)	刀具按照定义的速度沿着圆弧运动

按照运动命令的顺序,在执行的两个单独点之间的运动有两种,如表1-4-7所示。

表1-4-7　单独点之间的运动

方　式	说　明
准确定位	运动准确停在编程的点
近似定位(cont)	从一个运动到下一个没有准确定位终点的运动可以平滑过渡

注意:如果机器人坐标轴的一个或几个未被制动和超过20cm/s(厂家设置的手动速度)撞击到它的终端,有关的缓冲器必须立即替换。如果发生在墙壁安装的机器人的轴1,必须替换它的旋转立柱。

为了编辑一个运动命令,必须选择一个程序或将其装载到编辑器中。关于创建和改变程序的更加详细的信息可以在4.3.1小节中找到。程序编辑界面如图1-4-18所示,注意编辑光标的位置。添加到程序中的下一行将作为新的一行插入到光标之后。

从菜单Commands中选择Motion子菜单,然后从其提供的运动命令(PTP、LIN或CIRC)中进行选择,如图1-4-19所示。

```
1   INI
2   PTP HOME  Vel= 100 % DEFAULT
3
4   PTP HOME  Vel= 100 % DEFAULT
5   END
```

图1-4-18　程序编辑界面

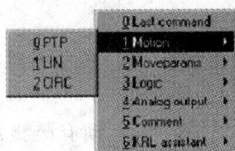

```
0 PTP          0 Last command
1 LIN          1 Motion          ▶
2 CIRC         2 Moveparams      ▶
               3 Logic           ▶
               4 Analog output   ▶
               5 Comment         ▶
               6 KRL assistant   ▶
```

图1-4-19　Motion菜单

无限制地旋转坐标轴厂家定义的所有机器人坐标轴(A1…A6)作为有限制的旋转坐标轴(例如带有软限位)。对于某些应用,坐标轴A4和A6可以配置作为无限制的旋转坐标轴,如图1-4-20所示,相应的设置在文件 $MACHINE. DAT中进行。

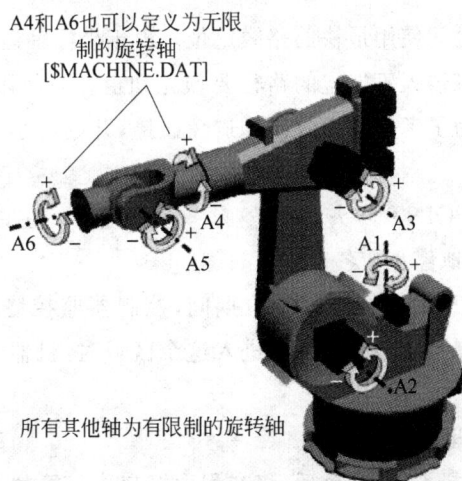

图1-4-20　机械运动示意图

如果修改机器数据来定义坐标轴 A4/A6 作为无限制的旋转坐标轴,应小心沿着最短路径执行的各个旋转。如果将提供管线(例如,焊枪)的刀具安装在机器人上,可能会产生问题。编程两个运动指令(P1-P2 和 P2-P3)并保存坐标,如表 1-4-8 所示。

表 1-4-8　运动编程示例

在这个例子中第一个运动指令将使轴 A6 从 P1(0°) 到 P2 旋转 120°。第二个运动指令将使 A6 从 P2(120°)到 P3(220°)再旋转 100° 第三个运动指令用于从 P2 向与 P3 相反的方向移动刀具 200°,即从开始位置 P1 算起的 20°位置 当执行程序时,坐标轴 A6 将从 P3(220°)到 P4(380°)沿着最短路径旋转,正好是 160°	
这样将势必使得现有的、由机器人到工具的供电线缆发生"缠绕" 因此对于第二个(返回)运动有必要将其分离为两个运动指令 在这个例子中,已编程的两个运动(P3-P4 和 P4-P5)各旋转 100°,这将保证执行程序时刀具按正确的方向移动到终点	

3. 点到点运动

机器人系统在两点之间使用最快的路线定位。由于坐标轴运动开始和结束要同时进行,坐标轴得同步,因此机器人不能走的路径要预先知道。当使用指令时,运动按照由机器人定义的路径执行。为了考虑动态效果和避免碰撞,开始按小的程序倍率(POV)执行路径。

点的名字不可以以 POINT 开头,由于这是一个关键字。在具有准确定位的 PTP 运动的情况下,机器人准确地停止在各个终点。

具有近似定位的 PTP 运动在近似定位期间,控制器监控终点的近似定位范围,在图 1-4-21 所示的例子中是点 P2。当 TCP 进入这个区域时,机器人运动立即朝向下一个运动指令的终点执行。

下面编程一个 PTP 运动。

从菜单 Motion 中选择 PTP 命令后,将在程序窗口中打开执行此命令要求的输入值格式。

PTP 编程要素如表 1-4-9 所示。

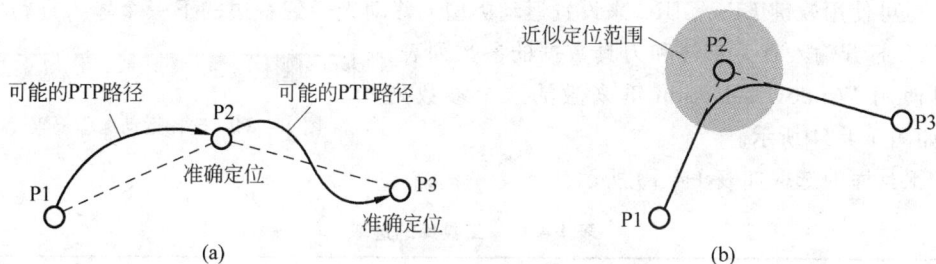

图 1-4-21　点到点运动编程图示

表 1-4-9　PTP 编程要素

框　名	功　能	值 的 范 围
PTP	运动类型	PTP、LIN、CIRC
P1	点的名字	最多为 23 个字符
刀具	刀具号	Nullframe，Tool_Data[1]…[16]
基础	工件号	Nullframe，Tool_Data[1]…[16]
外部 TCP	机器人指导刀具/工件	真、假
CONT	近似定位接通	""，CONT
Vel=100%	速度	1%～100%（默认值：100%）
PDAT1	运动参数	
加速度	加速度	0…100
近似距离	近似定位范围	0…100

注：如果接通 CONT，此时仅仅"近似距离"有效。

软键条的分配同时改变为图 1-4-22 所示的样式。

图 1-4-22　软键条样式

　　任何时间都可以按软键 Cmd. Abort 或 Esc 键中止 PTP 运动的编程。在这种情况下命令将不保存。如果程序窗口在中心，可以通过使用 ↓ 和 ↑ 箭头选择其他输入窗口，当前选择的窗口通过彩色背景高亮显示。通过重复按 Window selection 键直到整个窗口彩色高亮显示为止来激活程序窗口。移动光标到左手输入框。可以使用状态键（显示器的底部右边）改变它的分配。使用此状态键，可以再次在不同类型的运动中进行选择，如图 1-4-23 所示。

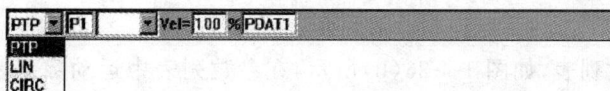

图 1-4-23　选择运动样式

也可使用软键 LIN/CIRC 来设置运动类型。移动光标到右边的下一个输入框,这里是 P1。打开输入有关工件和刀具数据的参数列表。通过使用 Window selection 键来激活这个参数列表,如图 1-4-24 所示。

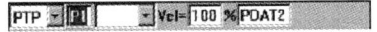

图 1-4-24   选择运动编程要素

工具库的选取如表 1-4-10 所示。

表 1-4-10   工具库的选取

说 明	示 意 图
刀具:从 16 个有用的刀具中选择 基础:从 16 个保存的工件坐标系(BASE)中选择 外部 TCP:告诉控制器机器人是否指导刀具或工件 机器人指导刀具:外部 TCP=False 机器人指导工件:外部 TCP=True	

使用 Window selection 键再次激活程序窗口。如果单击软键 Suggest,则程序在局部数据列表中找到可用的最小标准点名称并在打开格式中输入这个名称,例如,点 P1 和 P3 被占用,建议使用 P2。然后移动机器人到想编程的终点。单击软键 Touch Up,阅读显示在信息窗口中的信息。

软键 Touch Up 允许在任何时刻保存对编辑光标定位的程序行的当前机器人坐标。编程点的坐标保存在数据列表中。移动光标到右边的下一个输入框。可以用状态键(显示器底部右侧)改变它的分配。使用状态键可以接通或关断近似定位功能。

移动光标到输入框"Vel="处,可以规定当执行运动指令时机器人使用的最大速度的百分比,可以使用键盘输入值或使用显示器右边的状态键来修改它。移动光标到右边的下一个输入框中,这里是 PDAT2,如图 1-4-25、图 1-4-26(a)所示。

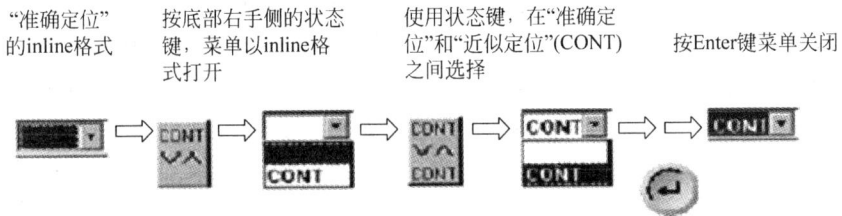

"准确定位"   按底部右手侧的状态   使用状态键,在"准确定   按Enter键菜单关闭
的inline格式   键,菜单以inline格   位"和"近似定位"(CONT)
                    式打开   之间选择

图 1-4-25   机器人定位

打开一个参数列表,如图 1-4-26(b)所示,在参数列表中运动数据要输入得更详细。使用 Window selection 键激活这个状态窗口。可以使用键盘在输入框中输入值,也可以使用显示器右边的状态键改变它们。

(a)

(b)

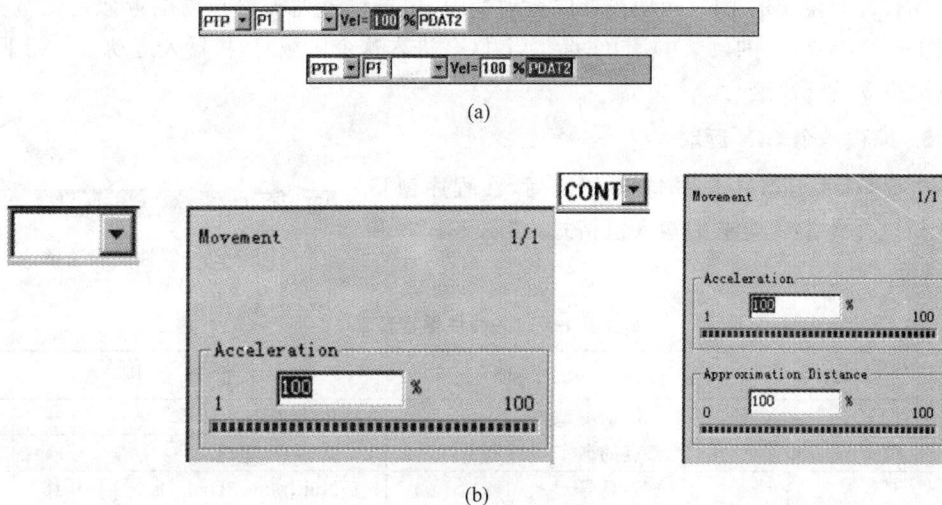

图 1-4-26 机器人速度选择

Acceleration(加速度)：可以减小运动中使用的加速度。根据路径的长度、加速度和接近距离，可能达不到编程速度。这是很有可能发生的,当关节坐标轴经过扩展位置时它将以无限的高速旋转,这将超过最大允许值,因此应确认使用实际上确实可用的值。

Approximation Distance(近似距离)：在这里可以减小运动中使用的近似定位范围。

现在单击软键 Cmd Ok 或按 Enter 键,运动功能被完全编程并被保存。如果终点位置还未涉及,机器人的当前位置被自动保存。无论输入框是否在当前中心位置,都可以在任何时间使用软键 Comment 在程序中插入注释行,使用软键 Logic 插入一个逻辑指令。

4. 线性运动

对于线性运动,机器人坐标轴按照 TCP 或工件参考点沿直线移动到终点的方法来控制。如果机器人以规定的速度沿着一个精确的路径到一个点,则使用线性运动。仅参考点遵循编程路径,在运动期间实际的刀具或工件可以改变它的定向。点的名字不可以使用 POINT 开头,因为它是关键字。

在具有准确定位的 LIN 运动情况下,机器人准确地停止在各个终点上,如图 1-4-27(a)所示。

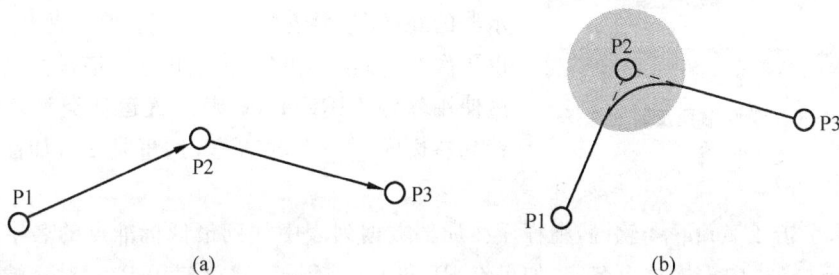

图 1-4-27 线形运动编程图解

具有近似定位的 LIN 运动在近似运动期间,由控制器监控终点周围近似定位范围。在图 1-4-27(b)所示的例子中是 P2 点。当 TCP 进入这个区域时,机器人运动立即朝下一个运动指令的终点进行。

5. 编程一个 LIN 运动

从菜单 Motion 中选择选项 LIN 后,在程序窗口中打开执行此指令要求的输入值格式,如图 1-4-28 和表 1-4-11 所示。

图 1-4-28　线性编程选择

表 1-4-11　线性编程要素

框　　　名	功　　　能	值 的 范 围
PTP	运动类型	PTP、LIN、CIRC
P1	点的名字	最多 23 字符
刀具	刀具号	Nullframe,Tool_Data[1]…[16]
基础	工件号	Nullframe,Tool_Data[1]…[16]
外部 TCP	机器人指导刀具/工件	真、假
CONT	近似定位接通	"",CONT
Vel=2m/s	速度	0.001～2m/s(默认为 2m/s)
CPDAT1	运动参数	
加速度	加速度	0…100
近似距离	近似定位范围	0…300

注:如果接通 CONT,此时仅仅"近似距离"有效。

软键条的分配同时改变为如图 1-4-29 所示。

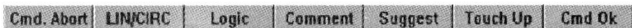

图 1-4-29　软键条样式

在任何时间都可以单击软键 Cmd. Abort 或按 Esc 键中止 LIN 运动的编程。在这种情况下命令将不保存。如果程序窗口在焦点,各种输入窗口可以通过使用↓和↑箭头键来选择,当前选择的窗口通过彩色背景高亮显示。通过重复按 Window selection 键直到整个窗口以彩色高亮显示为止来激活程序窗口。

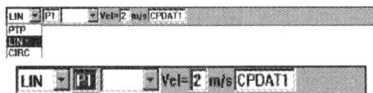

图 1-4-30　线性编程及要素选择

移动光标到左手输入框。可以使用状态键(显示器的底部右边)改变它的分配。使用此状态键,可以再次在不同类型的运动之间进行选择。也可以通过使用软键 CIRC/PTP 来设置运动类型。移动光标到右边的下一个输入框,这里是 P1,如图 1-4-30 所示。

如果单击了 Suggest 软键,则程序在局部数据列表中找到最低标准点的名字并在打开的 inline 格式中输入这个名字,如果点 P1 和 P3 占用了,建议使用 P2。对于输入有关工件和刀具的数据的状态窗口打开了。可以通过使用 Window selection 键来激活这个状态窗口。

使用 Window selection 键再次激活程序窗口,然后移动机器人到需要编程的终点。在那里按软键 Touch Up,阅读显示在信息窗口中的信息。

软键 Touch Up 允许随时保存对编辑光标定位的程序行的当前机器人坐标。这样你可能举例来编程运动指令的顺序,然后定义随后准确的终点坐标。编程点的坐标保存在数据列表中。移动光标到右边的下一个输入框。可以用状态键(显示器底部右侧)改变它的分配。使用状态键可以接通或关断近似定位功能。线性编程工具如表 1-4-12 所示。

表 1-4-12 线性编程工具选择

说 明	示 意 图
刀具:从 16 个有用的刀具中选择 基础:从 16 个保存的工件坐标系(BASE)中选择 外部 TCP:告诉控制器机器人是否指导刀具或工件 机器人指导刀具:外部 TCP=False 机器人指导工件:外部 TCP=True	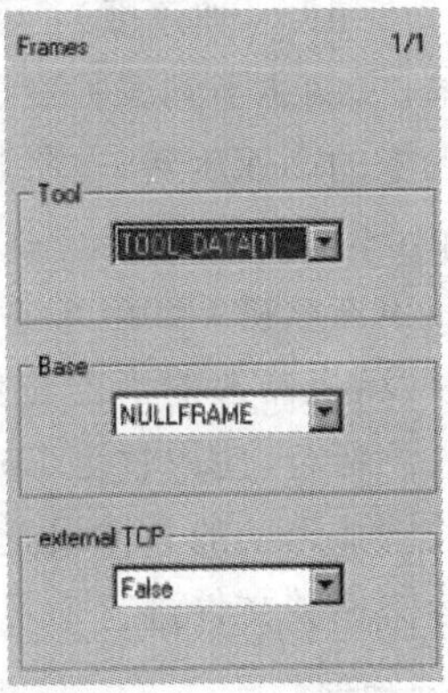

机器人定位过程如图 1-4-31 所示。

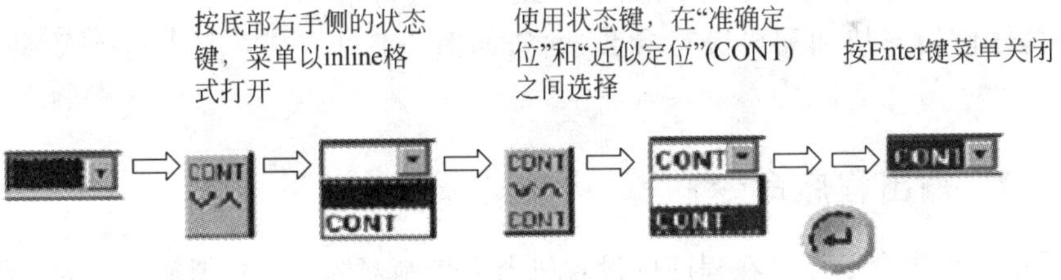

图 1-4-31 机器人定位

移动光标到输入框"Vel=",这里可以规定机器人执行运动的速度,可以通过键盘输入值,或使用显示器右边的状态键改变它。移动光标到右边的下一个输入框,这里是"CPDAT1",如图 1-4-32 所示。

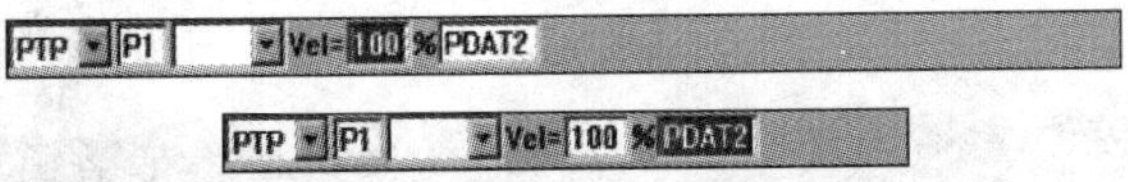

图 1-4-32 选择编程要素

打开一个参数列表,在参数列表中表现运动的数据要输入得更详细。使用 Window selection 键激活这个参数列表。可以使用键盘在输入框中输入值,也可以使用显示器右边的状态键改变它们,如图 1-4-33 所示。

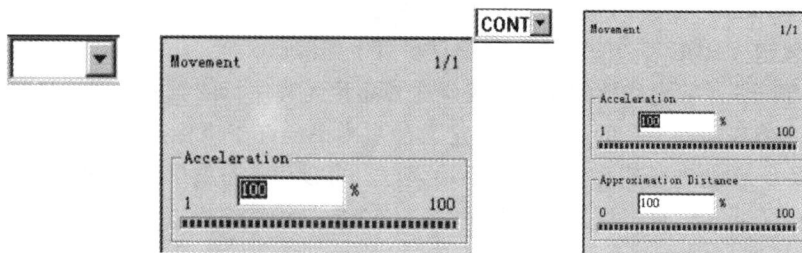

图 1-4-33　机器人运动参数选择

Acceleration(加速度):可以减小运动中使用的加速度。根据路径的长度、加速度和接近距离,可能达不到编程速度。这是很有可能发生的,当关节坐标轴经过扩展位置时,它将以无限的高速旋转,这将超过最大允许值,因此应确认使用实际确实可用的值。

Approximation Distance(近似距离):在这里可以减小运动中使用的近似位置范围。

现在单击软键 Cmd Ok 或按 Enter 键,运动功能被完全编程并被保存。如果终点位置还未涉及,机器人的当前位置被自动保存。可以在任何时刻使用软键 Comment 在程序中插入注释行,使用软键 Logic 插入逻辑指令,无论输入框是否在当前中心位置。

有关圆弧运动的具体设置方式,此处省略,不再详述,读者可参阅相关文件进行学习。

6. 运动参数

此功能允许对碰撞监控的监控通道进行改变。碰撞监控的灵敏度可按此方法定义。采用如下方式打开编辑菜单,根据具体使用环境和需要进行参数选择,如图 1-4-34 所示。

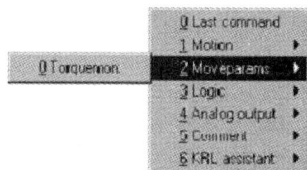

图 1-4-34　运动参数的选择

4.3.3　输出程序命令

使用输出程序命令可以在程序中设置机器人控制器的 8 个模拟输出。为了编程模拟输出,必须在编辑器中选择一个程序或装载它。有关创建和修改程序更详细的信息可以在 4.3.1 小节中找到。注意编辑光标的位置,创建的下一个程序行将作为一个新的行被插入到光标之后,如图 1-4-35 所示。

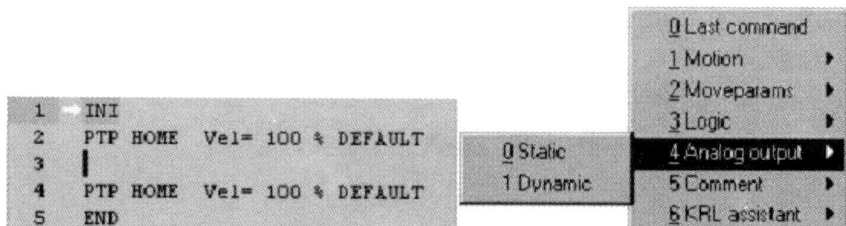

图 1-4-35　输出程序命令

1. Static

此选项用于通过一个固定值来设置一个模拟输出,如图1-4-36所示,选择该选项后,将在程序窗口中打开用于输入必要值的格式。模拟输出说明如表1-4-13所示。

图1-4-36 模拟输出选择

表1-4-13 模拟输出说明

框 名	功 能	值的范围
ANOUT	模拟输出	1~32
0	输出电压	0~1

软键条的分配同时改变为如图1-4-37所示的样式。

图1-4-37 软键条样式

在任何时间都可以单击软键Cmd Abort或按Esc键来中止此功能的编程。在这种情况下指令将不保存。如果编程窗口在中心,可以使用箭头键↑或↓选择各种输入框。当前选择的输入框通过彩色背景高亮显示。编程窗口可以通过重复按Window selection键直到窗口彩色高亮显示为止来激活。

移动光标到左手输入框,显示器底部右边状态键的分配改变。这里可以规定想设置8个模拟输出中的哪个。选择界面如图1-4-38所示。

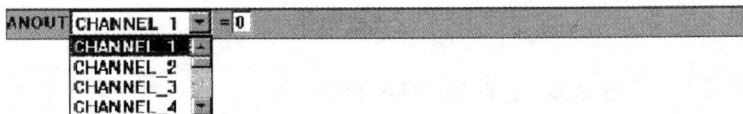

图1-4-38 选择模拟输出通道

移动光标到下一个输入框,这里是0,如图1-4-39所示。显示器底部右边状态键的分配改变。使用数字键盘输入模拟输出的值。也可以使用状态键(显示器底部右边)来改变输入框中的值,增量为10mV。现在按软键Cmd Ok或按Enter键,指令被完全编程并被保存。

图1-4-39 输入框1

2. Dynamic

这个选项用于设置依赖速度的模拟输出。选择该选项后,将在程序窗口中打开输入必要值的输入格式。相关内容如图1-4-40和表1-4-14所示。

ANOUT ON ▾ CHANNEL 1 ▾ = 1 * VEL ACT ▾ Offset=0 Delay=0 [sec]

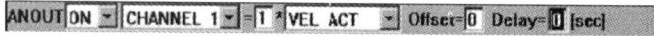

图 1-4-40 动态输出通道设定

表 1-4-14 输出通道说明

框 名	功 能	值 的 范 围
ANOUT	转换模拟方式开和关	ON,OFF
CHANNEL_1	模拟输出	1~32
1	倍数	0~10
VELACT	速度或技术参数	VELACT,TECHVAL1,…,TECHVAL6
Offset	偏置电压	−1~1
Delay	延时	−0.2~0.5s

软键条的分配同时改变为与图 1-4-37 所示的相同样式。

在任何时间都可以单击软键 Cmd Abort 或按 Esc 键来中止此功能的编程。在这种情况下指令将不保存。如果编程窗口在中心,可以使用箭头键↑或↓选择各种输入框。当前选择的输入框通过彩色背景高亮显示。编程窗口可以通过重复按 Window selection 键直到窗口彩色高亮显示来激活。移动光标到左手输入框中。显示器底部右边状态键的分配改变。这里可以规定是否转换模拟输出,如图 1-4-41 所示。

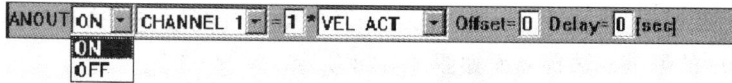

ANOUT ON ▾ CHANNEL 1 ▾ = 1 * VEL ACT ▾ Offset=0 Delay=0 [sec]
ON
OFF

图 1-4-41 模拟输出选定

移动光标到下一个输入框,这里是 CHANNEL_1。显示器底部右边状态键的分配改变。这里可以规定想设置或复位 8 个模拟输出的哪个,如图 1-4-42 所示。

ANOUT ON ▾ CHANNEL 1 ▾ = 1 * VEL ACT ▾ Offset=0 Delay=0 [sec]
CHANNEL 1 ▾
CHANNEL 2
CHANNEL 3
CHANNEL 4

图 1-4-42 输入框 2

移动光标到下一个输入框,这里是 1,如图 1-4-43 所示。显示器底部右边状态键的分配改变。使用数字键盘,输入与相应速度/技术参数相乘的因子。也可以使用状态键改变输入框中所显示的值,增量为 0.05。

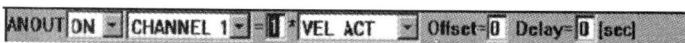

ANOUT ON ▾ CHANNEL 1 ▾ = 1 * VEL ACT ▾ Offset=0 Delay=0 [sec]

图 1-4-43 输入框 3

移动光标到下一个输入框,这里是 VEL ACT。显示器底部右边状态键的分配改变。这里可以规定速度/技术参数,使用此参数组合选择的模拟输出如图 1-4-44 所示。

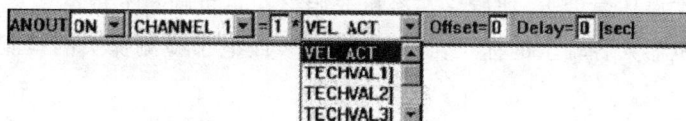

图 1-4-44 模拟输出的选择

移动光标到下一个输入框,这里是 Offset,如图 1-4-45 所示。显示器底部右边状态键的分配改变。使用数字键盘,输入对于选择的模拟输出的偏置电压值。也可以使用状态键改变输入框中所显示的值,增量为 100mV。

图 1-4-45 输入框 4

移动光标到下一个输入框,这里是 Delay,如图 1-4-46 所示。显示器底部右边状态键的分配改变。使用数字键盘输入一个延时值。也可以使用状态键改变输入框中所显示的值,增量为 1/100s。

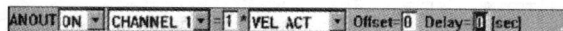

图 1-4-46 输入框 5

现在单击软键 Cmd Ok 或按 Enter 键,命令被完全编程并被保存。

4.4　库卡机器人控制屏的操作

4.4.1　机器人的校正

1. 概述

当校正机器人时,把各轴移动到一个定义好的机械位置,即机械零点位置。这个机械零点要求将轴移动到一个检测刻槽或画线标记定义的位置,如图 1-4-47 所示。如果机器人在机械零点位置,将存储各轴的绝对检测值(一般 0 增量对 0 角度)。使用千分表盘或

(a) 5轴的标尺　　　　　　　　(b) 2轴的检测头

图 1-4-47 标尺和检测头

电子检测探头,按顺序移动机器人使其正确地到达机械零点位置。机器人必须一直工作在相同的温度条件下,避免出现热膨胀引起的误差。采用这种校正方法时必须注意:应使机器人保持在操作温度下,即始终在冷机或始终在热机状态下校正。

可以依靠机器人各轴上的标尺,或安装千分表或电子检测探头的检测头。具体情况依机器人型号来定。

为了使机器人的轴正好位于机械零点位置,首先必须先找到其预校正位置,然后将检测头的保护帽拿开,装上千分表或电子检测探头。将电子检测探头插入机器人接线盒(接头 X32),从而连接到机器人控制装置。检测头剖面图如图 1-4-48 所示。

当通过零点刻槽谷底时,检测探针到达最低点,机械零点位置便到达。电子检测探头会发送一个电信号到控制装置。如果使用千分表,零点位置能通过陡峭的反转指示验证。预校正位置可以使机器人各轴较容易移动到零点位置。预校正位置可以通过画线标记或刻槽标记识别。机器人在校正前必须到达这个位置,如图 1-4-49 所示。

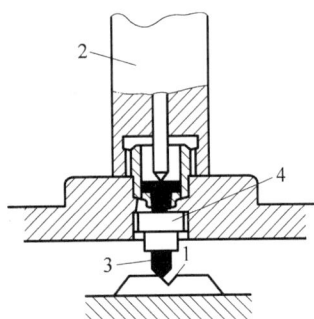

图 1-4-48　检测头剖面图

1—检测刻槽;2—千分表或电子检测探头;3—检测探针;4—检测头

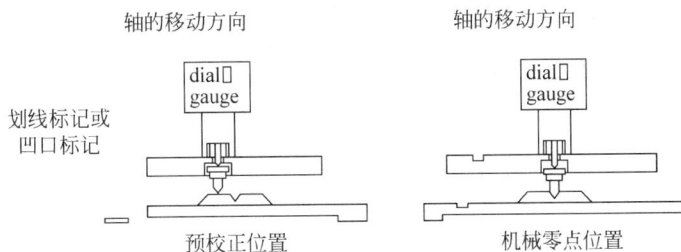

图 1-4-49　机械零点

一个轴也许仅从十到一就可以移动到机械零点位置。如果一个轴必须从一向十转动,它首先必须转过预校正位置的标记处,然后再返回这个标记。这是很重要的,可以消除齿轮传动的反向间隙。机器人在表 1-4-15 中所列举的情况下必须校正。

表 1-4-15　校正与删除校正

校正机器人	删除校正的方法
修理后(驱动电机或 RDC 更换后)	开机自动删除
当机器在非正常控制下移动后(拆装后)	开机自动删除
超过手动速度(20cm/s)与机械挡块相撞引起的停止	操作者手动进行
工具或机器人和工件之间发生冲撞后	操作者手动进行
如果关机时发现保存的检测偏移量数据和显示的当前位置数据有误差,为了保证安全,将所有的数据全部删除	
机器人取消校正	删除校正的方法
有意删除个别轴存储的校正数据	操作者手动进行

只有在不处于急停的情况下并且接有相应的传动装置时,才可以校正轴。必要时改接外围设备的急停电路。

当校正手臂轴时,校正过程执行前,需要考虑外部位置系统的影响,因为 4 轴和 6 轴在校正之前角度可以无限地旋转。

2. 千分表的校正

把所有待校正的轴移到预校正位置。预校正位置依据机器人的型号而定,如图 1-4-50 所示。

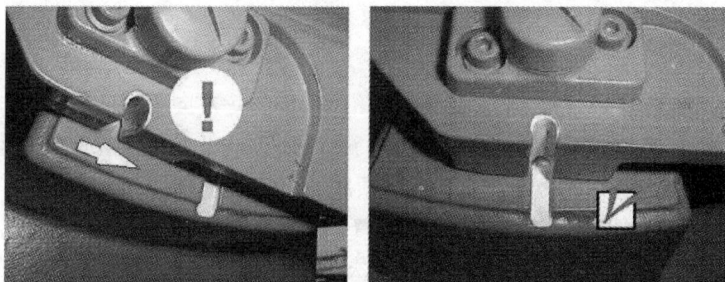

图 1-4-50　3 轴的预校正位置

一个轴必须从＋向一移动到机械零点位置。如果一个轴必须从一向＋转动,它首先必须转过预校正位置的标记处,然后再返回这个标记。这是很重要的,可以消除齿轮传动的反向间隙。

拿开检测头上的保护帽,装上千分表,如图 1-4-51 所示。

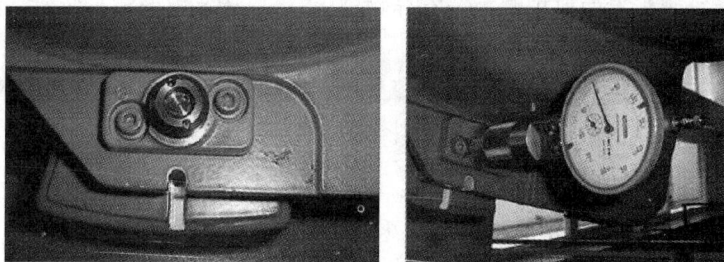

图 1-4-51　校正测试

上述功能仅在测试[T1,T2]运行方式下有效。如果在选择这项功能时选择另一种运行方式,将产生相应的错误信息。

在"开机运行"菜单中选择"校正"子菜单,再选择"千分表"菜单项,如图 1-4-52(a)所示。

打开一个待校正的轴的状态窗口,如图 1-4-52(b)所示。

需要校正的轴按顺序显示,下一个需要校正的轴以彩色背景显示。

已经校正好的轴不列出,如果想重新校正它,必须先取消校正。如果 1 轴已经校正好,校正其他轴时它可以移动。其他手臂轴可以不移动,直到全部轴校正完。如果试图跨过第 1 轴校正第 2～6 轴,校正操作将失败。校正时必须注意,从最小数的轴即第 1 轴开始。

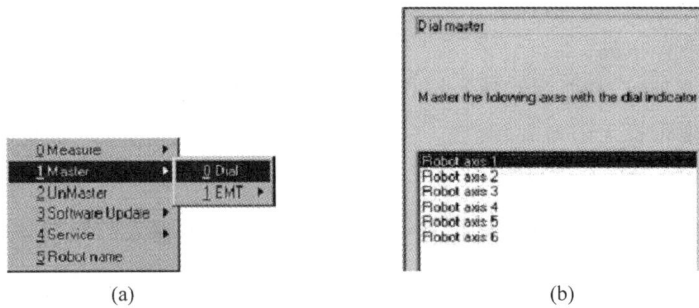

图 1-4-52　校正功能

校正开始前,应还原手动倍率到 1%。沿着轴的负方向使待校正的轴转过预校正位置的标记,同时观察千分表的指针。在检测刻槽的最低位置,指针陡峭变化时,把千分表调到零。在此之后,再次运行此轴到预校正位置,重新沿着轴的负方向转动待校正的轴。当千分表的指针大约位于零点位置前 5～10 刻度时停止。为了提高校正的精度,现在最好以固定的单步更加小心地移动机器人。为此,需要改变手动移动的进给量。

手动增量移动在"操作控制"菜单中选择"机器人手动移动"选项,这时按压移动键,轴仅转动一小步。在这种方式下,沿着负转向转动此轴,直到千分表到达零点位置。

如果超过此点,必须返回预校正位置,重新校正。在轴的当前位置,校正的轴以突出的颜色条显示,单击软键"校正"此轴保存机械零点位置。已经校正好的轴从窗口离开。在校正下一个轴前或全部校正工作结束后,开关选择返回到普通移动模式。每个轴校正完后记住拧紧检测头上的保护帽。若有异物进入,将损坏灵敏的测量装置,花费昂贵的维修费用。

在这些校正之外还包含用电子检测探头进行的轴校正、用 KR3 进行的校正以及参考点校正等方法,此处略去,可参考有关资料学习。

4.4.2　机器人的校准

1. 基本原理

标准程序中存储 16 个以上的工具或工件数据,如表 1-4-16 所示。使用预先确定的标准程序,可以方便地用不同的方法得到未知的工具或未知的工件。

表 1-4-16　标准程序列表

	工具中心点（TCP）		工作参考点
机器人运行工具	位置	XYZ-4 点	位置和取向　3-点
		XYZ-参考	
	取向	ABC-全局	
		ABC-2 点	
机器人运行工件	位置和取向　工具		位置和取向　工件

这些数据能在应用程序时调用并且可以简单地对工具调换进行编程。为了安全,检测程序仅在测试 T1 及 T2 运行方式下执行。

操作机器人系统时,使用检测功能需要足够的知识。在文件中能找到相应的信息。

(1)库卡控制屏 KCP。

(2)手动移动机器人和机器人校正/不校正。

关于机器人还必须掌握以下几点。

(1)装载正确的机床数据。

(2)对所有轴必须正确校正。

(3)没有程序也能选择操作。

(4)选择运行方式 T1 或 T2。

2. 简要介绍

如图 1-4-53、图 1-4-54 所示,每个轴可旋转的角度不变,机器人每个轴的装配称为"分解"。加上了解机器人各轴之间的距离,操作部分能计算法兰中心位置和空间取向。用全局坐标系[点线]原点的距离,定义工作头中心点的位置。这个距离的说明由 3 个轴 X、Y 和 Z 组成[虚线]。

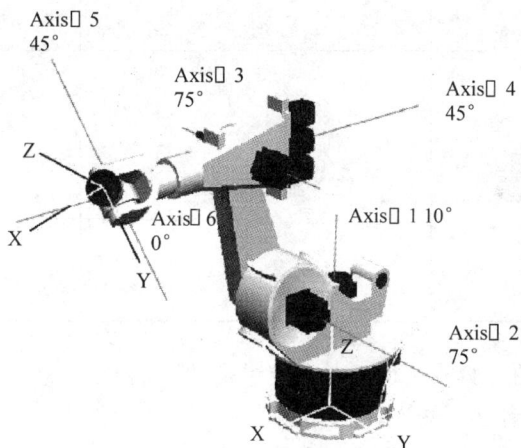

图 1-4-53 机器人运动维度示意图

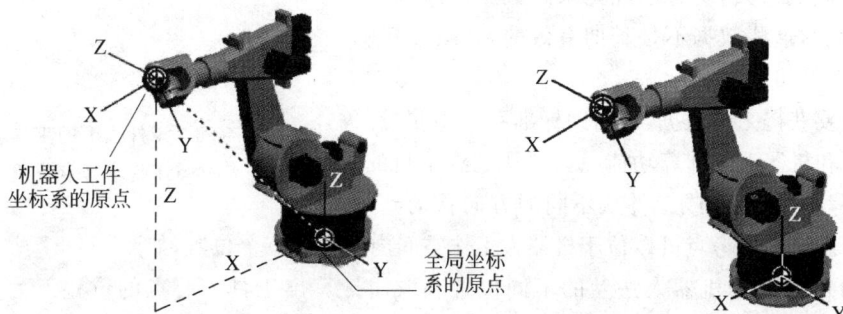

图 1-4-54 机器人运动坐标示意图

在基本设置中,机器人坐标系和全局坐标系的原点重叠。进行机器人工件坐标系的定位时,原点在工件中心,用全局坐标系变化的补偿值定义。

用坐标 X、Y、Z 来说明表示一个点的空间信息,旋转角度 A、B、C 称为框架结构。在基本设置中,机器人坐标的全局坐标系相互重叠,如表 1-4-17 所示。

表 1-4-17　机器人运动坐标

	绕 Z 轴旋转,角度 A	
	绕 Y 轴旋转,角度 B	
	绕 X 轴旋转,角度 C	

机器人工件头上的工具或工件参考点位置是计算出来的,机器人操作者必须知道,在工作头坐标系里它们的位置和方向有联系,如图 1-4-55 所示。

可使用外部测量装置来确定这些数据。无论任何时候控制机器人,所有已经记录的数据都能调入。但是冲撞后,这些数据不是长期有效的,必须重新确定,如图 1-4-56 所示。

另外要获得工具数据,可借助标准系统中测量刀具的方法和机器人的计算功能。为了达到这个目的,机器人法兰上的工具或工件从不同的方向移动到某个参考点。这个参考点可以位于机器人工作空间内的任意一个位置,如图 1-4-57 所示。

图 1-4-55　工件头上的工具或
工件参考点位置

然后可以根据机器人法兰的不同位置和取向计算出工具中心点的位置。为了使工具或工件能快速移动,而机器人驱动系统不超载,工具或工件的负荷也必须考虑,如图 1-4-58 所示。

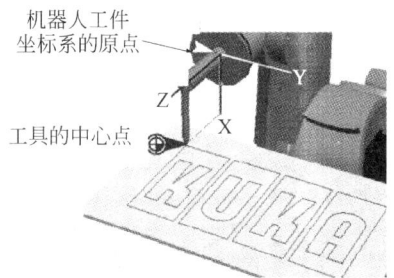

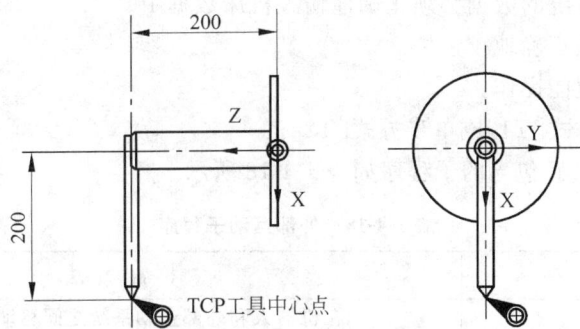

图 1-4-56 数据计算

图 1-4-57 机器人的不同运动参考点

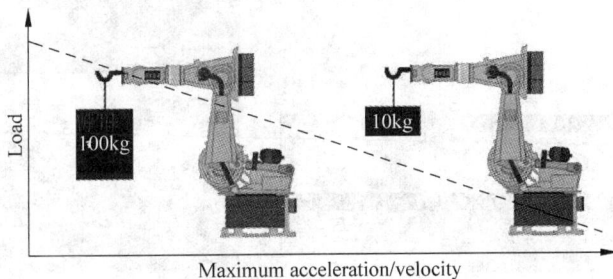

图 1-4-58 考虑工具或工件的负荷

为了达到这些目的,重量、重心点、工具惯性、工件的合成力矩必须考虑进去。在机器人上装好的附加负荷不能忽略。

4.4.3 外部运动系统的校准

1. 概述

如果机器人连接了一个外部运动系统,例如转台或两轴位置调节器,机器人控制部分必须知道这个运动系统的准确位置以保证当前操作。这个运动系统中固定不变的数据能输入机器人系统的机床数据中。依靠安装和设置的数据,用机器人校准外部运动系统单独地确定。最多能存储6个外部运动系统的数据。这些数据用它们的程序代号调出。

为了保证安全,仅在"手动"操作方式下执行校准程序(单步 T1 或单步 T2)。

此外必须做到下列几点。

（1）外部运动系统的数据必须正确地输入机床数据中。

（2）有的轴必须正确地校正。

（3）没有程序也能操作。

（4）选择单步方式[T1]或单步方式[T2]。

子菜单"外部运动"包含的子程序如表 1-4-18 所示。

表 1-4-18　外部运动子程序

程　　序	校 准 方 法
确定点	在机器人和外部运动系统之间移动一段距离
确定点（数字）	在机器人和外部运动系统之间手动输入距离
偏移量	在外部运动系统和工件之间移动一段距离
偏移量（数字）	在外部运动系统和工件之间手动输入距离

每种检测程序都配有通过对话来对相应的程序进行引导的表格。

2. 确定点

按下菜单键"开机运行"打开菜单"确定点"，菜单 Measure 及其子菜单 External kinematic 打开，如图 1-4-59 所示。

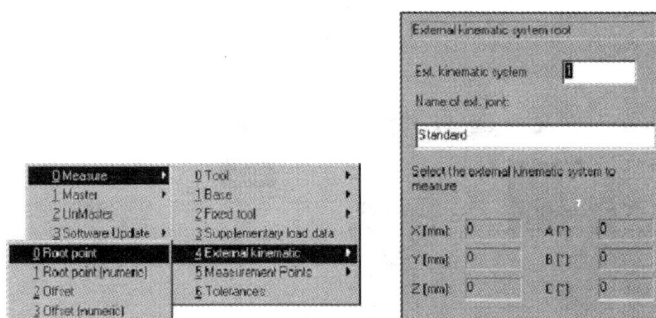

图 1-4-59　Measure 菜单及其功能

坐标图示和说明如表 1-4-19 所示。

如图 1-4-60(a)所示，用显示屏右下方的状态键选择需要的运动系统(1～6)。可以用箭头键访问输入条"外部轴的名称"，为外部轴输入名称。单击软键"外部基坐标正确"（在显示屏的左下方），以便为这个运动系统输入数据。

输入参考工具的对话框如图 1-4-60(b)所示。

用工具库中的一个已经校准过的参考工具校准外部运动系统。用状态键＋/－选择工具号(1～16)，如图 1-4-60(c)所示。

单击软键"工具准备好"以便用这个工具执行校准。打开的下一个对话框如图 1-4-60(d)所示。

系统将提示重复检查输入的机床数据，即运动系 3 的原点和参考标记之间的距离。如果这个距离没有正确输入，则必须对机床数据进行校正。在这种情况下，按 Esc 键取消校准程（这个点的输入将不保存）。如果这个距离正确输入，则单击软键"点正确"确认。

表 1-4-19　坐标图示和说明

图　　示	说　　明
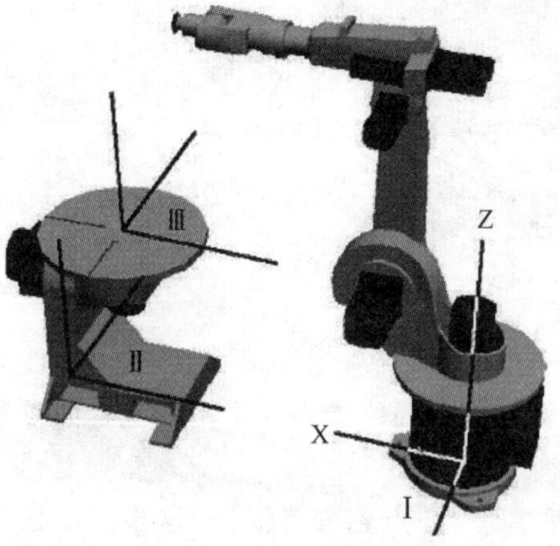 	坐标系Ⅰ＝全局坐标系，即机器人坐标系 坐标系Ⅱ＝外部运动坐标系 坐标系Ⅲ＝工件坐标系 坐标系Ⅱ和坐标系Ⅲ之间的距离在机床数据中输入 坐标系Ⅰ和坐标系Ⅱ之间的距离必须手动输入或校准

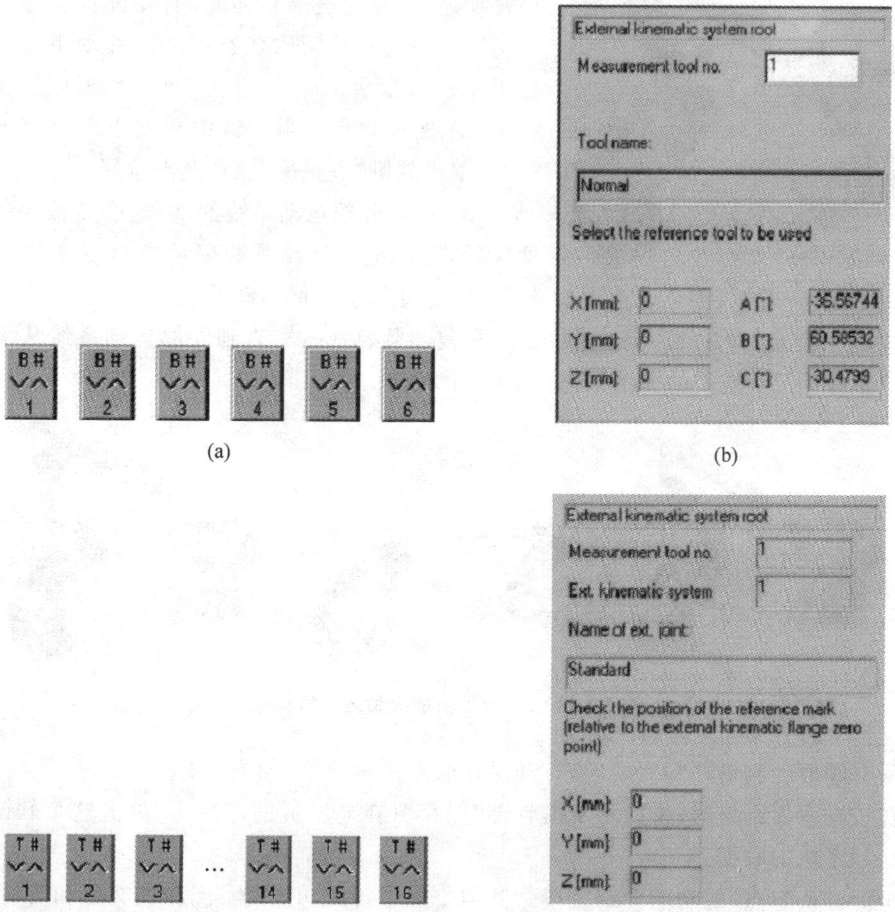

(a)

(b)

(c)

(d)

图 1-4-60　运动系统选项

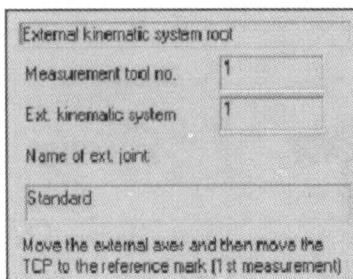

External kinematic system root

Measurement tool no.   1

Ext. kinematic system   1

Name of ext. joint

Standard

Move the external axes and then move the
TCP to the reference mark (1 st measurement)

(e)

图 1-4-60(续)

系统将提示移动外部运动系统的轴和参考工具中心点的位置到几个不同位置的参考标记,为此需要进行下列操作。

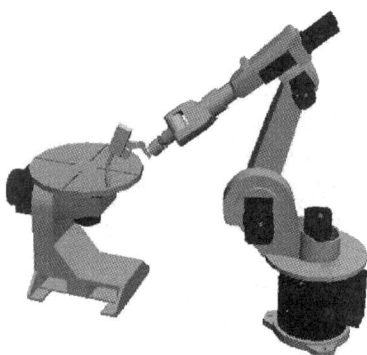

图 1-4-61 移动工具中心点

(1)移动工具中心点到参考标记,这步能用任意移动键或空间鼠标操作(注意:临近参考标记时,减小移动速度,避免碰撞),为此,重复按状态键 HOV,显示屏的右边有此键的状态描述。移动工具中心点如图 1-4-61 所示。

(2)保存此点。当工具中心点正确地位于参考标记,单击软键"点正确"保存此点位置。

(3)移动外部运动系统的轴,这个点被控制部分确认后,提示定义运动系统确认的点以便执行下一步测量,为此移动外部运动系统。

重复步骤(1)~(3)直到外部运动系统从 4 个方向到达参考标记。连贯的图示如图 1-4-62 所示。

图 1-4-62 外部运动系统到达参考标记

所有需要的测量顺利完成后,打开保存数据的对话框,如图 1-4-63 所示。

在校准程序结束时,将提示单击软键"保存"(在显示屏的底部)。单击这个软键即可保存运动系统的数据。

至此,"确定点"的功能介绍完毕。其他更加丰富的功能可参阅相关文献和资料学习,此处不再详述。

4.4.4　机器人的命名

KUKA 机器人能够按照操作者的要求命名,选择
"设置"→"机器人命名"命令即可。

在选择了命令之后,会连续出现两个对话框,如
图 1-4-64 所示。为了明确完成 KCP 控制机器人的任
务,每个机器人的名称可以改变。机器人名称最大长度
为 8 个字符。对于机器人,序列号很重要。不论机器人
或控制器是否改变,都能用它建立程序。

为了校准机器人,规范序列号是很重要的,当在不
同的文件中保存校准值时,序列号对应相应的名称。如
果机器人系统不用计算机的硬盘保存,仅保存机器数据

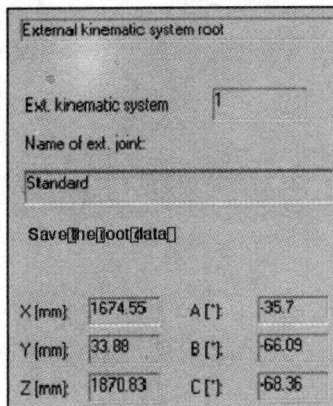

图 1-4-63　保存数据的对话框

选项,此时显示"机器数据至此",用硬盘保存这些数据时,显示"当前机器数据"。选择
"是"选项,则替换当前机器数据。仅在操作方式为 T1 和 T2 时,能改变机器人的序列号
和有效的机器数据。

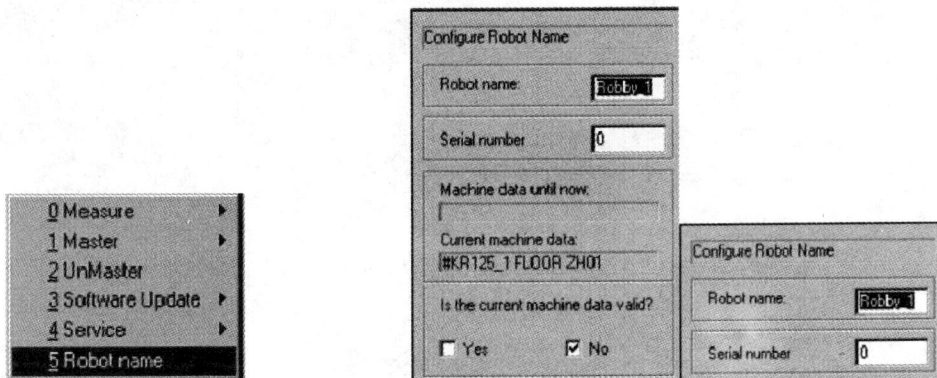

图 1-4-64　修改机器人名称

单击软键"改变"可输入和保存数据。机器人名称显示在状态条中,如图 1-4-65
所示。

图 1-4-65　机器人名称显示在状态条中

单击软键"关闭"则关闭状态窗口。

如果没有设定有效的序列号和没有输入有效的机器数据,信息对话框中将显示错误
信息"此机器人机器数据错误"。

任务篇

根据功能原理分析MPS的结构组成及技术特点

1.1 任务实施过程

1.1.1 工作原理

模块化生产加工系统(MPS)是针对制造业设计的一个完整的工业生产线模型,共设计了5个主要的工作模块:供料单元、检测单元、加工单元、操作手单元、分拣单元。

其实物图如图2-1-1所示。

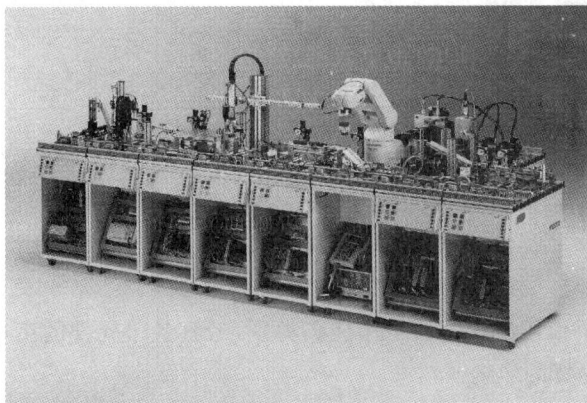

图 2-1-1 MPS 组成

按照制造业生产流程的一般顺序,图 2-1-1 所示的 5 个单元依次实现了模块组合、功能联动。一般汽车制造中的车身生产流水线与 MPS 中 5 个单元的功能相类似,可以得到如下生产关系。

(1)供料单元:从不同的流水线抓取零件。

（2）检测单元：检查零件，判断流水线编号（即判断零件类别），并按照要求置放零件。

（3）加工单元：零件被置放后，通过指定工序进行安装、喷涂等工作。

（4）操作手单元：加工完毕后的车辆组件，被抓取并投放到传送带或堆积区，等待装卸。

（5）分拣单元：满足车辆组装完毕后的成品堆放要求。

如上所述，根据制造业的实际工作状况抽象出来的生产加工系统模拟了实际的工作场景，并根据教学实际对生产的各个环节进行合理改造，构成了模块化的形式。

1.1.2 过程分析

（1）对 MPS 的基本认知

根据车身生产流水线的改进，MPS 以 5 个功能模块与之对应，通过对这 5 个模块进行技术分析，得到表 2-1-1 所示的内容。

表 2-1-1　MPS 的生产环节

供料单元	作为 MPS 的起始单元，通过该单元的运转提供原料 原料属性：材质和颜色有较大不同，总体上分为金属和非金属，红色、白色、黑色 3 种类型
检测单元	对原料进行选取，选取原则为颜色和材质 对原料进行尺寸判别，不符合尺寸要求的原料将被剔除
加工单元	被选中的材料在加工单元进行加工 MPS 具有模拟钻孔及质量检测的功能
操作手单元	具有智能功能的机械手 能够根据要求进行工件提取并分流
分拣单元	加工后的产品流动到此，成为成品 将成品按照颜色、材质分流入库

根据表 2-1-1 中所列出的功能模块，按照顺序展开对 MPS 的认知。主要分为两个部分：功能结构的认知、安装结构的认知。

① 功能结构：按照顺序了解各个模块的功能、技术构成、在工序中的地位、主要元件的功能及其技术参数。

② 安装结构：根据各个模块所设定的工作任务类别，考察各个元件的工作环境以及可能出现的环境对其性能发挥的影响。

（2）MPS 的特点总结

通过上述的过程分析，MPS 能够抽象出制造业生产线上的生产组织顺序，体现了产品加工的进程和加工制造业的生产组织特点，总结如下：

① 功能模块化。MPS 能够展现真实的生产加工体系。每个模块都具有独立的功能，并按照生产加工的一般顺序排列，不论在功能分布上还是在空间分布上，均能够以较高的效率和更简洁的方式呈现。

② 机电技术综合化。MPS 的每个模块以特定功能为主，对机电技术领域内的电气

控制、气压传动等技术实现了综合应用。

1.1.3　工作准备

MPS 是机电一体化技术的集成应用,上面对 MPS 的 5 个工作模块所具有的功能进行了简要的介绍,欲对 MPS 进行深入的了解,需要在机电一体化技术的一些技术领域具有一定的基础,具体如表 2-1-2 所示。

表 2-1-2　MPS 技术领域

西门子 PLC SIMATIC 系统	MPS 的核心部件	软件是核心,掌握 MPS 的关键在于熟练掌握 PLC 技术,PLC 实现了工业的自动化
气压传动系统	MPS 的动力及动力传递体系	采用气压传动技术,由 Festo 的气动电磁元件构成系统运行的基础,由 PLC 对各个元件进行功能调配
传感检测系统	MPS 的信号体系	实时采集系统状态,为 PLC 提供控制依据

综上所述,MPS 的每一个功能模块均融合了具体实施要求和技术标准,在对具体元件的功能和安装要求进行考察和分析的时候,需要紧密结合本书第 3 讲的相关知识,着重在以下 3 个方面进行相关分析和记录。

(1) 气动三大类元件的安装位置。

(2) PLC 接线端子。

(3) 各类传感器及检测元件的安装位置、安装性能要求、工作环境要求。

1.1.4　工作实施

MPS 根据生产实际进行了功能的抽象。初识 MPS 的时候,需要对 MPS 各个功能模块的功能与实际生产线进行对照学习,以便于比较深入地了解 MPS 的功能,对机电一体化技术的综合应用具有更加感性、更加系统的认识。

任务 1 的主要目的在于比较全面地了解 MPS 结构,初步掌握 MPS 的工作原理及功能。因此,按照组成顺序,依次对 MPS 的 5 个功能模块进行功能和结构的分析,可参照表 2-1-3 进行。

表 2-1-3　各个功能模块对应的工作任务

任务对象	任务主旨	任务包含内容
供料单元	气压传动系统	气压传动结构及原理,单元的工作流程和工作原理
检测单元	PLC 技术及手动单循环模式	采用了 PLC 技术的电气控制系统结构及工作原理气动系统的控制元件
供料单元 检测单元	自动循环方式	用 PLC 实现自动控制的程序设计方式及其电气系统
加工单元 分拣单元 机械手单元	手动、自动循环控制方式	工作单元工作流程 气压传动结构 电气控制结构及 PLC 技术

MPS 按照功能可以分为 5 个部分,每个部分的主要内容基本上可以分为气压和电控两个技术体系。因此,在具体到对每个工作单元进行学习的过程中,可按照以下的学习内容展开。

(1) 明确各个单元的目的,分析工作流程。

(2) 根据工作目的,分配功能模块及确定模块架构。

(3) 根据功能模块的具体结构,确定传动、电控的结构。

(4) 确定各类控制、检测、执行元件。

(5) 根据控制流程,对 PLC 进行程序流程图绘制及程序编写。

1.1.5　成果检验

MPS 充分展现了机电一体化技术在企业生产中的具体实现方式和构成方式,具有明确的两个技术体系:气压系统和电控系统,如表 2-1-4 所示。

表 2-1-4　MPS 的技术体系

气压系统	气压执行元件	气动检测及控制元件
电控系统	PLC 及其外设	

任务 1 展示了 MPS 的全部结构及特征,是一个结构较为明确、功能较为完善的机电一体化设备,包含了机电综合技术。它综合了机电技术体系内的众多学科,其具体内涵以及所涉及的主要内容在本书前面已进行简单介绍,在后续的各个工作任务中将针对 MPS 的具体细节加以说明。

1.1.6　任务总结

在第 1 讲中已进行过介绍,加工生产线共包含了 5 个单元,这 5 个工作单元拥有独立的生产加工功能,又能够有机地联系在一起,成为模块化生产线的组成部分。要学习模块化生产线上各个岗位的实用技术,首先需要了解各组成模块的功能特点、组成结构。

模块化生产线具有典型的机电一体化技术特征,包含如下方面。

(1) 机械技术、电子技术和信息技术相互交融,以机械系统的高级微机控制的形式来体现。

(2) 随着机电一体化系统的高度智能化,越来越多和越来越先进的控制功能取代了人工操作。

(3) 采用微处理器控制的系统易于增加或改变功能,无须增加成本。

作为机电一体化技术的系统,Festo 公司 MPS 产品的组成单元来自于自动化的检测和控制,均体现了机电一体化技术的实际应用。从整体上而言,MPS 是一套开放的设备,用户可以根据具体的需求自定义每个功能模块的组成结构,可根据 PLC 的具体型号(例如大型、中型或者小型)自定义功能模块的数量、类型、硬件组成,且构成系统工作单元的数量在一定程度上也体现了自动化生产线的控制特点。

MPS是基于机电一体化技术的产品,其每个组成单元都体现了信号检测与机电控制的综合,以PLC作为控制器,实现控制的功能,MPS的组成原理如图2-1-2所示。

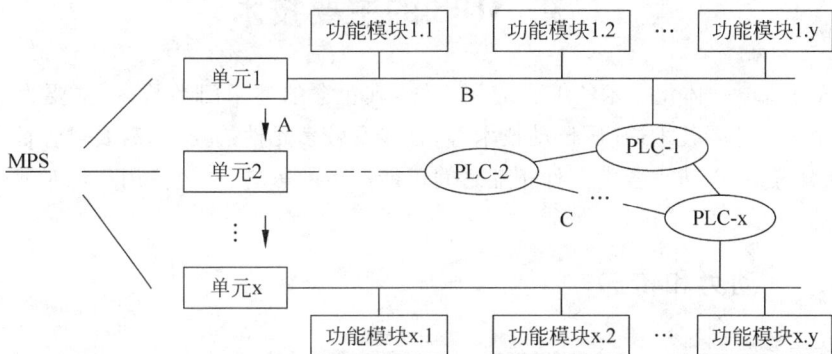

图2-1-2 模块化生产线的构成示意图

从图2-1-2中可以看出,A、B、C分别代表3种组成方式,说明如下:

(1) MPS的各个工作单元按照一定的顺序展开工作,在生产加工过程中将依照物料加工的顺序进行硬件设备的定制、功能结构的设计、检测系统的设计、控制程序的编制。

(2) 在单元中将需要展开的动作划分为功能模块。在MPS中,每个单元都可视为独立的、小型的机电一体化控制系统,其拥有独立的PLC,能够实现对功能的组织、对检测结果的搜集,以及对执行部件的控制。

(3) 自动控制、检测系统的核心部件PLC,通过在它们之间组建简单的串行口网络实现信号的互通互联,以工作流程为顺序,可针对所有单元之间相互配合的工作编写程序以进行有效控制,体现机电一体化技术的特点。

思考题

1. 分析MPS的技术领域及相关技术构成。

2. MPS是一个怎样的机电一体化技术系统?试依据MPS的技术构成对其进行描述。

3. 对MPS组成单元的工作流程进行总结和说明。

1.2 模块化设计的思路

MPS的全称为"模块化生产加工系统",是来自于德国Festo公司的教学系统。本教学系统的原型来自于制造业的生产线,通过对不同类型的生产线的结构特点进行分析和整理而得以成形。目的在于通过MPS这样一套对实际生产线的仿真系统的学习,使得学习者能够对生产加工系统的工作原理和结构有一定的了解。

人们根据教学实际,以典型的车辆组装生产线为蓝本,对MPS进行了改装和精简,对每一道工序进行了合理的改造,建立起5个功能性比较独立的工作单元,每一个单元完成固定的工作。由于MPS是一个集光、机、电、气于一体的系统,因此,每一个工作单元又可视为一个子系统。

1.3　MPS 的主要技术

MPS 是机电一体化技术的综合应用系统,其包含的技术门类繁多,主要为电气控制技术、检测与传感器技术、气压传动技术等,且涉及较多元件的安装,需要对各种元件的性能进行综合考虑,以防止各类元件相互之间可能产生的影响、避免使用环境对元件性能可能产生的影响。

1.3.1　动力和传递

1. 动力系统

气压传动在精密仪器的控制方面作用明显。在一些动力或负载较小的回路上,通常选用气压进行动力源。一般而言,在制造业中会采用液压传动、电力拖动和气压传动 3 种动力方式,在其他特种行业中也许还会采用电磁力等方式作为动力。下面对常见的 3 种动力方式进行简单的对比,如表 2-1-5 所示。

表 2-1-5　3 种动力方式的对比

方　式	缺　点	优　点
液压传动	需要提供介质; 对介质有着比较严格的标准; 对环境影响较为明显,不利于维护	元件对介质的要求高; 动作反应相对较慢,可驱动大负载
电力拖动	对电网影响作用明显; 过载能力弱,过载保护要求高	结构设计简单方便,安装方便,不污染环境; 低、中负载均适合,适用面广
气压传动	气源工作时噪声较大,需要消音器; 元件体积相对较大; 元件保养要求相对较高	对介质的要求不高; 动作反应相对较快,低负载使用; 具有前两种所不具备的停机保压功能

通过对比可知,成套的液压设备成本较高,且 MPS 属于模拟生产线,负载较小,故而不必采用液动系统。为了与实际生产线保持较大的相似性,也不必采用电力拖动系统。因此,基本上可以确定 MPS 具有采用气压传动的良好条件。此外,保持实验教学场地的环境卫生,也宜采用气动结构。除表 2-1-5 中所示之外,气压传动系统常见的优点还有如下两方面。

(1)液压油在管道中的流动速度为 1~5m/s,而气体流速可以大于 10m/s。因此,气体流在 0.02~0.03s 内即可达到所要求的工作压力和速度。

(2)停机保压是液压系统和电力拖动系统所无法做到的,要使液压系统具有这种功能,需加装蓄能器,而气动系统不需要加装额外设备即能保压。

2. MPS 中的气压系统

MPS 的每个工作单元均采用气压作为动力源,采用气压传动系统,在此基础上构建了各个功能模块。气压传动系统在结构上包含气源装置、辅助元件、控制元件和执行元件。MPS 中的气压传动控制元件采用了 Festo 公司的 CP 阀组,它由不同功用的电磁阀构成,如图 2-1-3 所示,用电信号接口来控制电磁线圈的吸合及释放,具有压力气体的入口和出口。

气压传动体系在其构成结构上具有多种类型的回路可供选用。在 MPS 中,典型的气压传动回路和控制回路均有具体应用。在 MPS 气动回路中所采用的执行元件、控制元件的具体型号与其在系统中实现的功能相关,因此必须有对应的元件选取标准。

图 2-1-3 CP 阀组实物图

此外,根据任务 1 中所述,气压传动体系中的起源处理组件在 MPS 中被视为一个独立的模块。气源处理组件本身带有减压阀等基本的气动处理元件,在气动系统中起到了维护压力稳定、调节进气量等作用。

1.3.2 工作单元及其内部结构

MPS 的 5 个工作单元依次为供料单元、检测单元、加工单元、操作手单元、分拣单元。它们的主要结构、组成、动作原理、功能等如表 2-1-6 所示。

表 2-1-6 各单元主要结构、组成、动作原理、功能

供料单元	
该单元硬件组成主要分为进料模块、气源处理模块和转运模块 3 个部分 作为起始单元,供料单元的功能为抓取物料并将物料送到下一个工作单元中 其中的气源处理组件作为气压传动系统中不可缺少的组件,主要用于气体的过滤、除水等	起始单元 ↓ 进料模块 转运模块 气源处理组件

检测单元	
物料进入生产线之后的工作单元称为检测单元,作用在于针对供料单元送入到生产线中的物料进行检测,包含对工件的材质、颜色进行检测分类。对金属和非金属材质进行检测,对银白、红、黑 3 种颜色进行检测。本单元的硬件主要分为四大模块,如右图所示 检测单元的功能是针对物料的选择所设置的重要步骤设计的。在本单元中对材质、颜色进行检测时需要使用相应的传感器进行统一的功能设计,方能显著地提高效率。因检测精度要求较高,使得该单元的功能设计稍显复杂	检测、分类 ↓ 测量模块 | 识别模块 滑槽模块 | 升降模块

续表

加工单元	
右图所示为加工单元硬件的主要组成部分。MPS 中的加工单元可以模拟钻孔加工和钻孔质量检测的过程，并通过旋转工作台模拟物流传送的过程。在硬件的三大主要组成部分中，旋转工作台包含了一个直流电机，因此，在 PLC 的具体控制结构中需要对直流电机的驱动进行相应的电路设计以满足相应动作的需要	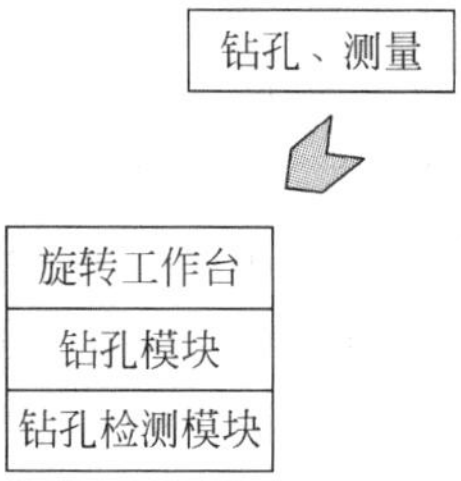 钻孔、测量 ⬆ 旋转工作台 钻孔模块 钻孔检测模块
操作手单元	
操作手单元在 MPS 中用于完成模拟提取工件、按照要求将工件分流等工作过程，其硬件组成主要分为 3 部分，如右图所示。该单元的工作目的在于将已经生产和加工完毕的成品通过机械手进行转移，并放置在指定位置，使得产品进入到下一个单元中	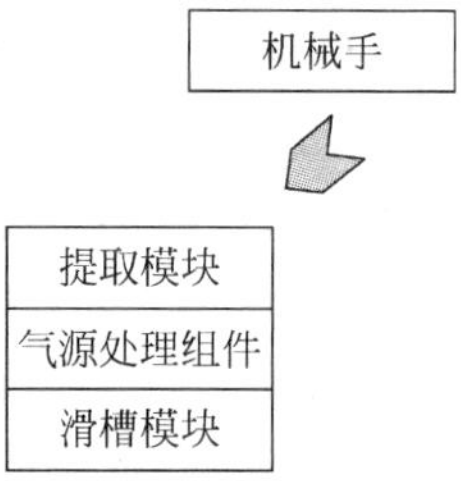 机械手 ⬆ 提取模块 气源处理组件 滑槽模块
分拣单元	
分拣单元主要用于实现对工件按照材质或颜色的分拣，当工件成品被放置到滑轨中之后，将按照不同的材质或颜色将其推入到不同的滑槽中	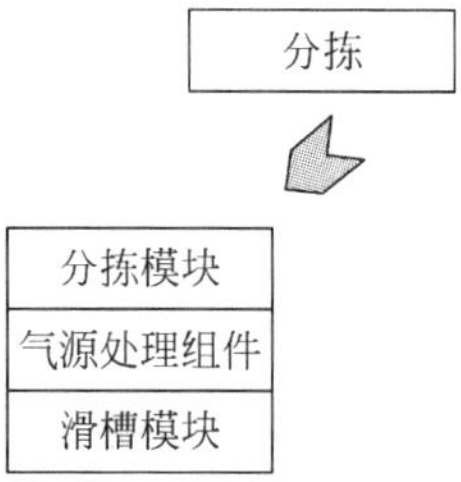 分拣 ⬆ 分拣模块 气源处理组件 滑槽模块

　　如前所述，每个单元内部模块的组合需要以气压传动的结构为基础，根据工作的具体要求设计动作，并根据具体动作的特点设计出检测信号的种类和控制方法。因此，将单元内部的各个模块作为一个系统工程进行设计，其系统内功能模块及其对应信号流的规划、组织方式对于生产实践而言具有较大的意义，是 MPS 整体设计中的重要一环。下面对5 个工作单元中的主要功能模块进行详细介绍。

进料模块

　　用于存储工件原料，在必要的时候将工件从料仓中分离出来，并推到设定位置以供转移。

　　对进料模块进行检测的传感器包含对射式光电传感器、磁感应式接近开关。在 PLC的控制程序中，光电传感器的信号用于判断料仓中是否有存储料，磁感应式接近开关用于判断工件是否已从料仓中被推出到特定位置。

转运模块

　　用于抓取工件，从进料模块被推出的物料被放置在固定位置，该位置即为抓取的位置。

对转运模块进行检测的传感器包含行程开关和真空检测传感器。行程开关主要针对摆动气缸的运动进行判断,其信号用于摆动气缸动力的启停切换控制,真空检测传感器则用于判断是否成功地从特定位置抓取到从进料模块推出的物料。

识别模块、测量模块

当金属接近时会产生电磁信号,可用于对工件的材质进行判断,即分辨金属材质和非金属材质,后者用于对工件高度进行测量。

对识别模块中的执行元件进行检测的传感器包括电感传感器、电容传感器和漫射式光电传感器。这些传感器需要同时配合使用,才能够更好地对工件的材质和颜色进行识别。测量模块使用了一个模拟量传感器,利用了电位器的分压原理,通过对经过电阻电流的变化进行测量和处理,最终得到工件的高度。

升降模块、滑槽模块

升降模块用于将工件由下方运送到上面进行检测和分流。

滑槽模块提供了两个物流方向用于分流。

升降模块中包含了一个磁感应式的接近开关,当升降模块中的气缸运动时,磁感应式接近开关可提供给 PLC 接近信号,实现对气缸的运动控制,即相应电磁阀的通断控制。

提取模块

机械手的主要组成部分用于提取成品工件到指定的地点并放置。

在提取模块中用到了真空发生器和真空检测传感器,其工作原理与供料单元中的转运模块类似,但是由于生产任务的设计不同,故而提取模块中的机械手在 PLC 程序设计方面相对于转运模块而言更加具有系统性,更能体现自动化与智能化的特点。

分拣模块

被机械手抓取到指定位置的成品,通过分拣模块进行分类,并流向具有物流方向的滑槽。

分拣单元用到了反射式光电传感器、对射式光电传感器,将反光镜合理地安排在了检测结构中用以辅助光电传感器的工作,分拣模块中还包含有直流电动机和蜗轮蜗杆检测装备等,由此可见分拣模块本身也体现了机电一体化的特点。

1.3.3　工作单元的组成方式

如上所述,MPS 采用了模块化的结构设计,每一个工作单元就是一个具有一定功能和规模的机电一体化系统,这些小型的机电一体化系统采用西门子的 S300 系列 PLC 作为自动化的核心。它是一个智能化的工业控制系统。

PLC 是一个工作单元的核心部分,依据传感器系统,采集到动力系统中的控制组件、执行组件的运动状态,并按照设计的程序实现各个功能模块的正常工作。

MPS 的整个生产流程按照工作顺序展开,每个工作单元内部的结构如图 2-1-4 所示。MPS 共包含 5 个工作单元,以第一个工作单元"上料单元"为例,介绍如下。

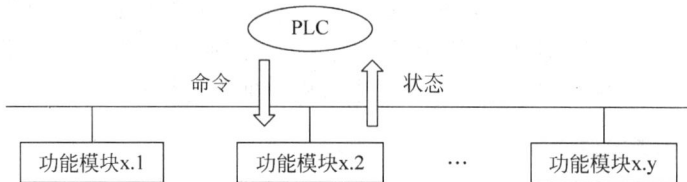

图 2-1-4   工作单元的内部结构

1. 功能模块 x.1

上料单元中实现本单元全部功能的机电结构包含了若干动作。依靠 PLC 的命令,每个动作对应了一部分机电结构,称为功能模块。

2. "命令"和"状态"

PLC 通过传感器系统,获取各个机电结构的动作状态,其中包含了气压传动的执行部件、控制部件和其他机械、电动部件。这些状态被 PLC 获取之后得到处理,PLC 发布控制命令,使得电动部件、气动系统的电磁部件发生动作,实现既定功能。

3. PLC 和数据传递

不论是"命令"还是"状态",所传递的都是数字量,通过线路接口卡和标准数据插头(见第 1 讲)引入这些数字量。这些数据可能是简单的数字量,也可能是包含了特定格式的数据包,还可能是按照一定通信标准生成的通信数据包,不论哪一个种类的数字量,传递时均需要具备一定的电磁条件和环境。

1.3.4   工作单元的连接与 PLC 的安装

每个功能单元是由若干功能模块构成的,每个功能模块的动作都需要由本单元内的 PLC 来控制进行,而 MPS 的每个工作单元都具有一台 PLC(西门子 S300)。

PLC 具有通信的功能,采用了串行口的 RS-232 和 RS-485 通信协议。

机电一体化系统的综合应用是根据系统的功能目标和优化组织结构的目标,合理配置布局驱动机构,控制机构,传感检测机构,信息的接收、传输和处理机构,执行机构等,并使它们在微处理单元的控制下协调有序地工作,有机融合在一起,使物质与能量有序运行。

MPS 以模块化的组成方式出现,必定在功能上既具有一定的独立性,又以工作单元为单位相互之间存在必然的联系。因此,对于整个生产线以工作流程为顺序进行功能的规划显得尤为重要。在 MPS 中,从供料单元开始到分拣单元结束,经过了物料的抓取、物料的检测、物料的加工、成品的转移、成品的分类共计 5 个步骤,实现了加工生产线的所有功能。通过对 5 个加工单元具体工作和具体设备特点的描述可知,各个单元的功能是独立的,即每个单元都可以成为独立的工作单元,每个单元都有一台 PLC 用以实现功能的控制。在 5 台 PLC 之间也组织起网络,通过网络进行通信和联络,使得 MPS 从物料进入生产线至成品被分拣为止,整个生产加工过程能够协同工作,实现自动化的控制和操作。

综上所述,各个工作单元之间在 PLC 的单机控制功能上保持了独立性,每台 PLC 仅面对所在单元的功能,从而实现机电一体化系统中的独立工作单元。当然,也可根据实际需要,采用 PLC 的通信模块,实现 5 台 PLC 所有工作单元的工作联动,更加充分地体现了机电一体化技术的特点。

图 2-1-5 所示为信号接口卡的一部分,来自于各种传感器的信号通过接口卡进入到 PLC 中。该实物图也展示了功能模块与检测系统的连接方式。

图 2-1-5 信号通过接口卡 PLC

1.4 气压系统的安装与维护

1.4.1 模块化生产系统的技术体系气压设备的日常维护

气压系统安装包含两个部分:管道安装和元件安装。

1. 管道安装

(1)安装前要彻底清理管道内的粉尘及杂物。

(2)管子支架要牢固,工作时不得产生振动。

(3)接管时要充分注意密封,防止漏气,尤其要注意接头处。

(4)管路应尽量平行布置,减少交叉,力求最短,转弯最少,并考虑到能否自由拆装。

(5)安装软管要有一定的弯曲半径,不允许有拧扭现象,且应远离热源或安装隔热板。

2. 元件安装

(1)应注意阀的推荐安装位置和标明的安装方向。

(2)应根据控制回路的需要,将逻辑元件成组地装在底板上,并在底板上开出气路,用软管接出。

(3)移动缸的中心线与负载作用力的中心线要同心,否则会引起侧向力,使密封件加速磨损,活塞杆弯曲。

(4)在安装前应校验各种自动控制仪表、自动控制器和压力继电器等。

3. 系统调试

(1)调试前的准备

要熟悉说明书等有关技术资料,力求全面了解系统的原理、结构、性能和操作方法;

了解元件在设备上的实际位置、元件的操作方法及调节旋钮的旋向;准备好调试工具等。

（2）空载运行

空载运行的时间一般不少于 2 小时,注意观察压力、流量、温度的变化,如发现异常应立即停车检查,待排除故障后才能继续运转。

（3）负载试运转

负载试运转应分段加载,运转时间一般不少于 4 小时,分别测出有关数据,记入试运转记录中。

1.4.2　模块化生产系统的运行、设计及维护原则

1. 气动系统

在 MPS 中气动系统日常维护的主要内容是冷凝水排放和系统润滑的管理。

空气压缩机吸入的是含水分的湿空气,经压缩后提高了压力,当再度冷却时就要析出冷凝水,侵入到压缩空气中致使管道和元件锈蚀,影响其性能。防止冷凝水侵入压缩空气的方法是:及时排除系统各排水阀中积存的冷凝水,经常注意观察自动排水器、干燥器的工作是否正常,定期清洗空气过滤器、自动排水器的内部元件等。

在气动系统中,从控制元件到执行元件,凡有相对运动的表面都需要润滑。如润滑不当,会使摩擦阻力增大,从而导致元件动作不良,因为密封面磨损会引起系统泄漏等危害。润滑油的性能将直接影响润滑效果。通常在高温环境下用高粘度润滑油,在低温环境下用低粘度润滑油。如果温度特别低,为克服雾化困难,可在油杯内装加热器。供油量随润滑部位的形状、运动状态及负载大小而变化。供油量总是大于实际需要量。一般以每 $10m^3$ 自由空气供给 1ml 的油量为基准。

2. MPS 设备

机械设备维护是操作工人为了保持机械的正常运作状态、延长使用寿命必须进行的日常工作。MPS 是一个复杂的机电一体化系统,遵循机械设备维护的一般规则,必须满足以下 4 个方面的要求。

（1）整齐

工具、工件、附件放置整齐;安全防护装置齐全;线路管道完整。

（2）清洁

设备内外清洁;各滑动面及丝杠、齿轮、齿条等无油污、无碰伤;各部位不漏油、不漏水、不漏气、不漏电;切屑垃圾清扫干净。

（3）润滑

按时加油换油,油质符合要求;油壶、油枪、油杯、油毡、油线清洁齐全,油标明亮,油路畅通。

（4）安全

实行定人定机和交接班制度;熟悉设备结构和遵守操作规程,合理使用设备,精心维护设备,防止发生事故。

分析供料单元功能、设计及其单元结构

2.1 任务实施过程

2.1.1 工作原理

供料单元将物品从料仓转移到加工的平台上,准备进行加工。

供料单元是 MPS 中具有独立功能并能完成特定工作任务的工作单元,是一个独立的机电一体化系统。其内部共包含了 3 个功能模块,分别为上料模块、转运模块和气源处理组件。3 个功能模块共同实现对物料的搬运,将物料从料仓转移到指定地点等待加工。

2.1.2 过程分析

上料模块作为独立工作单元,以 PLC 为核心,通过传感系统获取状态,再向各机电气系统发布动作命令,从而完成全部工作程序。具体工作过程如图 2-2-1 所示。

气泵产生的气压力经过气源组件到达推料气缸,推料气缸能够进行两个方向的运动——前进、后退。前者使得依靠重力下坠的物料被推出,后者使得推料气缸退回,以留出空间使得物料能继续下降,继而又被推出。如此循环,即为上料模块的工作时序。

推料气缸能够在两个方向上运动,其极限位置必须得到控制才能使得推料气缸的循环运动得以持续进行。需要在推料气缸的两个极限位置设置具有位置检测功能的传感器,设置在两个极限位置的传感器能将气缸到达的信号通过接线板卡送入 PLC 中进行判断,继而依据设定的程序来控制推料气缸下一步的动作。

上料模块完成了物料的添加之后,物料被推入金属滑轨,再由转运模块将其搬运。

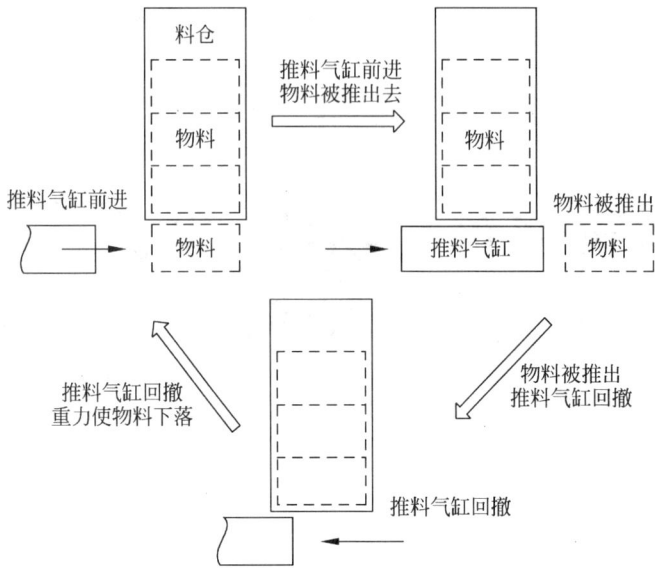

图 2-2-1　上料模块功能示意图

2.1.3　工作准备

供料单元共包含 3 个主要的功能模块,需要首先了解构成各个模块的元器件,并掌握这些元器件的功能和特点。

表 2-2-1 中所列出的各类元件的安装需要遵循较为严格的原则,其中,光电检测元件对工作环境有较为严格的要求。

表 2-2-1　供料单元中的各个元件

元件名称	类别	所属模块	功能简介
磁感应式接近开关	传感器	上料模块	为推料动作设置推料界限
对射式光电传感器	传感器	上料模块	检测料仓是否有物料到达
CP 阀组	气动控制元件	气源组件	
摆动气缸	气动执行元件	转运模块	
真空开关	气动控制元件	转运模块	当检测为负压时产生动作,利用负压吸取物件

(1)元件安装原则

① 光电元件的使用环境需要适合于该元件的灵敏度,以免因环境而失效或误动作。

② 气压系统的控制元件所使用的信号线缆的连接要稳固、安全。

③ 气压回路所使用的管道与控制元件、执行元件的连接处需要稳固、安全。

④ 各种部件之间要具有足够的空间,避免在系统运行过程中发生磕碰。

(2)元件维护原则

① 在机械元件运转部分应注意进行润滑维护。

② 气源组件需要保持空气洁净,并依据气压设备维护原则进行日常维护。

③ 系统每次运行前，需要对气压系统接头处以及电气系统的线缆连接处进行检查。

④ 设备保持清洁，保证各类光学传感器的工作环境不受灰尘干扰。

⑤ 设备周围保持电磁环境良好，保证电磁传感器工作稳定。

2.1.4 工作实施

（1）工作结构

供料单元具有明确的功能和结构，通过单元内的元件类别以及对应的安装和维护原则，可总结出本单元的运行结构简图，如图 2-2-2 所示。

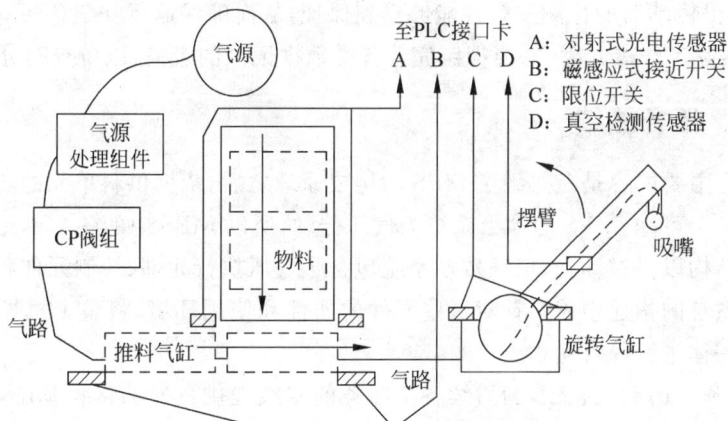

图 2-2-2 供料单元的结构简图

根据图 2-2-2，考察 MPS 的实际安装空间和安装条件，MPS 供料单元的实物图如图 2-2-3 所示：供料单元的两个主要模块——进料模块和转运模块，两个模块中的检测元件不断地将执行结构的状态信号传递到 PLC 进行判断和处理。

（2）工作过程

通过气缸的旋转带动的吸嘴，将推入金属滑轨的物料采用真空吸盘搬运到另外的加工单元，则在其工作过程中必定对气缸进行位置限制；否则，与前述推料气缸类似，附着在吸盘上的物料无法被有效、准确地投放至加工单元中的目标位置。旋转气缸本身具有设定旋转位置的功能结构，从而使得气缸在两个位置的方向均得到限制，保证了转运单元工作的准确性。

同时，转运模块上的真空吸盘也需要加上一定的装置用于进行物料是否被成功吸附的判断，以此作为旋转气缸是否需要返回的依据。在转运模块中采用了对真空吸盘

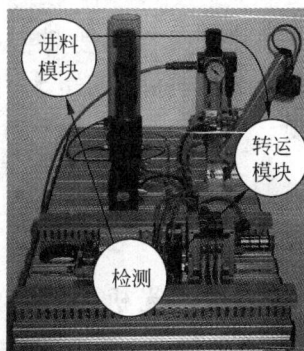

图 2-2-3 供料单元实物图

的供气压力进行检测的方法，将检测结果，即真空检测传感器所提供的信号，通过接口卡输入到 PLC 中，继而依据控制程序进行判断，从而展开下一步的动作。

2.1.5　成果检验

以任务 1 为基础,针对任务 2 中的各种设计进行检验与核对,需要着重注意以下几个方面。

(1) 动力结构的设计布局需要考虑到各类机械部件在运行过程中的状态,以便于在安装时为机械部件预留足够的伸展空间,以保证运行过程的安全性。

(2) 气动元件和传感器之间是检测与被检测的关系,需要在实际工作展开过程中观察传感器的工作条件,对任何可能有碍于传感器正常工作的环境进行调整,或更改安装设计方案,以使得传感器的检测灵敏性能够得到保证,从而确保运行安全。

(3) 在实际工作展开时,需要拟定完善各类数据记录的表格,以备查阅分析。

2.1.6　任务总结

任务 2 的主要内容是在熟悉了 MPS 的构成原理之后,依据供料单元的功能进行结构设计。由任务 1 可知,MPS 的动力系统为气压传动,所以 MPS 中的各个单元均需要利用气压传动的结构以提供动力,气压传动系统包含了气压执行元件、控制元件和气压监测元件。在气压系统的构建中需要针对这些元件的属性和使用环境,将整个机械结构和电器结构集成为一体进行综合考虑。

因此,任务 2 的意义在于,为后续各个任务的实践提供良好的认识基础,使读者能够迅速地理解工作任务所对应工作单元的工作原理、组成结构等。

同时,气压传动系统是 MPS 的动力基础,而电气控制系统及 PLC 的软件设计方法将在后续任务中逐渐讲解。任务 2 的实施过程对读者了解和掌握后续任务奠定了很好的知识基础和技能储备。

思考题

1. 为什么 MPS 要采用气压传动而非其他形式(例如液压、电气)?

2. 对供料单元的气动元件进行汇总和分析,总结其特点,并说明其使用原则及注意事项。

2.2　机电一体化系统安装、运行及维护概述

2.2.1　光机电一体化技术特征

光机电一体化系统主要由动力、机构、执行器、计算机和传感器 5 个部分组成,形成一个功能完善的柔性自动化系统。其中计算机软硬件和传感器是光机电一体化技术的重要组成要素。与传统的机械产品相比,光机电一体化产品具有以下技术特征: 体积小、重量轻、适应性强、操作更方便。

光机电一体化技术使得操作人员摆脱了以往必须按规定操作程序频繁紧张地进行单调重复操作的工作方式,可以灵活方便地按需控制和改变生产操作程序,任何一台

光机电一体化装置的动作可由预设的程序一步步控制实现,甚至实现操作自动化和智能化。

1. 功能增加,精度大幅提高

光机电一体化系统包括以激光、计算机等现代技术集成开发的自动化、智能化机构设备、仪器仪表和元器件。电子技术的采用使得控制水平提高、运算速度加快,通过电子自动控制系统可精确按预设动作完成全部工作任务。光机电一体化系统拥有的自行诊断、校正、补偿功能可减少误差,达到依靠单纯的机械方式所不能实现的工作精度。同时,由于机械传动部件减少,机械磨损及配合间隙等引起的误差也大大减小。

2. 部分硬件实现软件化,智能化程度提高

传统机械设备一般不具有自维修或自诊断功能。光机电一体化技术使得电子装置能按照人的意图进行自动控制、自动检测、信息采集及处理、调节、修正、补偿、自诊断、自动保护直至自动记录、显示、打印工作结果。通过改变程序、指令等软件内容而无须改动硬件部分就可变换产品的功能,使机械控制功能向"软件化"和"智能化"发展。产品可靠性得到提高,使用寿命增长。

传统机械装置的运动部分一般都伴随着磨损及运动部件配合间隙所引起的动作误差,导致摩擦、撞击、振动等加重,严重影响装置寿命、稳定性和可靠性。而光机电一体化技术的应用则使装置的可动部件减少,磨损也大为减少,像集成化接近开关甚至无运动部件、无机械磨损。因此,装置的寿命提高,故障率降低,从而提高了产品的可靠性和稳定性。

3. 产品系统性增强,各系统间协调性要求提高

光机电一体化是一门边缘科学技术。多种技术的综合及多个学科的组合,使得光机电一体化技术及产品更具有系统性、完整性和科学性。其各个组成部分被集成到一个完整的系统中,相互间的配合必须有严格的要求,因而各种技术需扬长避短,以提高系统协调性。

2.2.2 机电一体化系统的设备维修简介

现代科学技术和社会经济相互渗透、相互促进、相互结合。机电设备越来越向一体化、高速化、微电子化发展,使得机电设备的操作越来越容易,而机电设备故障的诊断和维修则变得越来越困难。而且,机电设备一旦发生故障,尤其是连续运行的生产设备,往往会导致整套设备停机,从而造成一定的经济损失,如果危及安全和环境,还会造成恶劣的社会影响。随着社会经济的迅速发展,生产规模的日益扩大,先进的生产方式的出现和采用,使得机电设备维修技术得到人们越来越多的重视和关注。设备维修技术必然朝着以计算机技术、信号处理技术、测试技术、表面工程技术等现代技术为依托,以现代设备状态监测与故障诊断技术为先导,以机电一体化为背景,以满足现代化工业生产日益提高的要求为目标,以不断完善的维修技术为手段的方向迅猛地发展。

对于设备大修,不但要达到预定的技术要求,而且应力求提高经济效益。因此,在修理前应切实掌握设备的技术状况,制定切实可行的修理方案,充分做好技术和生产准备工作。在修理过程中要积极采用新技术、新材料、新工艺和现代管理方法,从而做好技术、经济和组织管理工作,以保证修理质量,缩短维修时间,降低修理费用。

设备维修必须通过预检,在详细调查了解设备修理前的技术状况、存在的主要缺陷和产品工艺对设备的技术要求后,立即分析制定修理方案,主要内容如下:

(1) 按产品工艺要求,设备的出厂精度标准能否满足生产需要;如果个别主要精度项目标准不能满足生产需要,能否采取工艺措施提高精度;哪些精度项目可以免检。

(2) 对重复故障多发性部位,分析改进设计的必要性与可能性。

(3) 对关键零部件,如精密主轴部件、精密丝杠副、分度蜗杆副的修理,本企业维修人员的技术水平和条件能否胜任。

(4) 对基础件的修理,如床身、立柱、横梁等,采用磨削、精刨或精铣工艺,在本企业或本地区其他企业实现的可能性和经济性。

(5) 为了缩短修理时间,哪些部件更换为新部件比修复原部件更经济。

(6) 如果本企业承修,哪些修理作业需委托外企业协作,与外企业联系并达成初步协议。如果本企业不能胜任和完成对关键零部件、基础件的修理工作,应确定委托其他企业来承修,这些企业是指专业修理公司、设备制造公司等。

1. 设备修理前的技术准备

机电设备大修前的准备工作很多,大多是技术性很强的工作,其完善程度和准确性、及时性都会直接影响大修进度计划、修理质量和经济效益。设备修理前的技术准备包括设备修理的预检和预检的准备、修理图样资料的准备、各种修理工艺的制定及修理工检具的制造和供应。各企业的设备维修组织和管理分工有所不同,但设备大修前的技术准备工作内容及程序大致相同,其具体结构如图 2-2-4 所示。

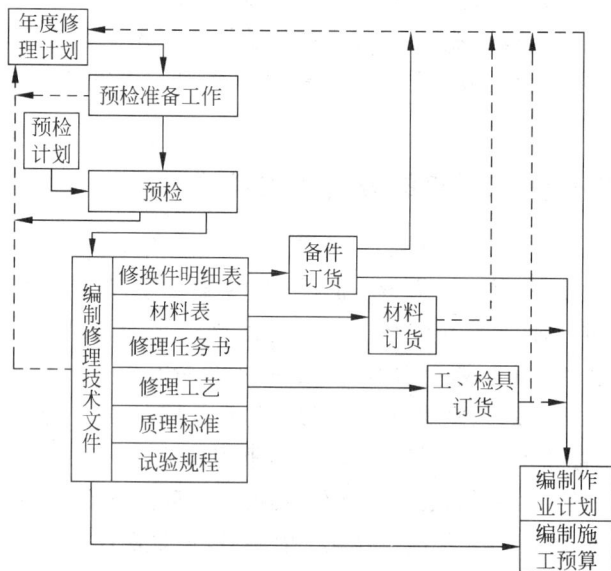

图 2-2-4　设备大修准备程序

（1）预检

为了全面而深入地了解设备技术状态劣化的具体情况，在大修前安排的停机检查通常称为预检。预检工作由主修技术人员负责，设备使用单位的机械人员和维修工人共同参加完成。预检工作量由设备的复杂程度、劣化程度决定。设备越复杂，劣化程度越严重，预检工作量就越大，预检时间也越长。

通过预检既可验证事先预测的设备劣化部位及程度，又可发现事先未预测到的问题，从而全面而深入地了解设备的实际技术状态，并结合已经掌握的设备技术状态劣化规律，作为制定修理方案的依据。从预检结束至设备解体大修开始之间的时间间隔不宜过长，否则在此期间设备技术状态可能会加速劣化，致使预检的准确性降低，给大修施工带来困难。

（2）编制大修技术文件

通过预检和分析确定修理方案后，必须以大修技术文件的形式做好修理前的技术准备。机电设备大修技术文件有修理技术任务书、修换件明细表、材料明细表、修理工艺和修理质量标准等。这些技术文件是编制修理作业计划，准备备品、配件、材料，校算修理工时与成本，指导修理作业以及检查和验收修理质量的依据，它的正确性和先进性是衡量企业设备维修技术水平的重要标志之一。

2. 设备修理前的物质准备

设备修理前的物质准备是一项非常重要的工作，是搞好维修工作的物质条件。在实际工作中经常由于备品配件供应不上而影响修理工作的正常进行，延长修理停歇时间，造成"窝工"现象，使生产受到损失。因此，必须加强设备修理前的物质准备工作。

主修技术人员在编制好修换件明细表和材料明细表后，应及时将明细表交给备件、材料管理人员。备件、材料管理人员在核对库存后提出订货请求。主修技术人员在制定好修理工艺后，应及时把专用工、检具明细表和图样交给工具管理人员。工具管理人员校对库存后，将所需使用的库存专用工、检具送有关部门鉴定，按鉴定结果，如需修理则提请有关部门安排修理，同时要对新的专用工、检具提出订货请求。

2.3 光机电一体化设备故障特点综述

机电一体化系统技术发展至今已成为一门有着自身体系的新型交叉学科，它涉及机械制造技术、电子技术、信息处理技术、测试与传感器技术、控制技术、接口技术、计算机技术、伺服驱动技术等多种技术。随着国民经济的发展，机电一体化设备产品不断进入生产与生活领域，人们对产品的输出柔性、工作性能及可靠性提出了更高的要求，但由于机电一体化设备不同于一般的机械设备和电子设备，具有独特的故障特点和可靠性，所以不能用传统的故障排除诊断方法进行维修。

2.3.1 机械与电子之间的相互关系

机电一体化系统技术是从系统的观点出发，综合运用机械技术（包含气动、液压和光学技术）、微电子技术、自动控制技术、计算机技术、接口技术、信息变换技术以及软件编程技术，根据系统功能目标和优化组合目标，合理配置布局各功能单元。在多功能、高质量、高可靠性、低能耗的意义上实现特定功能价值,并使整个系统成为最优化的系统工程技术。

机电一体化系统技术是基于这些技术的综合应用,而不是机械技术、电子技术及其他技术的简单组合拼凑,这是机电一体化与机械电气所形成的机械电气化在概念上的区别。机电一体化设备主要由机械本体、动力单元控制系统和执行单元组成,构成系统的要素一般包括机、电、液、气、光和磁等,而机械与电子是机器的重要组成部分。大多数设备主要由这两部分组成。机械是动作的执行者,电子计算机是动作的控制者,只有两者协调运行,设备才能正常运转。两者的关系就像四肢和大脑的关系。机电一体化技术是充分利用电子计算机信息处理和控制功能驱动元件自动工作的现代科学技术。

2.3.2　机电一体化设备的故障特点

机电一体化设备(数控类机床、振动试验设备、测量设备和微电子技术制造设备等)是企事业机械加工中的关键设备,这类设备价格昂贵。因此,设备的可靠性对企事业来说是非常重要的。一旦设备出现故障,损失往往很大,但是使用单位和使用者往往更看重其效能,而不重视对它的合理使用,甚至超负荷运转,出现故障而导致停工是很普遍的现象。因此,为了充分发挥机电一体化设备的效益,合理使用设备,应该对其进行动态监测管理。要做到故障预前处理,一定要重视日常的保养和维修工作。

1. 机械设备故障特点

机械设备的运行过程是一个动态过程,在不同时段的测试数据是不可重现的,用检测数据直接判断运行过程中的故障也是不可靠的。从系统特性来看,机械故障特点具有随机性、连续性、离散性、缓变性、突发性、间歇性和模糊性等,其产生往往是多个故障同时作用的结果。

2. 电子设备故障特点

电子设备的故障具有隐蔽性、突发性、敏感性(如对温度、湿度等外界条件)。机电一体化系统的故障除了具有其中各组成机械和电子设备的故障特点外,又增加了故障转移性、表征复杂性、集成性、融合性和交叉性等特点。一般来说,由于机械部分是动作的执行者,从故障表面现象来看,如果机器出现不动作或未按预定动作执行的问题,很容易认为是机械部件故障。事实上,机器不动作或未按预定的动作执行多半是由于电子电气控制部分出现问题造成的。

2.3.3　机电一体化设备的故障诊断方法

根据机电一体化设备所具有的特点,对设备故障的分析应该机、电有机结合,转变思维方式。应该对机电一体化设备进行深入分析,熟悉各功能模块框图,根据各组成部分的功能、组合形式和工作环境,分析故障可能的形式和影响程度,必要时可进行故障树分析,根据故障发生的现象层层分解,找出故障形式的逻辑关系与可靠性有关的因素,弄清楚产生故障的实质和根源。

机电一体化设备的故障分析诊断法有故障树分析法、自诊断法(故障代码、故障指示灯、报警等)、温度检测诊断法、压力检测诊断法、振动检测诊断法、噪声检测诊断法、金相检测诊断法和时域模型分析法等。

在具体诊断时，应注意以下几点。

（1）先机后电：由于机械结构的直观性，一般可以用肉眼看到明显的故障现象，如断裂、变形、打滑、卡死等，所以先从机械部分入手，检查机械部分故障。一般来说，由于机械的工作特点，它是执行元件及驱动元件，更容易产生磨损而失效。

（2）先外后内：由执行元件、控制元件、驱动元件逐个检查，找到故障源头。

（3）先干后叶：先分析主要部件，后分析次要部件，尤其要重点分析结合部零件和接口部件。

2.3.4　常见故障分类

1. 常见的设备故障判断方法

（1）按故障有无指示和报警可分为有诊断指示故障和无诊断指示故障。高级机电一体化设备控制系统都有自诊断程序，能实时监控整个系统的软、硬件性能，一旦发现故障则会立即报警或者在屏幕上显示指示说明。维修人员结合系统配备的诊断手册不仅可以快速找出故障发生的原因，而且根据诊断指示的方法即可排除故障。无诊断指示通常是由于上述诊断不完整所致。对于这类故障只能依靠维修人员的熟悉程度和技术水平加以分析和排除。

（2）按故障出现对工件或对机床是否产生破坏可分为破坏性故障和非破坏性故障。破坏性故障即损坏性故障。损坏工件甚至于机床的故障在维修后不允许重演。对于非破坏性故障，需找出原因并解决。

（3）按系统的或然性可分为系统性故障和偶然性故障。系统性故障是指满足一定的条件就一定会出现的确定的故障，而随机性故障是指在相同的条件下偶尔会发生的故障。后者的分析较为困难，通常多与机床机械结构的局部松动、部分电气元件工作特性漂移等因素有关。对于该类故障需进行反复试验和综合判断才能排除。

2. 常见的设备故障可分为电气故障和机械故障

（1）常见电气故障

根据故障发生的部位可分为硬件和软件故障，硬件故障是指电子电器件、印刷电路板、电线电缆、接插件等状态不正常甚至损坏而引起的故障。硬件是需要修理甚至更换的。而对于软件故障则需要输入或修改某些数据甚至修改加工程序方可排除。

（2）常见机械部分故障

一旦发生故障，机床的运动动态特性变差，在这种情况下，机床虽能正常运转，却加工不出合格的零件。一般机械故障发生的原因往往是机床定位精度超差、机械传动反向间隙加大、运动不平稳、机床主轴轴向和径向跳动精度超差、机床导轨位置精度超差、丝杠螺母副精度下降等，对于这类故障必须用检测仪器确定产生误差的环节，然后通过对机械传动系统、数控系统和伺服系统的最优化来调整排除。机电一体化设备故障的分类方式很多，一种故障的产生往往是多种因素混合作用的结果，这需要维修人员根据故障的性质、故障的表象、产生故障的原因和后果等具体情况去分析并排除故障。

2.4 液压及气压系统的维护

2.4.1 气压设备的日常维护

在使用气动系统设备的过程中,如果不注意维护保养工作,就容易频繁发生故障,元器件过早损坏,设备的使用寿命大大降低,并且容易造成巨大的经济损失,因此必须引起足够的重视。在对气动装置进行维护保养时,要有针对性,及时发现问题,采取措施,这样可减少和防止重大故障的发生,延长元件和整个系统的使用寿命。

要使气动设备能按预定的要求工作,进行维护工作时必须做到:保证供给气动系统的压缩空气足够清洁干燥;保证气动系统的气密性良好;保证润滑部位得到良好的润滑;保证气动元件和系统的工作条件正常(如气压、电压等参数在规定范围内)。

维护工作可以分为日常性的维护工作和定期的维护工作。前者是指每天必须进行的维护工作,后者可以是每周、每月或每季度进行的维护工作。维护工作应记录在案,便于今后的故障诊断和处理。企业应制定气动设备的维护保养管理细则,严格规范管理。

1. 气压系统使用的注意事项

(1) 开机前后要放掉系统中的冷凝水。

(2) 定期给油雾器注油。

(3) 开机前后检查各调节手柄是否在正确的位置,机控阀、行程开关、挡块的位置是否正确、牢固,并对导轨、活塞杆等外露部分的配合表面进行擦拭。

(4) 随时注意压缩空气的清洁度,对空气过滤器的滤芯要定期清洗。

(5) 设备长期不用时,应将各手柄放松,防止弹簧永久变形而影响元件的调节性能。

2. 气动系统的定期维护工作

定期维护工作的主要内容是漏气检查和油雾器管理。

检查系统各泄漏处,因泄漏引起的压缩空气损失会造成很大的经济损失。此项检查至少应每月进行一次,任何存在泄漏的地方都应立即进行修补。漏气检查应在白天车间休息的空闲时间或下班后进行。这时,气动装置已停止工作,车间内噪声小,但管道内还有一定的空气压力,根据漏气的声音便可知何处存在泄漏。检查漏气时还应采用在各检查点涂肥皂液等办法,因其显示漏气的效果比听声音更好。

通过对方向阀排气口的检查,判断润滑油是否适度,空气中是否有冷凝水,如润滑不良,检查油雾器滴油是会正常,安装位置是否恰当;如有大量冷凝水排出,检查排除冷凝水的装置是否合适,过滤器的安装位置是否恰当。

检查安全阀、紧急安全开关动作是否可靠,定期检修时必须确认它们的动作可靠性,以确保设备和人身安全。

观察方向阀的动作是否可靠,检查阀芯或密封件是否磨损(如方向阀排气口关闭时仍有泄漏,往往是磨损的初级阶段),查明后应更换。反复切换电磁阀,根据切换声音可判断阀的工作是否正常。

反复开关换向阀观察气缸动作,判断活塞密封是否良好;检查活塞杆外露部分,观察活塞杆是否被划伤、腐蚀和存在偏磨；判断活塞杆与端盖内的导向套、密封圈的接触情况，压缩空气的处理质量，气缸是否存在横向载荷等；判断缸盖配合处是否有泄漏。

对于行程阀、行程开关以及行程挡块都要定期检查安装的牢固程度，以免出现动作混乱的问题。

2.4.2 气压系统维护及常见故障

1. 气源故障

气源的常见故障包括空压机故障、减压阀故障、管路故障、压缩空气处理组件故障等。

（1）空压机故障有止逆阀损坏、活塞环磨损严重、进气阀片损坏和空气过滤器堵塞等。若要判断止逆阀是否损坏，只需在空压机自动停机十几秒后将电源关掉，用手盘动胶带轮，如果能较轻松地转动一周，则说明止逆阀未损坏，反之则说明止逆阀已损坏。也可以根据自动压力开关下面的排气口的排气情况来进行判断，一般应在空压机自动停机后十几秒左右就停止排气，如果一直在排气直至空压机再次启动时才停止，则说明止逆阀已损坏，需要及时更换。

当空压机的压力上升缓慢并伴有串油现象时，表明空压机的活塞环已严重磨损，应及时更换。当进气阀片损坏或空气过滤器堵塞时，也会使空压机的压力上升缓慢（但没有串油现象）。检查时，可将手掌放至空气过滤器的进气口上，如果有热气向外顶，则说明进气阀处已损坏，应更换；如果吸力较小，一般是空气过滤器较脏所致，应清洗或更换过滤器。

（2）减压阀的故障有压力调不高、压力上升缓慢等。压力调不高往往是因调压弹簧断裂或膜片破裂而造成的，必须换新；压力上升缓慢一般是因过滤网被堵塞引起的，应拆下清洗。

（3）管路故障有管路接头处泄漏、软管破裂、冷凝水聚集等。管路接头泄漏和软管破裂时可从声音上来判断漏气的部位，应及时修补或更换；若管路中聚积有冷凝水时，应及时排掉，特别是在北方的冬季冷凝水易结冰而堵塞气路。

（4）压缩空气处理组件（三联体）的故障有油水分离器故障、调压阀、油雾器故障。油水分离器的故障又分为滤芯堵塞、破损、排污阀的运动部件动件不灵活等。在工作中要经常清洗滤芯，除去排污器内的油污和杂质。

调压阀的故障与上述减压阀的故障相同。

油雾器的故障现象有不滴油、油杯底部沉积有水分、油杯口的密封圈损坏等。当油雾器不滴油时，应检查进气口的气流量是否低于起雾流量，是否漏气，油量调节针阀是否堵塞等；当油杯底部沉积了水分时应及时排除，当密封圈损坏时应及时更换。

2. 气动执行元件（气缸）故障

由于气缸装配不当和长期使用，气动执行元件（气缸）易发生内外泄漏、气缸的润滑、输出力不足和动作不平稳、缓冲效果不良、活塞杆和缸盖损坏等故障现象。

（1）气缸出现内外泄漏的问题。一般是因活塞杆安装偏心、润滑油供应不足、密封圈和密封环磨损或损坏、气缸内有杂质及活塞杆有伤痕等造成的。所以，当气缸出现内外泄漏时，应重新调整活塞杆的中心，以保证活塞杆与缸筒的同轴度。

（2）气缸的润滑。应经常检查油雾器工作是否可靠,以保证执行元件润滑良好。当密封圈和密封环出现磨损或损坏时,应及时更换;若气缸内存在杂质,应及时清除;活塞杆上有伤痕时,应进行更换。

（3）气缸的输出力不足和动作不平稳。一般是因活塞或活塞杆被卡住、润滑不良、供气量不足或缸内有冷凝水和杂质等原因造成的。对此,应调整活塞杆的中心,检查油器的工作是否可靠、供气管路是否被堵塞。当气缸内存有冷凝水和杂质时,应及时清除。

（4）气缸的缓冲效果不良。一般是由于缓冲密封圈磨损或调节螺钉损坏所致。此时,应更换密封圈和调节螺钉。

（5）气缸的活塞杆和缸盖损坏。一般是因活塞杆安装偏心或缓冲机构不起作用而造成的。对此,应调整活塞杆的中心位置,更换缓冲密封圈或调节螺钉。

3. 换向阀故障

换向阀的故障有阀不能换向或换向动作缓慢、气体泄漏、电磁先导阀故障等。

（1）换向阀不能换向或换向动作缓慢。一般是由于润滑不良、弹簧被卡住或损坏、油污或杂质卡住滑动部分等引起的。对此,应先检查油雾器的工作是否正常,润滑油的粘度是否合适。必要时,应更换润滑油,清洗换向阀的滑动部分,或更换弹簧和换向阀。

（2）换向阀经长时间使用后易出现阀芯密封圈磨损、阀杆和阀座损伤的问题,导致阀内气体泄漏、阀的动作缓慢或不能正常换向等故障。此时,应更换密封圈、阀杆、阀座,或更换换向阀。

（3）若电磁先导阀的进、排气孔被油泥等杂物堵塞,封闭不严,活动铁芯被卡死,电路有故障等,均会导致换向阀不能正常换向。

（4）对于前3种情况应清洗先导阀及活动铁芯上的油泥和杂质,而电路故障一般又分为控制电路故障和电磁线圈故障两类。在检查电路故障前,应先将换向阀的手动旋钮转动几下,看换向阀在额定的气压下是否能正常换向,若能正常换向,则是电路有故障。检查时,可用仪表测量电磁线圈的电压,看是否达到了额定电压,如果电压过低,应进一步检查控制电路中的电源和相关联的行程开关电路。如果在额定电压下换向阀不能正常换向,则应检查电磁线圈的接头(插头)是否松动或接触不实。方法是:拔下插头,测量线圈的阻值(一般应在几百欧姆至几千欧姆之间),如果阻值太大或太小,说明电磁线圈已损坏,应及时更换。

4. 气动辅助元件故障

气动辅助元件的故障主要有油雾器故障、自动排污器故障、消声器故障等。

（1）油雾器的故障有:调节针的调节量太小、油路堵塞、管路漏气等使液态油滴不能雾化。对此,应及时处理堵塞和漏气的地方,调整滴油量,使其达到5滴/min左右。正常使用时,油杯内的油面要保持在上下限范围之内。对油杯底部沉积的水分,应及时排除。

（2）自动排污器内的油污和水分有时不能自动排除,特别是在冬季温度较低的情况下尤为严重。此时,应将其拆下并进行检查和清洗。

（3）当换向阀上装的消声器太脏或被堵塞时,也会影响换向阀的灵敏度和换向时间,故要经常清洗消声器。

供料单元的气压传动系统
设计、安装及调试

3.1 任务实施过程

3.1.1 工作原理

供料单元的气压传动系统的设计和安装是根据气压传动系统设计的一般原理,结合供料单元的功能设定而展开的。其结构简单、调试方便、原理容易理解。系统中所采用的气动元件数量不多,结构也不复杂。根据供料单元的特点及对气压传动回路系统进行结构分析可以得知回路中的主要元件以及作用对象,如表 2-3-1 所示。

表 2-3-1 气压传动的作用对象及主要元件

作 用 对 象	控 制 元 件
双作用气缸	二位五通换向阀
真空发生器	二位五通电磁换向阀
摆动气缸	三位五通电磁换向阀

3 个作用对象为双作用气缸、真空发生器、摆动气缸,它们构成了供料单元气压传动系统的主干部分。

(1) 双作用气缸作为推料气缸,将料仓中的物料推出到指定位置。

(2) 摆动气缸实现转运功能,驱动手臂将已经被放置在指定位置的物料转运至下一个指定位置。

(3) 真空发生器在转运手臂触碰到物料的时候发生动作,产生真空效果,用以吸附物料。

上述 3 个环节通过 PLC 信号的互联以及相关元件进行气路的控制实现了供料单元的功能,即将料仓中的物料推出,并转运至下一个单元的指定位置。其中,按照不同的功能,又可将供料单元分割为上料模块、转运模块和CP阀组模块。

(1) 上料模块:双作用气缸及用于对其位置进行检测的传感器系统。

(2) 转运模块:摆动气缸和真空发生器,以及用于检测真空(是否成功吸附物料)的传感器系统。

(3) CP阀组模块:Festo的定型产品,集成了表2-3-1中的控制元件,通常为多个电磁阀的组合。

3.1.2 过程分析

在任务3中所必须完成的工作任务主要包含3方面。

(1) 针对供料单元进行气压动力传递系统结构的设计。

(2) 依照设计结构,对气压传动系统的各个控制元件、执行元件进行安装和调试。

(3) 对上料模块和转运模块的传感器系统进行安装和信号测试。

要依据上述3方面要求展开工作任务,则首先需要对工作任务的具体工作细节进行合理规划和分解。

(1) 气动元件

要求:供料单元的动力部分所采用的气压传动方式具有技术成熟、产品分类精细的特点,与之相对应的设计规则和安装规范很多,因此,需要确定供料单元中所需要的气动执行元件和控制元件种类,再根据参数的要求选取合适的连接件进行连接。

安装:气动元件的安装和连接是一个比较简单却非常重要的工作环节。一个良好的气动系统,其各个元件的优良性能需在具备良好的安装和连接条件下方能展现。要创建一个完善的系统,除了要进行合理的结构设计和选取恰当的元件之外,还有赖于过硬的安装和连接质量作为保证,并加以实现。

(2) 气动系统

要求:MPS供料单元所包含的具体功能将全部依靠气压系统进行动力的传递以及动作实现,因而使气压传动系统具有简约、高效、合理、安全的结构将是至关重要的一环。而气动系统中所具有的电磁元件的动作时序将依赖于良好的电气规程(控制时序)的设置,因此,气动系统的设计并非简单的气动支路的结构设计,而是包含了电气线路的规划在内的气电一体化的结构设计,需要在气压传递和电气控制两方面进行综合考虑,使得气压的动力传递系统能够在合理的控制电路的基础上安全高效地工作。

安装:如前所述,气动系统的安装主要为元件的连接和安装。对于电磁控制阀而言,除了本身需要可靠的安装,气动支路上的各个元件需要可靠连接之外,还需要对其电磁控制部分进行合理的位置布局,以利于安装、调试和更换。尤其需要注意的是用电的安全,确保电源的连接处完好,避免发生漏电等现象,从而能够更好地保证设备操作过程中的安全。

(3) 检测元件

根据对供料单元工作原理的分析可知,必须对气压传动的执行元件进行检测,包括对双作用气缸(推料气缸)的位置检测和摆动气缸(转运缸)抓取物料是否成功的检测。

在供料单元中许多为电子、电磁元件,因此,安装时需要注意许多条件:可能用到的光电元件,主要注意其安装环境中可能影响光线传输的因素存在;可能用到的电磁元件,主要注意其安装环境中可能产生的外界电磁场的条件和温度的条件(是否能够保持常温)等。

根据供料单元的功能设定,本次任务的完成还需要做到以下几个方面。

① 单元内的两大功能模块在气压传动支路上为并联。

② 气压传动系统中的各个元件拥有安全、规范的安装位置,拥有符合要求的工作环境。

③ 气压执行元件检测系统的传感器的安装需要保证各类传感器的信号采集过程不会受到环境的影响,包括电磁环境和光线环境的影响。

④ 对于 CP 阀组上的电磁元件,需要保证其具有安全的、符合标准的电源接入,还需要保证其控制信号与 I/O 的连接正常,且所处的环境良好。

⑤ 气动元件的动作顺序设计能够满足可能的电气规程。

⑥ 气压传动支路上各个元件之间的连接部分要求稳定、安全,以杜绝漏气、漏电等问题。

3.1.3 工作准备

MPS 是机电一体化技术的高度综合,各个机电控制功能均需以气动系统作为动力载体来实现。

由此可见,气动系统结构设计的优劣将对 MPS 的各个功能模块产生直接的影响。因此,在模块化生产加工系统的设计中,需要首先进行气压传动系统的设计,设置本次工作任务的主要目的在于从整体上了解模块化生产加工系统的动力传递结构、设计方法,掌握工业自动化生产线气压动力系统设计及元件安装的基本知识。

MPS 综合了多个门类的技术。系统的结构设计有各方面的指标,安装的过程也需要遵循一定的规则。气压传动系统需要遵循常规的安全指标、电气安全指标、气动安全指标以及机械安全指标。

依据过程分析中的"达标要求",对供料单元中气压传动系统的设计、安装和调试过程设定了规范和细则,如下所述。

(1) 气压传动回路的设计细则

① 检查气动阀和电磁阀标签上的型号、参数,核对是否符合性能要求。

② 各个气压元件的连接需要注意导管的清洁,必须保证在电磁阀的 P 口前设置过滤器。

③ 气动元件的电磁部件供电电压为 24V 直流电,不可以超过该标准。

④ 气源正常工作压力需要保持在 8bar 以上。

⑤ 在电气规程中必须设计出安全的动作时序,避免在工作过程中由于动作时序不到位而造成的机械事故、设备损害。

(2) 气压传动回路的安装细则

① 按照气动阀体上箭头的指示方向(与介质流动方向一致),把气动阀门的接口与管

道连接上,并确保连接处有良好的密封。

② 电磁阀线圈安装位置最好能够与地面垂直。

③ 确认电源标准,注意保护电磁阀的线圈以及连接处完好无损。

④ 任何电磁、电气元件的连接不可带电操作。

⑤ 必须保证设备运行时不会造成机械运动过程中的相互碰撞,即避免机械运动过程中可能出现的阻碍,以确保设备安全、稳定地运行。

(3) 传感器的安装和使用细则

① 按照传感器所检测参量的类别,对其使用环境进行严格考察。

② 光电式、磁感应式传感器需要被安装在清洁、无较强光污染和电磁辐射的环境中。

③ 传感器的安装位置周围需要拥有足够的空间以便对其进行保洁、维护和更换。

3.1.4　工作实施

根据上述的内容展开工作任务。首先对供料单元的功能进行比较详尽的分析,确定供料单元的功能模块中所需的气压控制及执行元件的种类,继而根据实际状况对节流阀等元件进行型号的选取,最后对执行元件进行调试以确定最终的定位点和控制策略。因此,工作实施过程是一个对设备进行反复调整、调试的过程。在该过程中务必仔细记录、细致观察重要元件的变化,以确保调整、调试之后的设备在工作中是安全的。

(1) 架构综述

可依据此前对原理和工程的分析确定主体结构,说明如下:

① 在上料模块中通过推料气缸(双作用气缸)的往返运动实现对物料的不断推出。

② 双作用气缸和真空发生器在系统中可采用先导式二位五通电磁阀进行控制,前者可采用单电控方式和弹簧自动复位方式。

③ 转运缸(摆动气缸)采用先导式三位五通电磁换向阀进行控制。

④ 在气压支路中可对双作用气缸及转动气缸的进出口均设置节流阀进行回路流量控制。

(2) 架构实现

此前已进行初步介绍:气动系统的电磁阀是由 PLC 来控制的。因此,需要对 PLC 控制策略(电气控制策略)做出总体的规划,以便进行 PLC 控制程序的编制。供料单元气动控制回路的工作原理图如图 2-3-1 所示。

1A 为推料气缸。1B1 和 1B2 为安装在推料气缸的两个极限工作位置的磁感应式接近开关,用以判断推料气缸的运动位置。

2A 为真空发生器。工作时,真空发生器将提供负压力用以吸取工件。2B1 为真空压力检测传感器,当吸住工件后,该传感器发生动作,可以用该传感器的信号来判断是否吸住了工件。

3A 为转动气缸。3S1、3S2 是用于判断转动气缸运动的两个极限位置的行程开关;1Y1 为控制推料气缸的电磁阀和电磁控制端;2Y1、2Y2 为控制真空发生器的电磁阀的两个电磁控制端;3Y1、3Y2 为控制转动气缸的电磁阀的两个控制端。

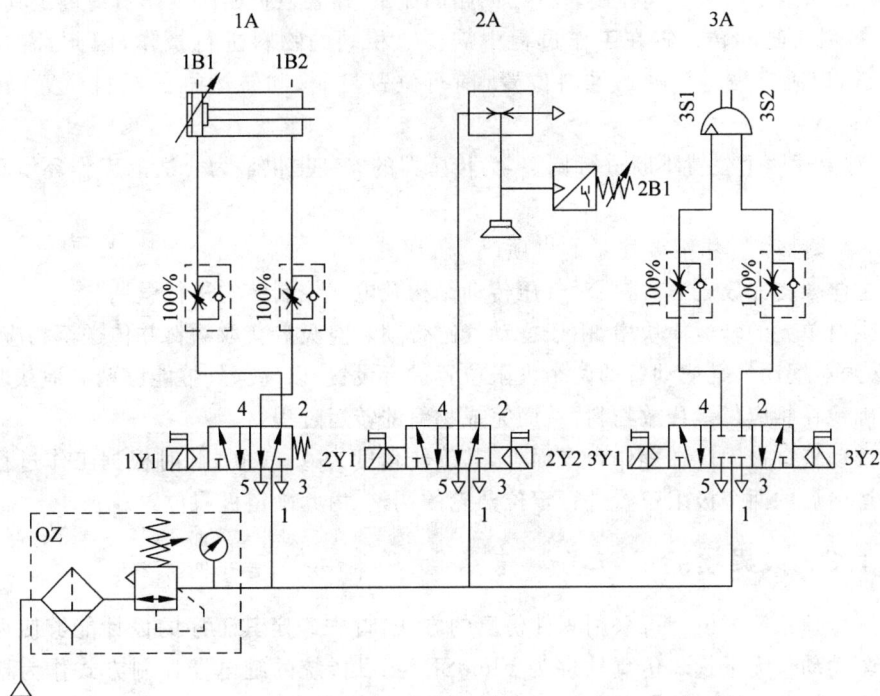

图 2-3-1 供料单元气动控制回路的工作原理图

OZ 为气源处理组件。

需要注意的是,图 2-3-1 中的电磁阀集成在一个 CP 阀组上。CP 阀组拥有电信号的接口,用以接收来自 PLC 的控制命令。经过分析可以得到其工作流程,如图 2-3-2 所示。摆动气缸和双作用气缸均有两次复位,但其意义不同。其中 A 和 A1 是上电"复位",而 B 和 B1 则是工作过程中的"返回"。在实际操作中需要尤其注意的问题是保证上电之时摆动气缸和双作用气缸全部复位。

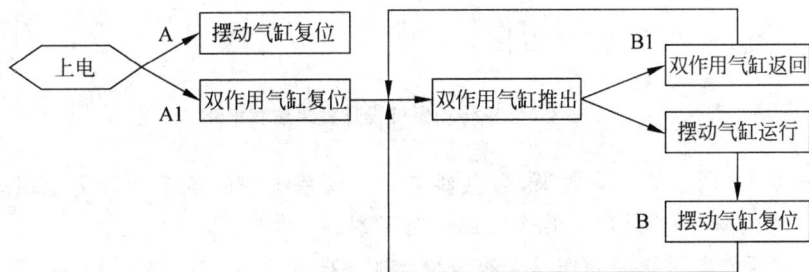

图 2-3-2 气压传动系统各个元件的工作顺序图

(3)架构调整

主要元件指标的调整任务包括:首先根据图 2-3-1 所示的结构及工作原理,其次,根据既定回路结构,对气动控制元件和执行原件进行型号的选取和确定。

① CP 阀组中的节流阀控制着气动回路的流量,需要根据回路工作负荷确定其型号。

② 推料气缸和转运缸在工作过程中需要对相同的物料进行操作,因此,需要进行联合调试,以确定推料气缸的推料位置(前行位置控制)和转运缸的抓料位置(转动位置控制)。

③ 对上述两个位置不断进行调整,为传感器的安装提供最为合适的工作环境和日常维护条件。

(4) 在调整工作中需要注意的事项

在主体架构完成之后,需要对气压传动结构及电气控制结构进行微调。

在供料单元的转运模块中,由于摆动气缸带动真空吸盘获取物料并传送至相应位置,因此,必须对摆动气缸摆动臂的两个极限位置进行设置,以确保气缸能够精确地获取到物料并精确地在相应位置释放物料,从而完成物料的转运过程。

当摆动气缸被固定在操作台平面上,其旋转角度为 0~180°,此时根据工作过程中物料在转运前后的两个极限位置进行定位凸轮的调整,由此确定极限位置。

3.1.5　成果检验

气压传动系统的设计可采用软件仿真的方法,首先确定其工序的设计能够使得元件的各个驱动动作无干扰。仿真软件为 FluidSIM。以传统的继电器控制方式作为检验的手段实现对气动系统的仿真并借以进行性能的检验和结构的优化。仿真控制电路结构如图 2-3-3 所示。

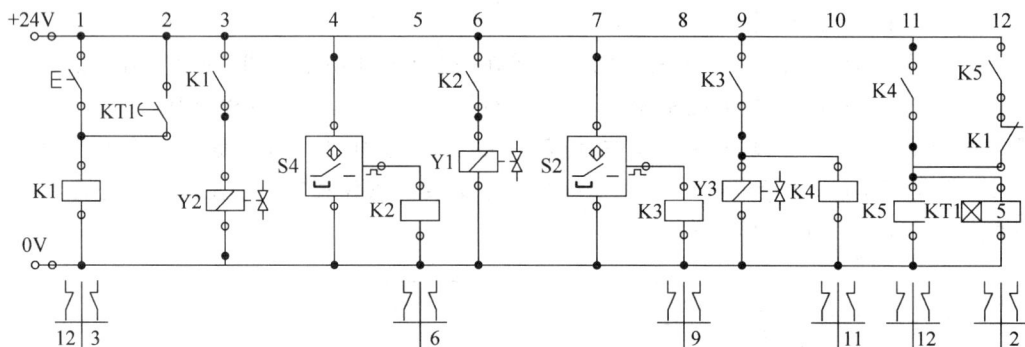

图 2-3-3　气压传动系统设计效果仿真电路

根据图 2-3-3 所示的仿真效果,为供料单元气动系统中的各个元件可能出现的工作状态提供参考依据,需要从以下几个方面进行考察。

(1) 控制元件电磁阀的动作是否符合设计顺序要求。

(2) 执行元件的动作极限是否会造成设备之间的碰撞或相互阻碍。

(3) 检测系统中各个传感器的信号发生是否准确无误。

工作任务的结束是以各部分的元件都能够正常工作、各个设计功能均能够按照设计要求实现而界定的,因此供料单元的气压传动系统的设计,在符合上述 3 个条件的前提下,可断定为圆满完成。

调试过程的要求：

（1）连续记录节流阀的通流量及其对应的工作压力，为负载的调整提供参考依据。

（2）记录传感器动作的时序及反应时间，为气动执行元件的动作速度调整提供参考依据。

（3）记录上料模块和转运模块的位置限制等参数，为后续的维护提供参考依据。

3.1.6 任务总结

根据供料单元的特点进行动力传递的硬件设计，采用 FluidSIM 软件对气压传动的结构进行仿真，仿真结果确认了结构设计的合理性，并采用仿真软件对所设计的结构进行不同参数的调整和试验，以保证所设计气压传动结构工作的可靠性、安全性。以气压传动技术为中心对 MPS 供料单元展开了介绍，将 MPS 的结构和功能做了较为全面的展现，以此前的任务为基础对 MPS 的结构进行了整体介绍之后，通过对单一技术体系的解析，介绍了机电一体化系统中以气压技术实现动力传递的结构特点。

通过工作任务 3，介绍了气压传动在规模化的生产过程中作为动力传递系统的设计和安装过程及需要注意的各个知识点和技能点，使读者获得独立完成气压系统的设计和调试的能力。针对 MPS 而言，明确了不同功能模块之间的组合方式，进一步加深了读者对机电一体化技术特点的认识。

任务 3 的意义还在于：经过对气压传动结构进行合理的设计、规划、调试，对 MPS 的供料单元的工作方式和工作过程有了更加深入的了解，从而对 MPS 其他单元和工作模块的结构具有感性的认识，为后续工作任务的完成打下了一定的基础。

关于任务 3 中所涉及的气压传动结构、所用到的气压元件（执行元件、控制元件等），可参考以下章节内容。

思考题

1. 根据供料单元气动系统原理，列举企业中使用的类似构成原理的生产线及生产形态。

2. 采用 FluidSIM 软件的仿真功能，将气压传动改造为液压传动并验证结果。

3. 说明液压传动、气压传动各自的优缺点，若 MPS 采用液压传动会存在哪些优势或劣势？

4. 整理供料单元中针对气压传动进行检测的传感器元件，分析是否可以采用其他类型的元件替代在 MPS 中所采用的相应元件。若能代替，则给出具体的代替品类别并比较其使用效果。

3.2 MPS 动力构成

MPS 的 5 个独立工作单元均采用气压传动形式作为动力传动结构。

气压传动是工业实践中常用的动力传输方式。气压传动系统是由若干个气动回路组成的。能够传输压缩空气并使得各种气动元件按照一定的规律动作的通道即为气动回路。

1. 气压传动的优点

(1) 空气随处可取,取之不尽;用后的压缩空气直接排入大气,对环境无污染。

(2) 因空气粘度小(约为液压油的万分之一),在管内流动阻力小,压力损失小,便于集中供气和远距离输送。

(3) 与液压相比,气动反应快,动作迅速,维护简单,管路不易堵塞。

(4) 气动元件结构简单,制造容易,适于标准化、系列化、通用化。

(5) 气动系统对工作环境适应性好,特别是在易燃、易爆、多尘埃、强磁、辐射、振动等恶劣工作环境中工作时,安全可靠性优于液压、电子和电气系统。

(6) 空气具有可压缩性,使气动系统能够实现过载自动保护,也便于储气罐储存能量,以备急需。

(7) 排气时因气体膨胀而使温度降低,因而气动设备可以自动降温,长期运行也不会发生过热现象。

2. 气压传动的缺点

(1) 空气具有可压缩性,当载荷变化时,气动系统的动作稳定性差,但可以采用气液联动装置解决此问题。

(2) 工作压力较低(一般为 $0.4 \sim 0.8$MPa),又因结构尺寸不宜过大,因而输出功率较小。

(3) 气信号传递的速度比光、电子速度慢,故不宜用于要求高传递速度的复杂回路中,但对于一般的机械设备,气动信号的传递速度是能够满足要求的。

(4) 排气噪声大,需加消声器。

按照气动回路在气动系统中所起到的作用不同,可以将气动回路分为操作回路、安全保护回路、速度控制回路、位置控制回路、同步控制回路等类型。MPS 作为机电一体化的系统,所采用的动力传递结构便是气压系统。

3.2.1 速度控制回路

速度的控制主要面向执行部件的动作速度。气动系统中的执行部件为气缸,气缸又包含单作用气缸和双作用气缸,因此,速度控制回路的结构形式可以有多种,既可以实现对其杠杆的伸出调速,也可以实现缩回调速,图 2-3-4 和图 2-3-5 所示即为两种形式的气缸速度控制回路。

气动系统中的速度控制回路种类较多,作用各不相同。根据节流阀、溢流阀的位置不同可以将速度控制回路分为多个种类,每种都有其相对明显的优点和缺点。在 MPS 应用之中,气压传动回路中的气动控制元件多采用电磁控制的类型,其回路结构都较为简单。

3.2.2 位置控制回路

位置控制回路是可以使得执行机构在任意位置停止的传动回路,该任意位置必须在

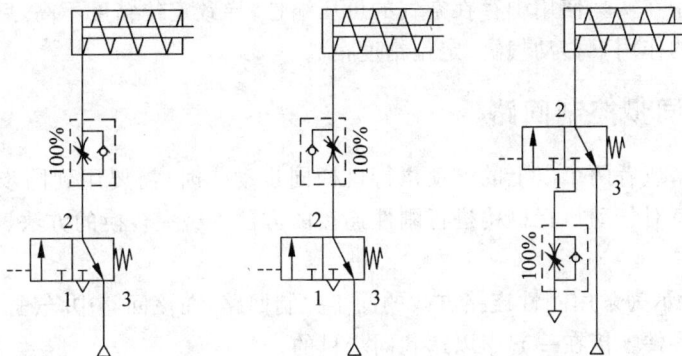

图 2-3-4 单作用气缸的速度控制回路

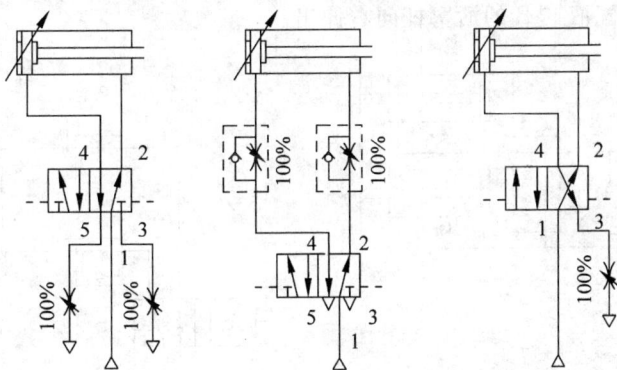

图 2-3-5 双作用气缸的速度控制回路

执行机构的行程范围之内。

实现的方法有多种,可采用三位阀控制、采用气-液联动装置、采用多位气缸等方法。其中采用三位阀的控制回路的定位精度不高;采用气-液联动装置的控制回路的定位精度较高;采用多位气缸的控制回路可以实现多个位置的准确定位,如图 2-3-6 所示。

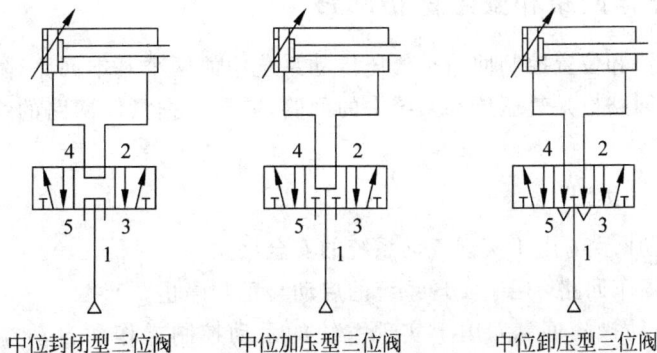

中位封闭型三位阀   中位加压型三位阀   中位卸压型三位阀

图 2-3-6 采用三位阀的位置控制回路

第一种由于在实际使用中存在空气的可压缩性,导致定位精度不高,后两种控制回路都可以在外力的作用下移动气缸,定位精度稍高。

3.2.3　同步控制回路

当要求两个或者两个以上的气动执行机构同步动作时,需要用到同步控制回路。实现的方法主要有对气动执行机构进行刚性连接的方法、气-液转换的方法、气-液阻尼缸的方法。

图 2-3-7 所示为采用刚性连接方式的同步控制回路,在该回路中,气缸 A、B 的活塞杆通过一个刚性零件连接在一起用以达到同步目的。

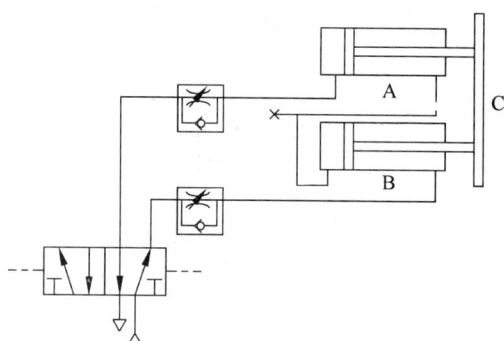

图 2-3-8 所示为采用气-液转换方式的同步控制回路,在此回路中,预先把液压油封入回路中,当气液缸 A 活塞杆伸出时,气液缸 A 右腔中的液压油被排出而进入到气液缸 B 的左腔中,并推动气液缸 B 的活塞杆向右伸出。

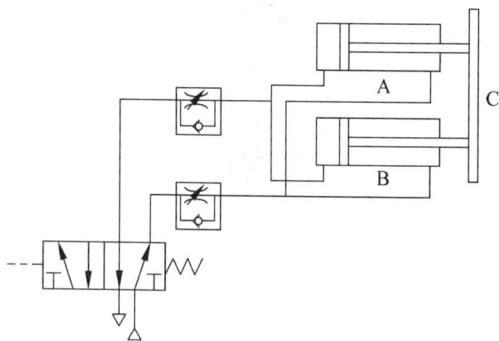

图 2-3-7　刚性连接的同步控制回路图　　　　图 2-3-8　气-液转换方式的同步控制回路

要达到两个气缸同步的目的,气液缸 A 右腔腔室的横截面积和气液缸 B 左腔腔室的截面积必须相等,因此,对于由两个单活塞杆气液缸组成的同步控制回路而言,气液缸 A 的内径要大于气液缸 B 的内径。

3.2.4　操作回路和安全保护回路

速度控制回路和位置控制回路是气压传动系统中的两个基本回路,除此之外的操作回路和安全保护回路也是气压传动系统中的回路,需要根据具体回路的特点来决定如何使用。

1. 操作回路的类别

(1) 安全启动回路:用于实现气动系统的安全启动。

(2) 启动与停车回路:用于实现系统的启动与正常停止。

(3) 手动/自动操作回路:用于实现系统的手动控制操作和自动控制操作之间的切换。

(4) 急停控制回路:在危急情况出现时,能够及时快速地切断气动系统的全部或部分气源,使得执行机构立即停止的控制回路(此时系统属于非正常停止)。

2. 安全保护回路的类别

（1）过载保护回路

设备在执行一定动作时，由于气缸中途受阻或其他原因导致过载状况发生时，对系统回路起到保护作用，保护动作为气缸杆自动退回。

（2）气压保护回路

当气源失压时，能够控制气动执行机构回到安全位置。

（3）双手操作回路

只有当双手操作的时候，气压传动系统才能够正常地进行工作，这样设计的目的在于在某些重要的场合必须确定是有人看护的、是有意识地进行某些操作的，以防止发生误操作。

（4）互锁回路

防止不同的气动执行结构同时发生动作。

3.3　供料单元

任务 3 的主要内容是对供料单元的动力传递系统进行设计。如前面所述，供料单元的动力系统为气压传动系统。

3.3.1　气源及气源处理组件

气源为气泵，用于为气压传动系统提供的压缩空气作为动力，它是气动系统的主要组成部分。MPS 的气源设备主要包含空气压缩机和净化装置两个部分，称为"二联件"，其组合加上其他安装部件可称为空气压缩机站。

MPS 采用的气泵为静音泵，如图 2-3-9 所示，其优点如下：

（1）无污染，无泄漏，适应性强。

（2）高度智能化，无须人工养护，安装管理方便。

（3）噪声小，适合在实训室使用，不会干扰教师上课。

1. 静音泵在实际使用中需要注意的问题

（1）空气压缩机有它的特性曲线，在 6bar 的设定压力下最多可以持续工作 115 分钟。马达的温度也会受到环境温度的影响，应尽量安置在通风处。

（2）若要延长持续工作的时间，需要采取为马达降温的措施。

（3）在一般使用状态下需要每星期检查一下油位，每星期至少给空气压缩机排水一次（设定压力为 2bar）。

图 2-3-9　静音泵

（4）在正常工作状态下需要每月检查一下空气过滤器和马达中的灰尘集聚状况。

（5）每年需要对安全阀进行检查，并换油。

2. 静音泵的主要参数

（1）输出压力最大为 800kPa（8bar）。

（2）流量为 50L/min。

（3）储气罐容量为 24L。

（4）噪声量 1m 处为 40dB(A)。

（5）压缩机为 230V/50Hz，0.34kW。

静音泵为 MPS 系统提供了压缩空气。压缩空气的质量直接关系到气动装置是否能够正常工作，因此，在气压传动系统中，必须保证进入气动系统执行元件和控制元件的压缩空气质量。而压缩空气中通常会伴有油气，油气在压缩机产生的高温下易被碳化，更加容易导致气缸或者阀的磨损。因此，在压缩空气进入气动系统的主要回路之前，必须采用气源处理装置进行压缩空气的过滤。图 2-3-10 即为 MPS 中的气源处理组件——过滤调压组件。

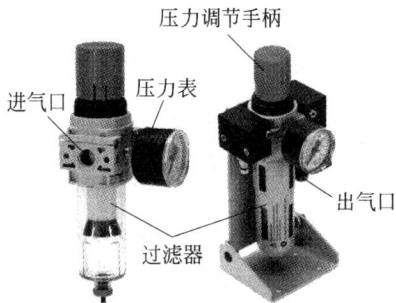

图 2-3-10　过滤调压组件

该元件用于进行气体的过滤，是气动系统中的基本组成器件，通常该类产品表现为气动三联件，即空气过滤器、减压阀和油雾器。MPS 中采用了二联件，即过滤器、压力表、截止阀和快插接口，安装在可旋转的支架上。

过滤器可以去除压缩空气中的冷凝水、颗粒较大的固态杂质和油滴。减压阀可以控制系统中的工作压力，同时能对系统压力的波动做出补偿。一般而言，过滤度为 $50\sim75\mu m$，调压范围为 $0.5\sim10MPa$；过滤精度分为 $5\sim10\mu m$、$10\sim20\mu m$、$25\sim40\mu m$ 共 3 个等级，调压范围分为 $0.05\sim0.3MPa$、$0.05\sim1MPa$ 两个等级。

3. 气源处理组件的主要参数

（1）额定流量为 750L/min。

（2）最大输入压力为 1600kPa(16bar)。

（3）最大工作压力为 1200kPa(12bar)。

（4）过滤等级为 $40\mu m$。

（5）冷凝量为 $14cm^3$。

（6）安装角度为垂直±5°。

气压传动系统中的元件分为执行元件、控制元件、检测元件、真空元件及辅助元件等。在供料单元中使用的气动元件如表 2-3-2 所示。

表 2-3-2　供料单元主要气动元件使用情况表

元件名称（作用）	元件属性	所属模块
双作用气缸（推料气缸）	执行元件	进料模块
摆动气缸（摆动臂）		转运模块
真空吸盘（吸附工件）		
真空发生器（产生真空）		
真空检测传感器（真空检测）	检测元件	CP 阀组
二位五通阀	控制元件	
中位封闭的三位五通阀（气路控制）		

表 2-3-2 中各个元件在供料单元气动结构中的安装位置如图 2-3-1(供料单元气动控制回路的工作原理图)所示。

3.3.2 常用气动执行及控制元件

1. 双作用气缸

在压缩空气作用下,双作用气缸活塞杆既可以伸出,也可以回缩。通过缓冲调节装置,可以调节其终端缓冲。气缸活塞上的永久磁环可用于驱动行程开关动作,双作用气缸的主要参数如下。

(1) 最大行程:1～5000mm(100mm)

(2) 活塞位置:0,最大行程

(3) 活塞面积:0、25mm²、…、810mm²(3mm²、14mm²)

(4) 活塞环面积:0、1mm²、…、750mm²(2mm²、72mm²)

当气缸移动大惯性物体时,通常在气缸终端增加缓冲装置。在缓冲段外,压缩空气直接从出气口排出。在缓冲段内,由于缓冲装置的作用,使气缸活塞运动速度减慢,减小了活塞对缸盖的冲击。双作用气缸实物图如图 2-3-11(a)所示。

2. 摆动气缸

摆动气缸结构紧凑,输出力矩大。在摆动气缸中,旋转叶片将压力传递到驱动轴上。摆动角度范围为 0～180°,可由挡块调节角度大小。在实际的工程应用中,可调止动装置与旋转叶片相互独立,从而使得挡块可以限制摆动角度大小。在终端位置,弹性缓冲环可缓冲摆动的冲击。摆动气缸实物图如图 2-3-11(b)所示。

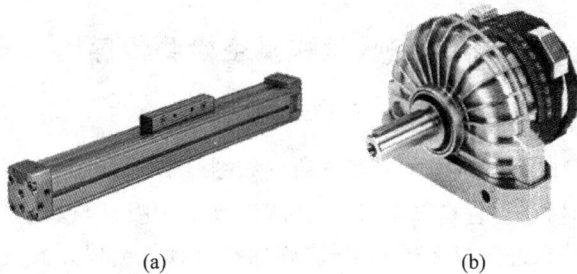

(a)   (b)

图 2-3-11 双作用气缸、摆动气缸实物图

如表 2-3-2 所示,供料单元中的气动检测元件为真空检测传感器,气动控制元件为3 种类型的阀。在 MPS 中,大部分的气动检测和控制元件均以集成的形式被置于 CP 阀组上,可参照任务 2 中的相关内容。真空检测传感器也不例外。

3. 控制阀

供料单元中的气动控制元件包含二位五通和中位封闭式的三位五通阀,均为先导式且具有手控和弹簧复位功能的电磁阀,实物图如图 2-3-12 所示。

供料单元中所采用的 N 位五通换向阀具有 5 个接口,用户可以定义其阀体和驱动方式。此外,接口可用堵头关闭或设为排气口。供料单元中所采用的双电控三位五通阀的

图 2-3-12　电磁阀的实物图

工作原理为：电磁线圈得电，阀的 1 口(参照表 2-3-3 中所示的元件符号)与 4 口接通或 1 口与 2 口接通。电磁线圈失电，双电控三位五通阀在弹簧作用下复位，此时，1 口、2 口和 4 口皆被关闭。如果没有电压作用在电磁线圈上，则该阀可采用手动驱动。

供料单元气动系统中的检测元件和控制元件符号表示如表 2-3-3 所示。

表 2-3-3　气动系统中的阀

二位五通阀		三位五通阀
先导式、双电控、双手控单端弹簧复位	先导式、弹簧复位、单端手控	先导式、双电控、手控、弹簧复位中位封闭式

3.3.3　真空发生器、真空吸盘和真空检测传感器

1. 真空发生器和真空吸盘

真空发生器是根据引射原理产生真空的。如图 2-3-13 所示，当压缩空气从进气口 C 口流向排气口 D 口时，在真空口 A 口上就会产生真空。吸盘与真空口连接，安装结构如图 2-3-14 所示。如果在进气口无压缩空气，则抽空过程就会停止。真空吸盘是通过在吸盘内形成负压(真空)来吸附工件的。

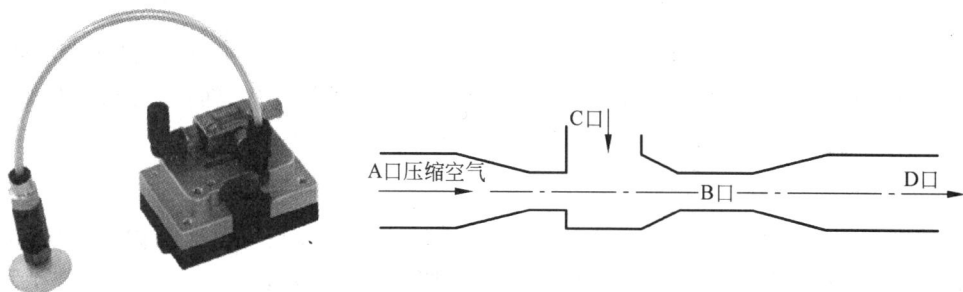

图 2-3-13　真空发生器和真空吸盘实物图及引射原理示意图

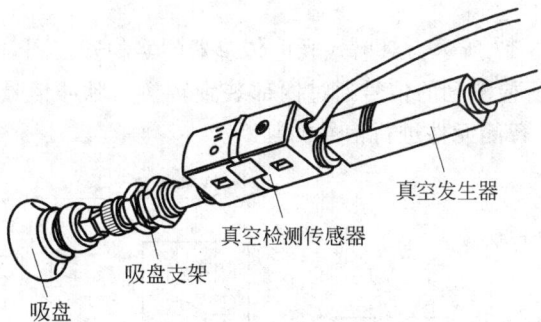

图 2-3-14 吸盘安装结构示意图

以上元件在气压传动中的符号表示如表 2-3-4 所示。

表 2-3-4 部分气动元件符号列表

双作用气缸	摆动气缸	真空发生器	真空吸盘

2. 真空检测传感器

真空检测传感器用于对气路的真空状态进行检验。当真空发生时,其内部的压敏电阻感测到了压力的变换而产生电阻阻值的变化,从而产生电信号。单独形式的真空检测传感器实物图如图 2-3-15 所示。

3.3.4 气动执行元件的状态检测传感器

1. 对射式光电传感器

在供料单元中,需要对物料仓内的状态进行检测,方能对是否需要进行推料做出判断。因此,针对 MPS 物料仓中物料的自然下落,宜采用对射式光电传感器进行物料仓的状态判断。

图 2-3-15 单独形式的真空检测传感器实物图

对射式光电传感器拥有一个光源发射器和一个与之对应的光源接收器,两者面对面安装,便于光源信号的接收。这种光电传感器主要采用两种结构,即分体式和一体式。前者光发射器和接收器为分体结构,后者则合在一起。对射式光电传感器的探头用于探测光源,光源信号的发射和接收都是通过光纤实现传送的,因此,在安装过程中需要注意避免使光纤过于扭曲。

对射式光电传感器的工作原理:不透明的物体挡在了光源发射器与光线接收器之间,则光线被阻断,引起传感器输出信号的变化。在供料单元中可据此判断物料仓的状态。

图 2-3-16 和图 2-3-17 所示为对射式光电传感器的实物安装图、电气符号以及电气结构的示意图。传感器所检测到的信号通过内部装置转换为脉冲信号,进行相应的处理之后,可通过 I/O 送入到智能元件进行信号的判断。

图 2-3-16　对射式光电传感器实物(安装)
图及电气符号

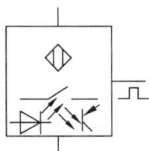

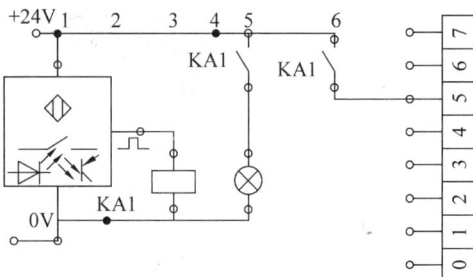

图 2-3-17　对射式光电传感器电气结构示意图

光电传感器的安装需要注意的几个问题。

(1) 保持光源的发射器和接收器的清洁。在油污、粉尘、水汽较多的环境中不宜使用这种类别的传感器。

(2) 避免在阳光较强和背景反射光线较强的环境中使用。

(3) 并排放置的多组光电传感器相互之间需要保持一定的间隔,以检测距离的 0.4 倍为宜。

2. 磁感应式接近开关

如上所述,当物料仓中有物料时,推料气缸便需要动作,推出物料。

对在供料单元中采用的推料气缸(双作用气缸)需要进行位置的控制。因此,可以将推料气缸的两端(活塞或活塞缸)安装上磁性物质,采用磁感应式传感器对其进行位置的判断。

磁感应式接近开关能够将磁信号转换为电信号,电信号通过 I/O 接口及转换器采集。这种接近开关具有体积小、惯性大、动作快等优点。其工作原理为:具有高导磁和低矫顽力的合金簧片被装入一个充满了惰性气体的玻璃管中,两个簧片保持了一定的重叠和适当的间隙,末端镀金作为触点,管外焊接引信。当外部磁场达到一定强度时,两部分的簧片相互吸引而使得电路导通,反之亦然,当外部磁场的强度降低到一定程度时,簧片相互脱离,则电路断开。因此,磁感应式接近开关便常常用于对拥有一定磁场的运动元件进行位置的检测。

图 2-3-18 即为磁感应式位置开关的实物图及其电气符号,图 2-3-19 所示为磁感应式接近开关实际使用时的电气示意图。其位置信号需要经过处理之后通过 I/O 送入智能元件。

如上所述,磁感应式传感器可被安装在推料气缸运行的两个极限位置上,当气缸在运行过程中到达两端的极限位置时,便可使得传感器发生信号,该信号即被传送入 PLC,通过传感器的 I/O 地址进行位置种类的辨别,由此判断是否已经成功地将物料推出到指定位置。

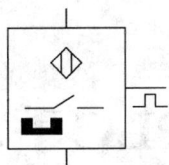

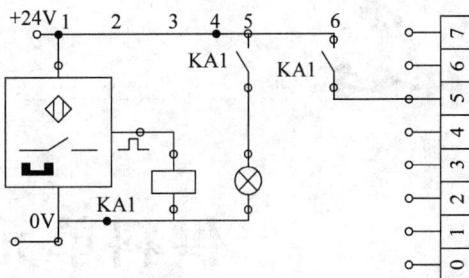

图 2-3-18 磁感应式位置开关实物图、电气符号

图 2-3-19 磁感应式传感器电气结构示意图

使用磁感应式传感器的注意事项如下：

（1）直流型的传感器使用 0～30V 直流电压，一般应用范围为 5～24V，过高的电压会引起温度升高，使得传感器内部元件功耗加剧，从而影响元器件的工作稳定性。

（2）电压过低容易受到外界温度的影响而引起误动作，因此使用前必须注意电压及电压极性。

供料单元PLC手动单循环控制程序设计及调试

4.1 任务实施过程

4.1.1 工作原理

机电设备的电气化控制手段,在调试阶段,通常采用单步运行的方式,而在运行阶段,有一种最为简单的控制方式,即"手动单循环"。这种方式是基于设备(或系统)的一个完整的工作过程,具有以下两个特点。

(1)启动按钮按下,开启一次完整的工作过程,然后系统停止(等待进行下一步)。

(2)系统一旦启动,则不再受到除"急停"按钮之外的任何控制。

"急停"按钮的功能是使设备立即停止动作。对于电气控制系统必须在保证安全的前提下进行控制结构设计。

4.1.2 过程分析

任务4的主要工作内容为根据供料单元的主要工作目的,设计出手动单循环的电气控制结构。需要注意的是,手动方式仅仅是生产自动化中的一种方式,生产自动化系统主要工作在自动循环模式下。因此,手动单循环工作方式的结构相对于需要实现自动循环的工作方式而言,变化并不是很大。

本任务的主要目的是根据在动力传递系统中的控制部分和执行部分所采用的元件以及针对执行元件的检测元件进行电气系统设计。

根据任务2和任务3所述的气压传动系统结构采用电磁阀进行气路的控制和操作。

(1)控制推料气缸的动作。

（2）控制摆动气缸的动作。

（3）控制真空阀的吸放动作。

与此同时,各类传感器包括的动作如下:

（1）对推料气缸的位置进行检测。

（2）对料仓是否有物品进行检测。

（3）对真空阀是否真空进行检测。

根据这些检测结果,通过 I/O 接口,将信号传递到 PLC 进行判断,因此,任务 4 的重点就在于 PLC 的程序流程图设计。

4.1.3　工作准备

本任务需要完成 3 方面的工作:通过分析工艺流程进行控制流程设计;设计 PLC 控制程序的流程图;根据程序流程图编写 PLC 程序,调试并录入。

根据上述提要,针对转运模块的手动单循环控制方式表现为:当按下总的启动按钮之后便完成如图 2-4-1 所示的一个完整的动作循环。

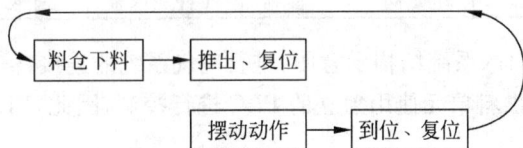

图 2-4-1　供料单元一个完整的动作循环

图 2-4-1 所示的动作循环用文字描述即为:推料气缸推出下放的物料(或工件),并推出到指定位置,当工件到达指定位置时,转运缸吸收工件并摆臂(转运),推料气缸复位。需要注意的是,这两个动作可同时发生。最终,摆臂到位释放物料,复位成功,如图 2-4-2所示。

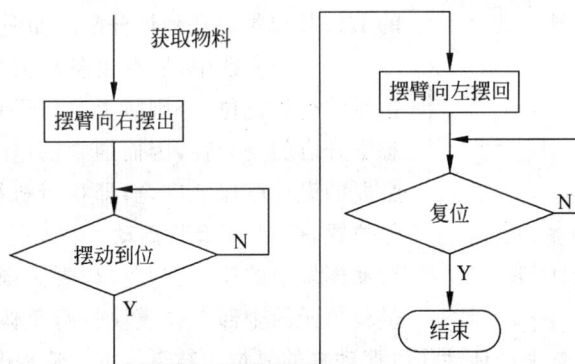

图 2-4-2　摆臂复位状态判断示意图

本任务采用了 PLC 的程序程控,因此,首先需要根据系统的工作流程确定系统结构。依据任务 2 和任务 3 所述,根据自动控制的原则,对供料单元所采用的元件进行汇总,如表 2-4-1 所示。

表 2-4-1 供料单元 PLC 的部分 I/O 地址分配情况

序号	地址	符号	名称	用途	信号为 1 时的意义
1	I0.0	START	按钮开关	启动设备	按钮 ON
2	I0.3	AUTO/MAN	转换开关	自动手动转换	0：自动；1：手动
3	I0.4	STOP	按钮开关	停止设备	按钮 ON
4	I4.0	1B1	磁感应式接近开关	推料杆位置判断	退回到位
5	I4.1	1B2	磁感应式近开关	推料杆位置判断	推出到位
6	I4.2	3S1	行程开关	摆臂位置判断	摆臂复位
7	I4.3	3S2	行程开关	摆臂位置判断	摆臂摆出到位
8	I4.5	2B1	真空压力传感器	吸工件结果判断	吸工件成功
9	I4.6	B4	对射式光电传感器	料仓工件判断	无工件
10	Q4.0	1Y1	电磁阀	推料杆动作	1 表示推出命令，0 表示退回命令
11	Q4.1	3Y1	电磁阀	摆臂控制	摆回命令
12	Q4.2	3Y2	电磁阀	摆臂控制	摆出命令
13	Q4.3	2Y2	电磁阀	工件放下	放下工件命令
14	Q4.4	2Y1	电磁阀	工件吸取	吸取工件命令

参考任务 2 中给出的系统结构示意图，进行电气系统的连接，信号线路统一经过 I/O 接口卡连接至 PLC。供料单元使用独立的 PLC 进行控制，因此，PLC 不需要和其他单元的 PLC 实现联机。

4.1.4 工作实施

供料单元的电气控制系统设计集中在转运模块，通过对转运模块的动作特点进行分析，对动作流程进行整体的控制，实现 PLC 的手动控制。

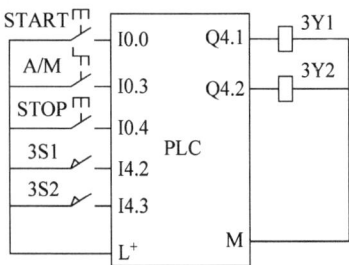

图 2-4-3 供料单元 PLC 的 I/O 接口简图

本任务中采用 PLC 构建电气控制系统，故而必须了解 PLC 对于执行结构的地址分类。供料单元部分的 I/O 接口情况和地址分配图如图 2-4-3 所示。

在生产实践中，所有设备均需要在工作之后实施执行结构的复位，否则将无法保证设备处于非复位状态下开启的安全性，因而通常的电气控制系统进行了必要的设计以保证安全，即执行机构都处于特定的工作位置，否则，不允许启动。在本任务中必须保证的是摆动模块中的摆臂在复位位置。则依据上述特点，对供料单元的全部工作模块进行总体规划，设计动作流程。根据前述特点，整个循环动作以摆动缸的复位为结束标志。流程图如图 2-4-4 所示。

操作要求：开始前检测站是否复位，没有复位，复位灯亮，如果已经复位，开始灯亮。按下开始按钮，摆动气缸到下一站位置，检测料仓是否有工件，如果没有工件，料仓空灯亮，并且摆动气缸回到料仓位置，如果料仓有工件，推出工件到位，摆动气缸回到料仓位置，吸收工件，达到设定的真空度后，如果下一站没有准备好，等待，如果已准备好，摆动气缸到下一站位置，放下工件，循环结束，如图 2-4-5 所示。表 2-4-2 为 I/O 分配表。

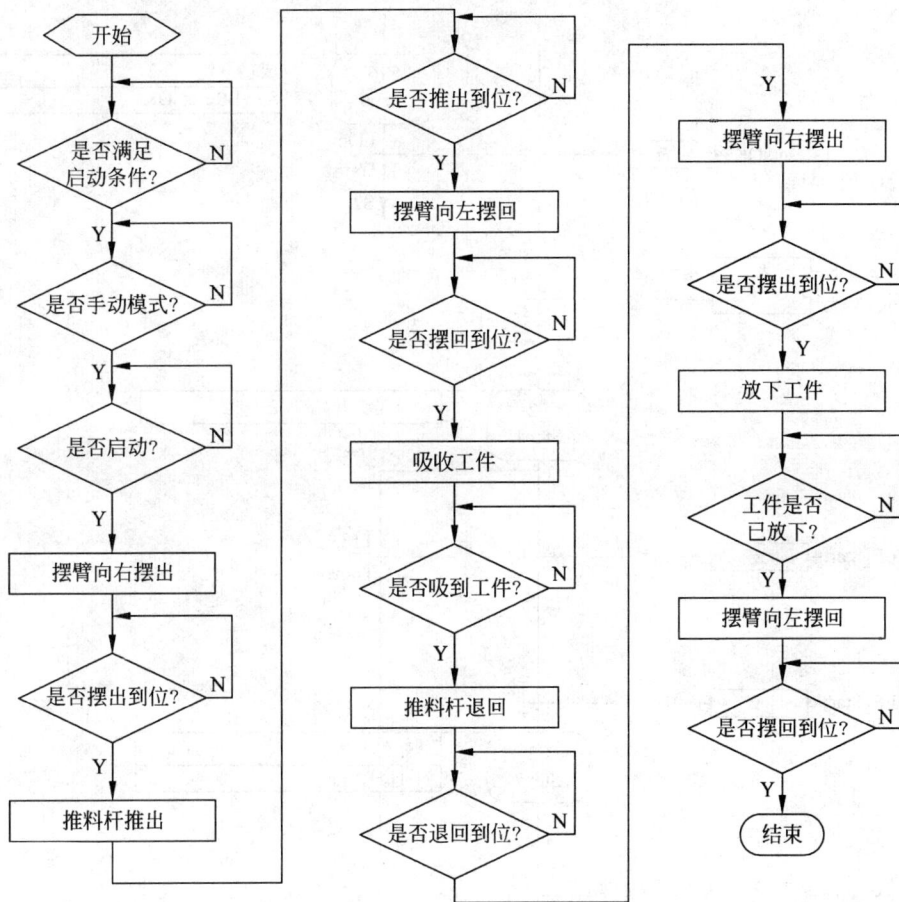

图 2-4-4 供料单元手动单循环工作流程图

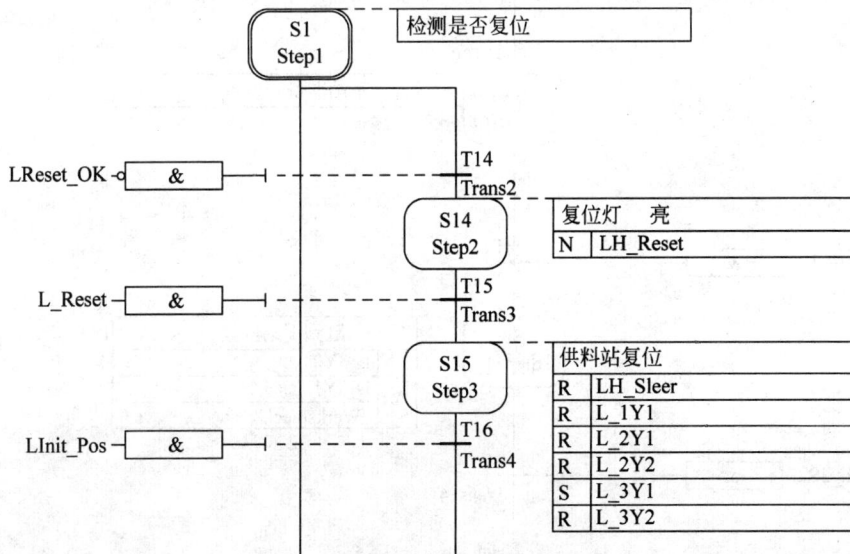

图 2-4-5 供料单元操作要求

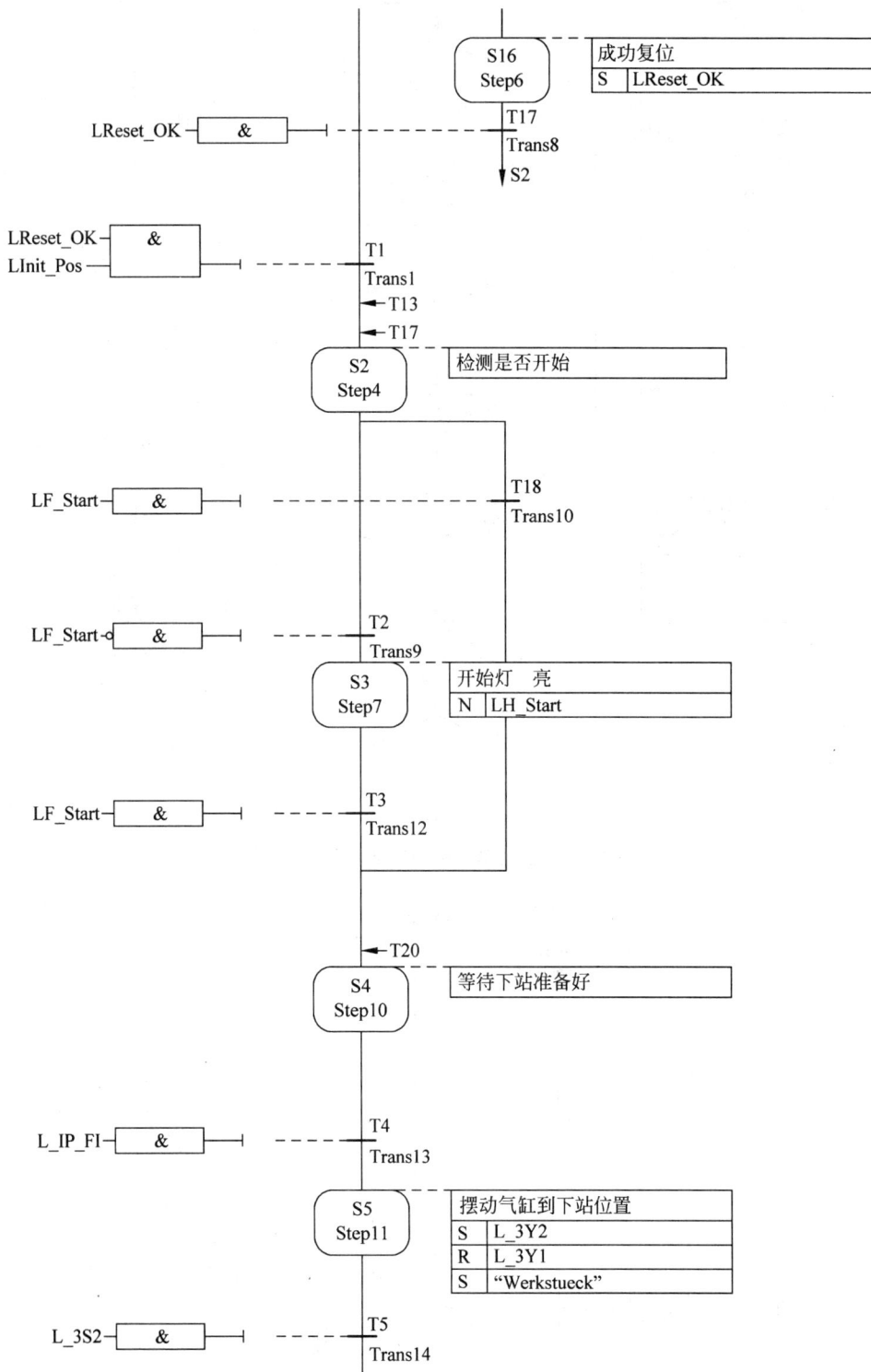

图 2-4-5(续)

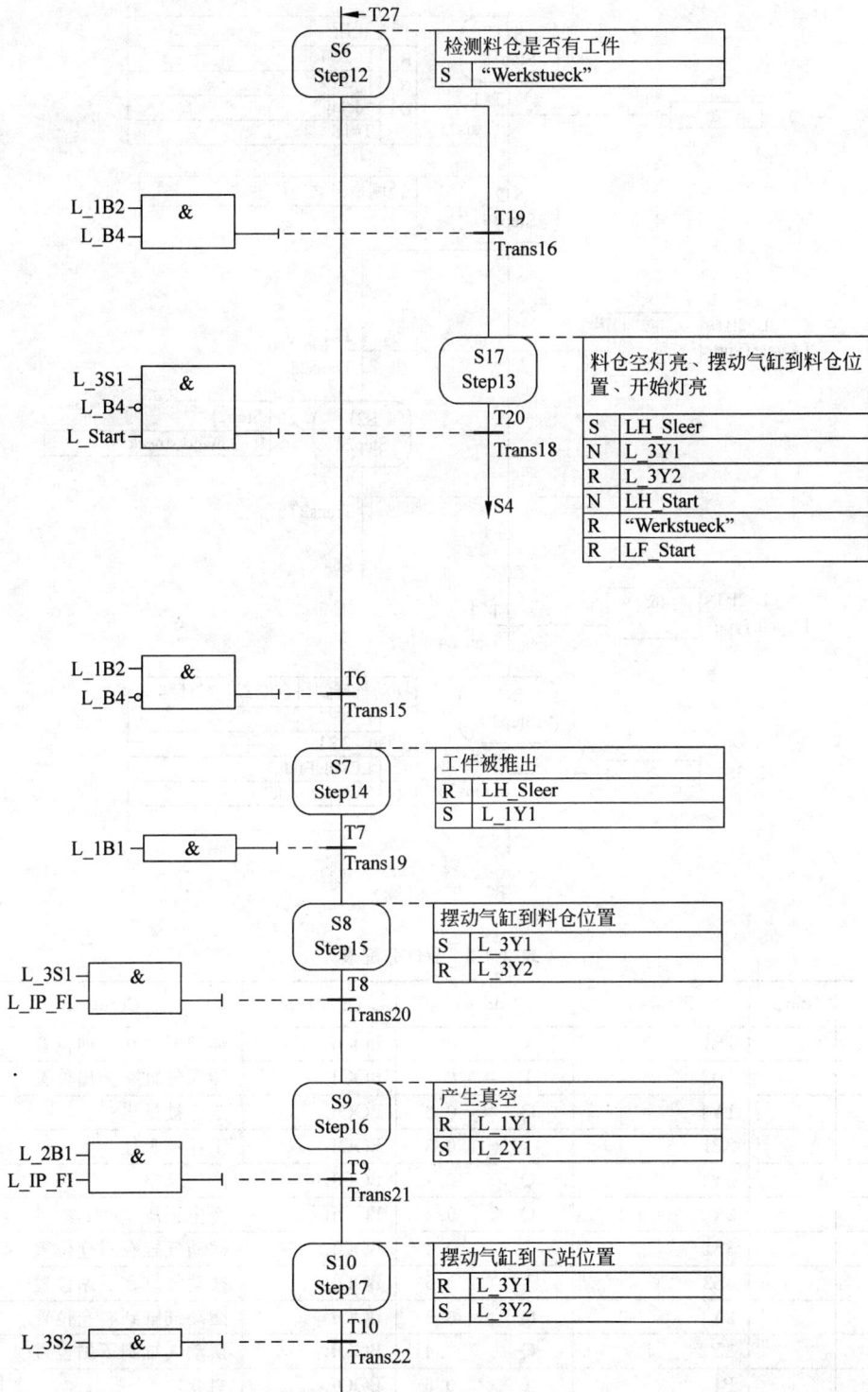

T27

S6 Step12	检测料仓是否有工件
	S　"Werkstueck"

L_1B2 — &
L_B4 —
T19
Trans16

S17 Step13	料仓空灯亮、摆动气缸到料仓位置、开始灯亮
	S　LH_Sleer
	N　L_3Y1
	R　L_3Y2
	N　LH_Start
	R　"Werkstueck"
	R　LF_Start

L_3S1 — &
L_B4 —
L_Start —
T20
Trans18

→ S4

L_1B2 — &
L_B4 —
T6
Trans15

S7 Step14	工件被推出
	R　LH_Sleer
	S　L_1Y1

L_1B1 — &
T7
Trans19

S8 Step15	摆动气缸到料仓位置
	S　L_3Y1
	R　L_3Y2

L_3S1 — &
L_IP_FI —
T8
Trans20

S9 Step16	产生真空
	R　L_1Y1
	S　L_2Y1

L_2B1 — &
L_IP_FI —
T9
Trans21

S10 Step17	摆动气缸到下站位置
	R　L_3Y1
	S　L_3Y2

L_3S2 — &
T10
Trans22

图　2-4-5(续)

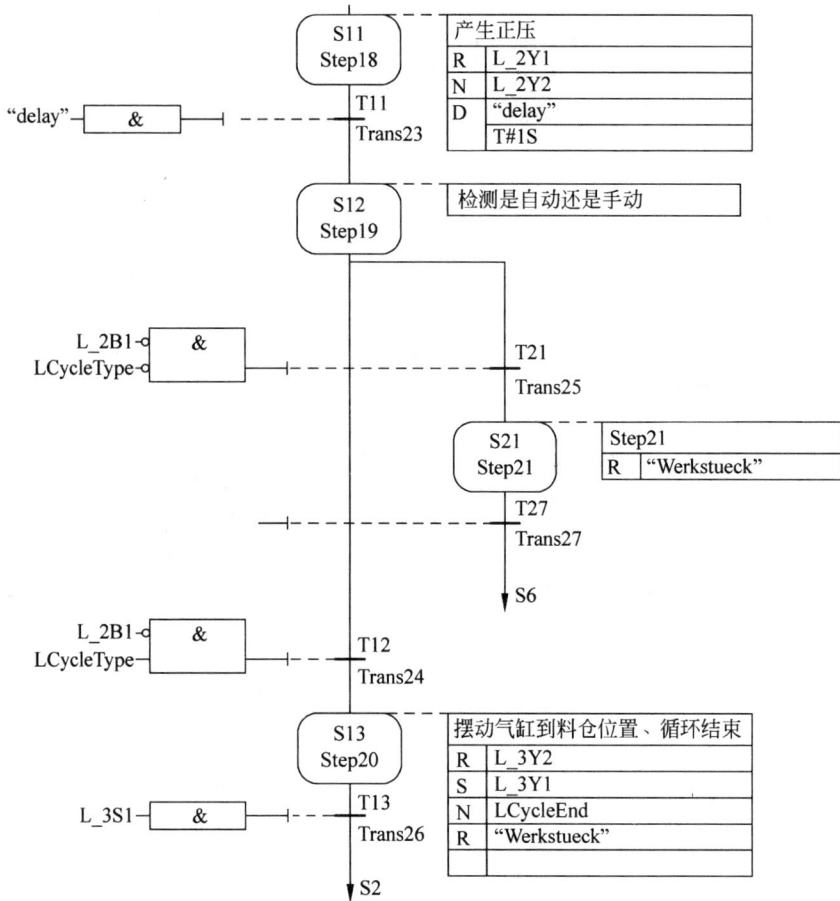

图　2-4-5(续)

表 2-4-2　I/O 分配表

序号	Status	Symbol	Address		Data type	Comment
1		1B1	I	0.2	BOOL	伸缩气缸在缩回位置
2		1B2	I	0.1	BOOL	伸缩气缸在伸出位置
3		1Y1	Q	0.0	BOOL	工件被推出
4		2B1	I	0.3	BOOL	工件被吸住
5		2Y1	Q	0.1	BOOL	产生真空
6		2Y2	Q	0.2	BOOL	产生正压
7		3S1	I	0.4	BOOL	摆动气缸在料仓位置
8		3S2	I	0.5	BOOL	摆动气缸在下站位置
9		3Y1	Q	0.3	BOOL	摆动气缸到料仓位置
10		3Y2	Q	0.4	BOOL	摆动气缸到下站位置
11		B4	I	0.6	BOOL	料仓空
12		CircleType	M	2.5	BOOL	
13		CycleEnd	M	1.3	BOOL	循环结束_中间继电器

续表

序号	Status	Symbol	Address		Data type		Comment
14		delay	M	1.5	BOOL		延时_中间继电器
15		Em_Stop	I	1.5	BOOL		急停按钮
16		F_Start	M	1.0	BOOL		开始_中间继电器
17		H1	Q	1.0	BOOL		开始_灯
18		H2	Q	1.1	BOOL		复位_灯
19		H3	Q	1.2	BOOL		料仓空_灯
20		I/O_FLT1	OB	82	OB	82	诊断中断
21		Init_Bit	M	1.4	BOOL		初始位_中间继电器
22		Init_Pos	M	1.1	BOOL		初始状态_中间继电器
23		IP_FI	I	0.7	BOOL		下站已准备好
24		OBPan	QB	1	BYTE		操作面板的输出字节
25		OBStat	QB	0	BYTE		工作站的输出字节
26		P_DB11	DB	11	FB	11	数据模块
27		P_EmS11	FC	11	FC	11	急停模块
28		P_FB11	FB	11	FB	11	功能模块
29		P_Init	OB	100	OB	100	启动模块
30		P_Org	OB	1	OB	1	主程序
31		P_Stop12	FC	12	FC	12	停止模块
32		RACK_FLT	OB	86	OB	86	机架故障
33		RC_CircleType	M	2.3	BOOL		远程控制自动_中间继电器
34		RC_Reset	M	2.1	BOOL		远程控制复位_中间继电器
35		RC_Start	M	2.0	BOOL		远程控制开始_中间继电器
36		RC_Stop	M	2.2	BOOL		远程控制停止_中间继电器
37		RC_Var1	MB	2	BYTE		中间继电器字节2
38		Reset_OK	M	1.2	BOOL		成功复位_中间继电器
39		S1	I	1.0	BOOL		开始按钮
40		S2	I	1.1	BOOL		停止按钮
41		S3	I	1.2	BOOL		自动/手动
42		S4	I	1.3	BOOL		复位
43		TIME_TCK	SFC	64	SFC	64	读取系统时间
44		Var1	MB	1	BYTE		中间继电器字节1
45		Werkstueck	M	2.4	BOOL		

4.1.5　成果检验

　　根据工作单元的特点得到了单元内部各个功能模块的工作流程图。程序的设计将依据工作流程图来完成。实际上图 2-4-4 所示的工作流程图可视为编制程序的流程图，PLC 梯形图的结构和功能编排需要参照其完成。

　　如前所述,手动单循环的控制方法需要用人工开启每一次的循环。因此,在 PLC 的输入方向上设置有启动按钮,依照工作流程图的安排,当 PLC 上电之后,便依据按钮的选择展开手动单循环的控制方式。手动单循环控制程序流程图如图 2-4-6 所示。

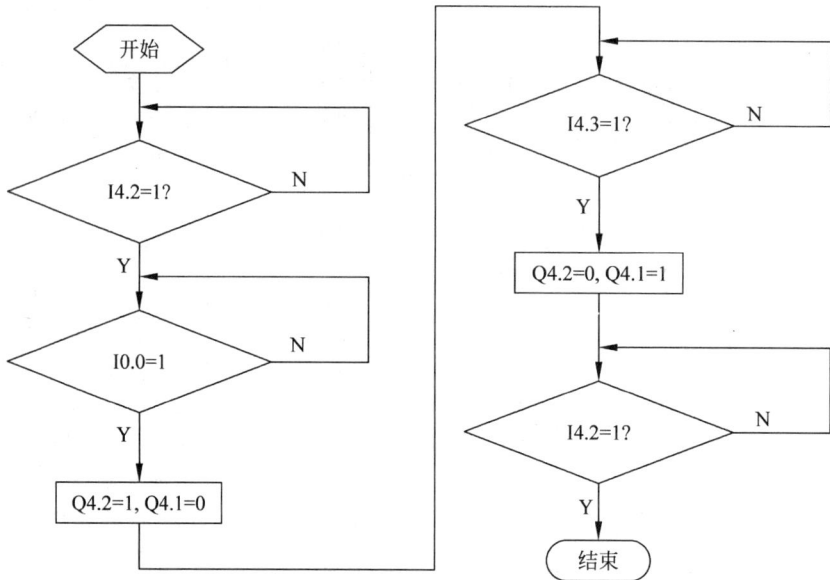

图 2-4-6　手动单循环控制程序流程图

如表 2-4-1 的电气设备分配表所示,PLC 的输出继电器 Q4.1 与 Q4.2 连接的外设为同一个电磁阀,因此必须设置为信号互斥,即其中一个的状态为 1,则另外一个必须为 0,否则即为设备错误。

根据表 2-4-1 中的对应设备,在图 2-4-6 中,PLC 上电之后首先对摆动气缸的初始位置进行检测,使其在一个循环开始之前处于复位状态,继而进行扫描,当 I0.0 信号为 1时,即启动按钮被按下时,一个工作循环开始,直到摆动气缸复位,工作循环结束。

图 2-4-6 所示的程序为 PLC 单循环控制程序,在 PLC 中作为 FC 类型而存在,将被主程序 OB1 所调用,主程序流程图如图 2-4-7 所示,主程序的结构如图 2-4-8 所示。

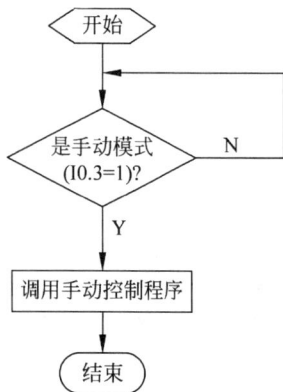

图 2-4-7　主程序流程图

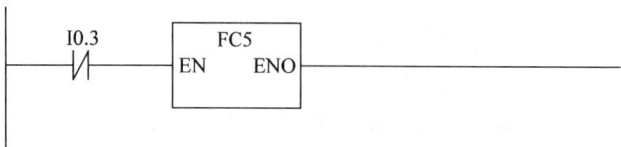

图 2-4-8　手动单循环控制主程序

图 2-4-8 所示为 PLC 程序的 LAD 部分。作为控制程序,图 2-4-4 和图 2-4-6 所示均为众多程序结构设计形式中的一种,还可用其他更多的方法来实现,在此不再赘述。

4.1.6　任务总结

本任务主要对供料单元的控制方式进行了设计,使用手动单循环的控制方式,设计了 PLC 程序,使之针对供料单元完成控制功能。通过对 PLC 手动单循环的控制方式进行设计,讲解了 PLC 的程序设计方法以及基本流程,使读者对 MPS 具体操作方法有了更加理性的认识,进一步了解了机电一体化技术的特点和结构。在工作任务中需要重点注意以下几个方面。

(1) 工作流程的安全性

进行程序设计时必须保证执行部件在工作过程中的动作时序的控制,例如对于摆动缸的控制,PLC 的两个输出继电器的控制对象是同一个电磁阀,故而必须针对与之连接的输出继电器的状态量进行严格的检测和控制。另外,还需要在一些常识性的方面加以留意,考虑到一些细节部分。例如,放下工件的动作,在摆臂刚刚摆到位的同时便放下工件,由于惯性的作用,一定会造成工件沿着摆臂的方向被甩出的问题,解决的办法便是注意到该类的常识并做出处理,可在程序中设置一定的延时功能,当摆臂摆到了既定位置之后,留出若干秒的停顿时间再做出释放动作。对于包含上述现象在内的一类常识性的方面需要加以留意,否则,在这些细节上的忽视也容易诱发一些不安全的事故。

(2) 程序的设计

程序的设计可以遵循的方法很多,在设计过程中需要注重的便是程序调用机会,即若干程序段针对某一个执行部件的控制需要在逻辑上进行关系整合,以保证程序的可靠性和执行过程中的安全性。对执行部件重要信号特征量的监测非常重要,在程序设计中应当尤其注意。

(3) 系统的调试

MPS 结构复杂,功能丰富,在程序的编制和调试中做到一次通过而毫无缺陷并非易事,需要进行不断的重复和程序结构优化,且在程序执行过程中,需要注意各个功能模块的特点及在动作配合方面可能出现的问题,需要对调试的过程进行详细的研判,增长经验。

(4) 程序编制的技巧

PLC 所采用的梯形图,其程序编制方法结构性较强,模块化的特点较为明显。因此,关于梯形图的编程需要掌握一定的技巧和方法,通常有以下几种。

① 可将手动控制程序编写在 FC 或 FB 中。

② 可将是否为手动模式的条件体现在主程序 OB1 中,作为调用手动控制程序的条件。

③ 程序的编写需要注意"1"信号和"沿"信号的区别,前者是传感器的特征信号,代表的是某个执行机构的位置状态,后者对应的是执行机构的动作状态。

④ 同一执行机构在不同阶段所做的相同的动作需要在程序的设计中加以注意,对于系统工作的安全性具有重要的意义。

综上所述,任务4就是针对MPS中的供料单元这样一个比较完整的机电一体化系统进行的详细功能设计,其中所包含的对工作流程的规划和具体程序实现,是机电一体化系统的重要环节。任务4的完成,在PLC控制功能的理解以及控制系统设计方式等诸多方面的学习、理解和掌握方面具有良好的促进作用,为更加复杂的机电综合控制技术的学习和掌握打下基础。

思考题

1. 根据MPS特点,简述在PLC型号选取方面需要注意的问题。

2. 进行PLC的程序编制时,首先需要设计流程图。思考怎样才能更好地进行流程图的设计。

3. 根据供料单元及检测单元的PLC控制结构,谈谈PLC与传统控制技术如何结合。

4.2　系统、设备的控制

4.2.1　控制方式的分类

1. 生产自动化的意义和特点

工厂中的自动化控制经过了不同的阶段。综合而言,工厂生产自动化从以继电器为主要元件开始,逐步发展演变到当前以PLC等数字控制元件为主。不但大大提高了生产率,而且提高了工业生产过程中的自动化程度、安全程度,降低了设备维护工作的强度等。

生产自动化技术的定义和特点如下:不需要人直接参与操作,而是由机械设备、仪表和自动化装置来完成产品的全部或部分加工的生产过程。生产自动化的范围很广,包括加工过程自动化、物料存储和输送自动化、产品检验自动化、装配自动化和产品设计及生产管理信息处理的自动化等。在生产自动化的条件下,人的职能主要是系统设计、组装、调整、检验、监督生产过程、质量控制以及调整和检修自动化设备和装置。

2. 继电器控制技术

电磁继电器是具有隔离功能的自动开关元件。当满足一定条件,如电流、电压、功率、温度、压力、速度等时就会改变原来的"通"、"断"状态。电磁继电器目前已经被广泛应用于家用产品,如汽车、空调器、彩电、冰箱、洗衣机等;也应用于遥控、遥测、通信、自动控制、机电一体化及电力电子设备中。

下面以生活中的实例对继电器控制技术进行简要的说明。

冰箱中的压缩机是间歇工作的。在压缩机启动时,需要主线圈和辅助启动的启动线圈同时有电流,压缩机转动起来之后,启动线圈就不需要工作了。完成启动线圈有无电流转换的就是启动继电器(又称为PTC启动继电器)。PTC是一种半导体晶体材料,在环境温度100℃以下,不带电的情况下,呈低电阻(约22Ω),通电后元件温度瞬间急剧上升,电阻增大,使启动线圈断路。压缩机就只靠主线圈的电流运行。压缩机在运行过程中过载和过热都会导致电动机被烧毁,为此在冰箱中设有过载保护继电器,该保护器串联在压缩机的主线圈中,当电路中电流过大时,与之相连的电阻丝会发热,使相邻的双金属片受热变形,向上弯曲断开电路,从而保护压缩机不被烧毁。由于保护器紧压在压缩机外壳上,所以双金属片又能感受机壳温度,若压缩机工作不正常,机壳温度过高,双金属片也会受热弯曲断开电路,因此该保护器有双重作用。在冰箱的冷藏室、冷冻室、冷藏室的背部各放一感温探头来感受冷藏室、冷冻室、冷藏室背部的温度,计算机控制器将这些温度与按键输入的温度值进行运算比较,通过控制压缩机和电磁阀的开停、通断分别控制冷藏室、冷冻室的温度以及冷藏室的化霜。

继电器的技术还被应用在其他方面。例如电机智能保护器是根据交流电动机的工作原理,分析电动机损坏的主要原因研制的,它是一种设计独特、工作可靠的多功能保护器。在故障出现时,能及时切断电源,便于实现电机的检修与维护,该产品具有缺相保护,短路、过载保护功能,适用于各类交流电动机。开关柜、配电箱等电器设备的安全保护和限电控制是各类电器设备的优选配套产品。

继电器技术发展到现在,已经和计算机技术结合起来,产生了可编程控制器的技术。可编程控制器简称为 PLC。它是将微计算机技术直接用于自动控制的先进装置。它具有可靠性高,抗干扰性强,功能齐全,体积小,软件直接、简单,维护方便,外形美观等优点。

3. 继电器控制的不足

继电器在使用过程中,对于特定环境,其缺点也十分明显。以往由继电器控制的电梯有几百个触点用于控制电梯的运行,若有一个触点接触不良,就会引起故障,维修相当复杂。诸如电梯等设备,安全要求较高,因此,继电器"触点"本身的特点决定了它不适用于进行关键位置的控制。

PLC 控制器内部有几百个固态继电器,几十个定时器、计数器,具备停电记忆功能,输入输出采用光电隔离,控制系统故障率仅为继电器控制方式的 10%。因此,PLC 在继电控制方面具有继电器控制所不能比拟的优势。当然,依据前述内容,PLC 并非是继电器控制的简单替代品,而是功能强大的专用计算机。

4.2.2　继电器控制的常见形态

对于工业生产而言,设备控制是系统设计的重要一环。电气控制的设计方法在通常所说的"强电"领域内有较多的描述和设计经验,在 PLC 问世后,采用电力继电器的传统电气控制设计方法能够移植到较为先进的 PLC 系统中,因而传统的电气控制方法在以PLC 为控制核心的新型电路中依旧适用。

PLC 的主要作用是实现输入设备与输出设备之间的逻辑联系,复杂的设备对应了复杂的控制方式,简单的设备对应了简洁的控制方式,但不论何种类别的设备,在机电一体化的综合技术系统中,需要具备几个基本的控制功能,这些功能是继电器控制系统的常见形态,即:

(1) 自动连续控制。

(2) 手动单循环控制。

(3) 手动单步控制。

（4）停止控制。

（5）急停控制。

（6）复位控制。

单步运行、手动单循环的方式在设备中是不可或缺的功能。尽管在正常的生产进程中被用到的机会很小，但是作为设备调试和运行控制的必要手段，必须在电气控制系统中保持其功能的存在并对各种控制方式之间的切换进行设计。此外，停止、急停和复位也是一个完善的控制系统中所必需的功能性按钮。

停止控制用于生产设备在正常运行状态下需要停止生产的情况。一般采用该控制功能停止设备时，指令发出后，已经进入加工程序的工件应当继续被加工直至该动作或者本轮动作完成才真正停止运行。

急停控制用于对加工过程中的紧急状况进行控制。采用了急停按钮控制的设备或功能会被切断动力供应并启动某些必要的保护措施。急停的功能设计应当定位为在任何时候任何状态下都可以实现。不同于停止的功能，当急停的时候，必须使得所有的状态静止并保持，因此，急停的设计并非简单地设计为切断电源，而是需要一定规模的系统化设计的。急停按钮必须在明显的且不易误碰到的位置设置，以保证系统、设备有急停需要的时候，能够及时地实现功能。

复位控制的功能显而易见，即使得一个系统完全恢复到一种默认的、初始化的状态中。复位功能主要被用在调试阶段或者出现不可逆转的系统控制程序错误等状况下。需要注意的问题是复位按钮的设计，复位操作的控制按钮或手柄必须保证不在明显的或者容易触碰的位置设置，以保证系统、设备的安全运行。

采用了 PLC 的电气控制系统，其所具有的安全性相对于传统的继电器电路而言更强，由于采用了程序控制的方法，因此在系统基于稳定和安全可靠的生产方面，除了电路与硬件的连接之外，程序的健壮性等也是必须考虑的方面。因此，适应 PLC 工作的特点，对于程序设计外部电路的连接必须进行仔细的判断和合理的结构安排。

1. 点动控制方法，单步运行控制方法

特点：采用控制按钮对系统进行控制，按钮的开关直接控制了执行部件的动作。

点动控制方法是机电系统中最为简单的控制方法。比较常见的运用环境为对电动机进行直接控制，例如机床等设备中的快进、快退、急停等，乃至于更简单的指示灯亮灭之类的结构。在采用了 PLC 的控制结构中，点动控制采用极其简单的电路及语句设计即可实现其功能。单步运行的控制方法与点动控制比较类似，采用了按钮对系统进行控制，每当按钮被按下一次，则执行部件执行一个工作步骤。需要说明的是，这个工作步骤可能是一个直接的动作，也可能是一组连续的动作，例如电动机以时间或旋转圈数为单位的动作或者一个简单的运动动作从开始到运行至限位开关结束。

2. 手动单循环和自动控制方法

特点：半自动和自动执行，以一个完整的动作循环为单位，进行动作循环的手控和自控连续执行。

一个机电系统的执行部件的动作都有一定的工作步骤和工作规律，这些步骤和规律的结合便形成一个工作循环,采用按钮进行工作循环的控制点,对每个循环的开启进行按钮控制,使得循环被按钮开启之后运行至结束。自控与手控的区别在于忽略了开启按钮的环节,每个工作循环之间是首尾相接、连续进行的,而不需要任何信息作为控制信号存在。但是需要注意的问题在于,当设备(系统)处于循环工作状态时,"停车"按钮被按下并不会使设备立即终止运转,正常的情况应当是设备(系统)完成本轮工作之后再停止运转。因此,为了更加严密地确保设备运转安全,必须在系统的"停车"按钮之外设置"急停"功能。

"急停"功能是为了保证突发安全事件时能够及时停止全部设备。这种停止命令不能等到设备的各个功能到位之后才停止,而是立即停止,对设备会造成一定的损坏,尤其是有些特殊的国民经济大工业生产部门(比如冶炼工业),会造成较大的经济损失。因此,在一个系统设计之初,除控制系统设计外,其他安全性的保障措施是极其复杂的。

4.2.3　PLC 基本元件及概念

此前已多次提及 PLC 是一种专用的计算机,并非是传统继电器电路的简单的自动逻辑替代品。尽管如此,PLC 依旧保留了传统继电器的元素,这些与传统继电器相对应的元素,在 PLC 中称为"软元件",常见的软元件及其符号如表 2-4-3 所示。

表 2-4-3　软元件及其对应符号

名　称	符　号	名　称	符　号
常开触点	─┤├─	常闭触点	─┤/├─
时间继电器	【T000】	中间继电器	【M000】
输出继电器	【Y000】		

除此之外,PLC 作为专用计算机,其梯形图作为编程语言,还拥有更多方便程序编制的其他软元件。这些元件相互配合,从而完善程序的编制。适合于程序编制的常见元素有以下几个。

(1) 各类跳转指令。

(2) 数据结构及块操作指令。

(3) 各种实现数据临时存储的寄存器、存储器。

PLC 的各种编程元素将在其独特的形式下实现程序的编制,这种形式便是梯形图(通常以梯形图为主要形式),通过梯形图,组织起数据块、功能块及各类软元件,实现相应的功能。

4.2.4　PLC 梯形图逻辑语言(LAD)

在第 2 讲中介绍了西门子 PLC 的梯形图,对梯形图的形态、设计思路和主要元素做了简要的介绍。

梯形图属于结构化的编程语言。相对而言,梯形图在工业控制系统的程序设计中使用最为广泛。由于其具有直观、形象化的特点,因此,能够与工业设备中的按钮、继电器等物理设备产生对应的效果,为工业系统控制程序设计带来了极大的方便。

1. 梯形图的工作原理

如上所述,在针对传统继电器控制电路进行设计时,梯形图为设计者提供了极大的方便。

PLC 的梯形图采用扫描的工作方式,如图 2-4-9 所示,根据从左到右、从上到下的扫描顺序,PLC 获取到每一条语句中元件的状态并存储,这些软元件的状态与其外部对应物理按钮的状态相关联。

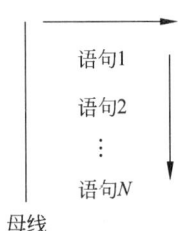

如图 2-4-9 所示,语句 1 扫描完成之后,转向语句 2 的扫描过程,继而一直持续到语句 N 完成,通过一次极快的扫描,完成外部物联元件状态的采集,再进行第二次过程完全相同的扫描。两次扫描速度极快,人的反应是无法与之相比较的。因此,在物理特性上保证了 PLC 外部元件状态采集的准确性。

图 2-4-9　梯形图扫描方式示意图

2. 程序设计套路

梯形图属于结构化的编程语言,是面向流程的编程方式。

面向流程的编程语言具有几个基本的程序规则。

（1）顺序结构设计

顺序结构程序设计是最简单的,按照解决问题的顺序写出相应的语句就行,它的执行顺序是自上而下依次进行分支结构设计。

（2）循环结构设计

当条件成立的时候,执行循环体的代码,当条件不成立的时候,跳出循环,执行循环结构后面的代码。循环结构可以减少源程序重复书写的工作量,用来描述重复执行某段算法的问题,这是程序设计中最能发挥计算机特长的程序结构。循环结构可以看成是一个条件判断语句和一个转向语句的组合。另外,循环结构包含 3 个要素:循环变量、循环体和循环终止条件。循环结构在程序框图中是利用判断框来表示的,在判断框内写上条件,两个出口分别对应着条件成立和条件不成立时所执行的不同指令,其中一个要指向循环体,然后再从循环体回到判断框的入口处。

（3）选择程序设计(分支结构设计)

顺序结构的程序虽然能解决计算、输出等问题,但不能做判断再选择。对于要先做判断再选择的问题就要使用选择结构。选择结构的程序是依据一定的条件选择执行路径,而不是严格按照语句出现的物理顺序执行。选择结构程序设计方法的关键在于构造合适的分支条件和分析程序流程,根据不同的程序流程选择适当的选择语句。选择结构适合于带有逻辑或关系比较等条件判断的计算,设计这类程序时往往都要先绘制其程序流程图,然后根据程序流程写出源程序,这样做就将程序设计分析与语言分开,使得问题简单化,易于理解。

（4）子程序与中断服务子程序

主程序在执行过程中，遇到需要额外处理的部分，通过"子程序"的模式实现，即在主程序中设计另外一个程序段的完整调用。此时，主程序存储当前进程作为"断点"。当被调用程序执行完毕时，会重新回到主程序断点继续主程序的执行，这种方式称为"子程序"。中断服务子程序通常与子程序处理方式类似，但调用机会有较大区别，此处不再详述。

以上为PLC所采用的基本程序设计方式，由于程序设计语言不断发展，面向流程的语言也出现了新的设计方式，如"模块化"，实际上可以视为子程序的另外一种构成形式。因此，面向流程的语言不论以何种方式出现，其根本的编程思路依旧脱离不了上述4个大类。在后面的内容中将陆续详细介绍上述方式。

4.3 PLC的梯形图程序

在关于软件设计的内容中，针对PLC的梯形图程序已经进行了一定的介绍，但是关于程序设计的具体方法以及程序结构的种类等涉及具体编程环节的相关知识并未做出详细说明，在任务3中开始了控制程序的设计的介绍，本节将针对程序设计语法及相关方法展开介绍。

4.3.1 程序的顺序结构和选择设计

具体到PLC扫描的工作方式，顺序结构可以理解为针对程序的语句按由上到下的顺序逐句执行，在执行过程中不发生任何语句执行顺序的改变，即从头到尾严格按照语句的空间顺序执行。选择结构可理解为在顺序执行的过程中发生了针对某一变量的顺序调整，不再依据空间顺序进行，如图2-4-10所示。

顺序结构不改变执行顺序，依照语句的空间顺序逐句执行，而选择结构发生了执行顺序的改变，当程序执行到菱形结构时，发生了一次是否满足条件的判断，如果满足，即向Y(Yes)方向执行，否则程序将折返，朝向N(NO)方向执行。流程图中的各个功能用对应形状的图框表示，其中常用的表示符号有如图2-4-11所示的4种：用以表示开始和结束的形状、表示普通进程的矩形形状以及用以表示选择结构的菱形形状。

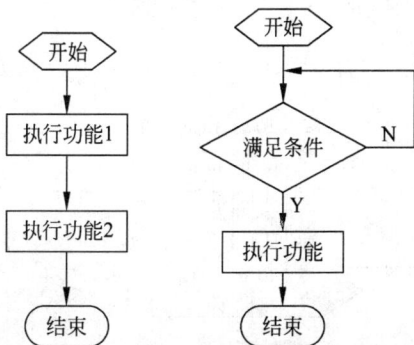

图 2-4-10　程序的顺序结构和选择结构对比　　　　图 2-4-11　流程图表示符号

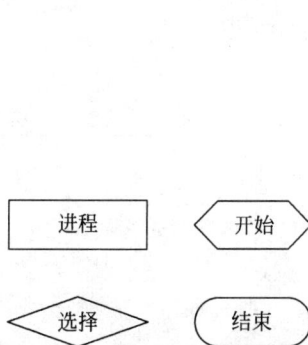

4.3.2　位逻辑指令：常开触点和常闭触点

前面对梯形图(LAD)已经进行了简要的介绍。位逻辑指令是梯形图中专门用于处理一位二进制数据的指令。二进制即0和1，对于PLC而言，0代表输出继电器失电，1代表输出继电器得电。按照地址与指令关系的不同，可以将位逻辑指令分为输入型指令和输出型指令。

输入型指令：指令的操作结果取决于由其指定地址的信号状态。

输出型指令：通过指令的操作，改变由其指定地址的信号状态。

在程序中，位逻辑指令操作的结果只有两个状态：1和0。CPU根据各个指令之间的关系按照布尔逻辑对它们进行运算，运算的结果称为逻辑操作结果。该结果也仅有1和0两种状态。

常开触点指令说明：在PLC上电之后，常开触点的状态为1或者为0，将取决于其所对应地址的输入继电器是否得电。即在通常状况下，当对应地址上的按钮被按下时，该地址的输入继电器状态为1，则常开触点得电为1，此时，常开触点所在处短路，信号通过。否则，常开触点保持"断路"的常态，信号不能通过。如图2-4-12所示，当I0.0和I0.1所对应的输入继电器为1时，则这两个常开触点被闭合，信号通过。

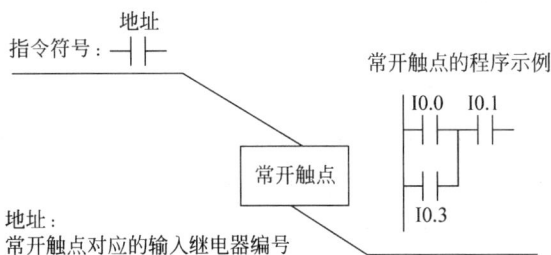

图2-4-12　常开触点及示例

常闭触点指令说明：与常开触点相反，当外部对应地址上的输入继电器得电时，该常闭触点打开，此时触点的状态为0，信号不能通过；当外部对应地址上的输入继电器失电，即输入继电器在正常工作状态下时，该常闭触点闭合，状态为1，信号可通过。图2-4-13所示的示例可知，I0.3为常闭触点，常开触点I0.0在失电状态下，信号也能经由I0.3到达I0.2的左边。

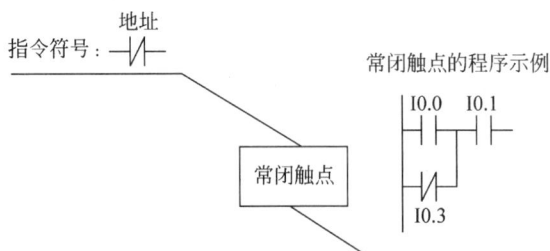

图2-4-13　常闭触点及示例

常开触点和常闭触点地址的数据类型为BOOL,在PLC中可使用的存储区域有I、Q、M、L、D、T、C。

4.3.3 位逻辑指令：输出线圈、中间输出

1. 输出线圈

输出线圈又可称为输出继电器,其工作原理相当于传统的电力继电器线圈。即当电路信号到达了输出线圈时,线圈得电,状态为1,否则为0,则对应的输出地址上体现出高电平或低电平。

图2-4-14所示的示例表示：I0.0和I0.1同时得电,则使得输出线圈Q4.0得电；或者I0.2失电,I0.1得电,也可使得线圈Q4.0得电。在Q4.0能够得电的基础上,若I0.3得电,则Q4.1可得电。其他情况可由读者自行分析。线圈得电的状态为1,失电状态为0,则其地址对应的外部接口状态随线圈状态而呈现出1或者0。

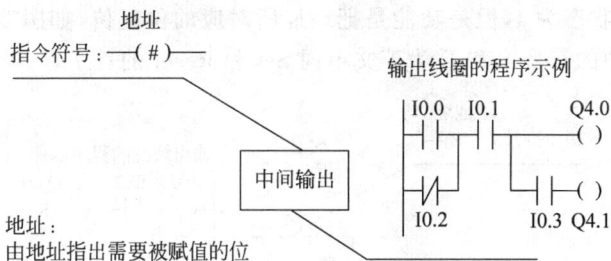

图 2-4-14 输出线圈及其示例

需要注意的是,输出线圈仅仅作为输出部分用,因此,在梯形图中输出线圈不能被安置在程序的最左边,单独作为一条语句的情况出现也不常见。

输出线圈的数据类型为BOOL,可以在I、Q、M、L、D等存储区域存在。

2. 中间输出

中间输出指令用于中间线圈之前所有逻辑串的执行结果的存储,该值是中间输出指令前的位逻辑操作结果。中间输出指令不能用于结束一个逻辑串,因此,中间输出指令不能放在逻辑串的结尾或分支的结尾处。

图2-4-15所示的程序段解释为：M0.0中存放的是I0.0与I0.1串联后的逻辑执行结果,M2.2中存放的是I0.0、I0.1、M0.0、I0.2、I0.3共计5个位串联后的逻辑执行结

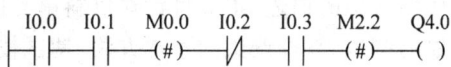

图 2-4-15 含有中间输出线圈的程序段

果,最终结果被投放在了输出线圈Q4.0内。需要注意的是,中间输出线圈不能被放置在一条语句的结尾,也不能单独作为一条语句存在。

4.3.4 置位线圈和复位线圈

置位线圈通常被放置在一条语句的最后,其置位与否将取决于之前所有元件位操作的逻辑执行结果,若该置位线圈之前的逻辑执行结果为1,则置位线圈得电,被置位,状态

为1。若置位线圈之前的逻辑执行结果为0,则置位线圈失电,不被置位,状态为0。

图 2-4-16 所示的示例解释为:当 I0.0 和 I0.3 同时得电时,则 Q4.0 得电,该置位线圈状态为1;若 I0.2 失电、I0.3 得电,则 Q4.0 得电,该置位线圈的状态为1。

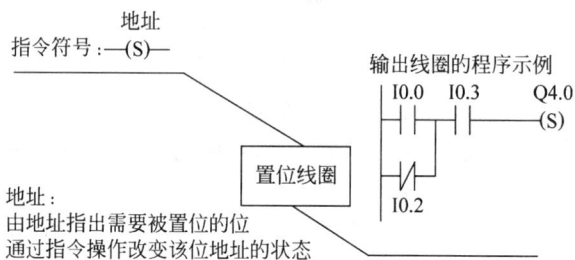

图 2-4-16　置位线圈及其使用

复位线圈与置位线圈的工作原理以及语句的书写、程序结构完全一致,功能相反,复位线圈得电之后,状态为1,但是功能是把地址所对应的位复位,如图 2-4-17 所示。置位线圈和复位线圈中的符号 S 和 R 为英文单词 Set 和 Reset 的首字母。

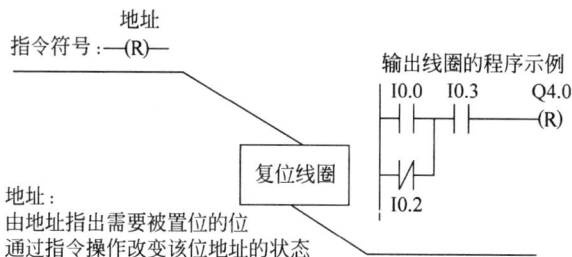

图 2-4-17　复位线圈及其使用

4.3.5　梯形图程序的调试

本节所给出的均为 PLC 的基本控制指令,任务 4 的重点在于手动控制方法,在这种方式下程序采用简单而直接的顺序结构。

梯形图需要采用 STEP 7 进行程序的调试,软件 STEP 7 的使用方法在前面已经进行较为详细的描述,本节将针对供料单元的手动控制方式的调试进行简要介绍。通过对程序的调试,掌握调试的基本方法、调试技巧以及其他需要注意的问题。

创建一个项目,在该项目下录入编制好的控制程序,实现对供料单元的控制,工作方式可设定其具有手动/自动的切换功能,为后续工作任务中的“自动”方式预留接口。

采用独立的输入地址位编写停止、急停和复位的控制程序,并进行认真的检查和调试。

调试程序时,可采用程序编辑器中的 Monitor 工具对调试的程序进行监视,观察程序的执行状态,通过该工具并结合观察到的设备执行状态分析程序中可能出现的问题。

在调试过程展开之前,必须对所执行的控制程序进行认真检查,重点检查各个执行机构之间是否存在动作的冲突。尤其要注意同一个执行部件被两个输出地址所操作时的控制时机。

检测单元的结构与设计

5.1 任务实施过程

5.1.1 工作原理

生产线对应项目：在车辆装配生产线上挑选配件，对处于流水线上的车辆进行安装。

MPS 检测单元的作用：对原材料进行选取，根据原材料的颜色、材质和尺寸进行选择，选择的核心部件是各类传感器。采用了电感传感器、电容传感器和漫射式光电传感器。

（1）电感传感器：当金属物质接近时会动作。

（2）电容传感器：在任何物质接近它时都会动作。

（3）漫射式光电传感器：在接近它的物体反射回来的光线达到一定程度时动作。

对上述 3 种传感器的返回信号进行调节，可实现对工件材质的判断。

图 2-5-1 所示为检测单元的识别模块功能示意图。原料被供料单元送入到指定位置之后，系统工序进入到检测单元阶段。分别经过 3 个筛选过程，本单元与供料单元结构类似，除动力系统与供料单元相同，为统一供气之外，其余都具备了独立的传感器及检测系统，传感器的信号由检测单元独立的 PLC 进行操作，PLC 与其他单元的 PLC 无联网关系。其工序组织方式如图 2-5-2 所示。

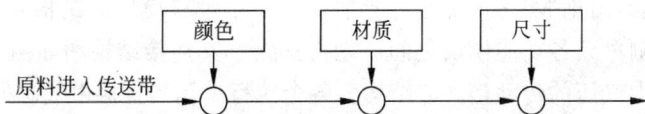

图 2-5-1 检测单元的识别模块功能示意图

图 2-5-2　检测单元 PLC 工序组织示意图

5.1.2　过程分析

检测单元的设计主要包含两个方面,其一为实现检测目的的功能块,其二为带动检测模块的机构。检测单元主要模拟了实际生产中对原材料的检测情况。

根据检测单元的目的,需要对检测单元进行分析以确定其结构组成。检测单元内部划分为 3 个主要模块,如表 2-5-1 所示,给出了 3 个主要功能模块中所采用的主要元件,除了表 2-5-1 所示的主要功能模块之外,还需要一个将工件进行分流的功能块,称为滑槽模块。滑槽模块并不存在主动的控制机构,其主要功能在于提供了一个通道用于实现工件的分流。

表 2-5-1　检测单元的功能模块

识别模块	电感传感器、电容传感器、漫射式光电传感器
测量模块	电阻传感器及其支架
升降模块	无杆气缸、单作用直线气缸、工作平台、支架及磁感应式接近开关

综上所述,构建检测单元所需要的硬件设备除了四大模块之外,还包括其他功能组件:I/O 接线端口、CP 阀组、消声器、气源处理组件、走线槽、铝合金板等。以下是对 3 个模块的具体描述。

(1) 识别模块

用于识别工件的材质和颜色:识别金属与非金属,分辨银白、红、黑 3 种颜色。其中,电感传感器可以识别金属材质,漫反射式光电传感器在有物体接近到一定程度时会发生动作,可用于判断是否有工件在特定位置。

(2) 测量模块

由模拟量传感器及其支架构成,电阻传感器和位置指示器共同构成模拟量传感器。其作用在于对工件的高度进行检测,作为对被检测工件实行何种分流的依据。

(3) 升降模块

将工件由下方运送到上方,准备检测和分流,其中无杆气缸带动工作台的升降,直线单作用气缸用于实现工作台上工件的推出(工作台和单作用气缸被螺栓固定为一体,再固定在无杆气缸上)。

确定了所需硬件之后,根据 MPS 的需求并参照任务 4 中供料模块的结构特点,采用气压传动的结构进行检测单元各功能模块之间的动力连接。其连接结构图如图 2-5-3 所示。可以看出检测单元内气压的传动是并联结构。各个执行单元均直接由气源处理组件引出动力,需要依据不同种类的传感器所发生的信号在 PLC 中处理的结果来决定动作如何执行,PLC 发出的命令通往 CP 阀组,响应气压控制元件,从而实现对应气动执行元件的动作。

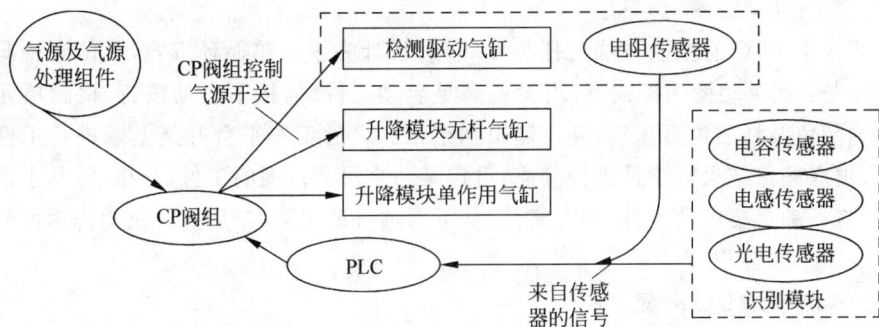

图 2-5-3 检测单元动力及信号结构示意图

5.1.3 工作准备

根据上面的说明可知,PLC 采集到了不同的传感器所传递的信号量,并执行既定程序,程序的执行结果通过 I/O 接口被发送到了 CP 阀组。依据任务 4 的经验,需要对检测单元的各个元件进行功能的规划并确定其在 I/O 接口的地址,如表 2-5-2 所示。

表 2-5-2 检测单元 PLC 的 I/O 地址分配

序号	地址	符号	名 称	用 途	信号为1时的意义
1	I0.0	START	按钮开关	启动设备	按钮 ON
2	I0.3	AUTO/MAN	转换开关	自动手动转换	0:自动;1:手动
3	I0.4	STOP	按钮开关	停止设备	按钮 ON
4	I4.0	B5	电感式传感器	判断工件材质颜色	推料杆退回到位
5	I4.1	B6	电容式传感器	判断工件材质颜色	推料杆推出到位
6	I4.2	B7	光电式传感器	判断工件材质颜色	摆臂复位(在左端)
7	I4.3	1B2	磁感应式接近开关	判断升降气缸位置	下降到位
8	I4.4	1B1	磁感应式接近开关	判断升降气缸位置	上升到位
9	I4.5	2B1	磁感应式接近开关	判断推料杆位置	退回到位
10	I4.6	3B1	磁感应式接近开关	判断检测气缸位置	下降到位
11	Q4.0	1Y1	电磁阀	控制升降气缸动作	下降
12	Q4.1	1Y2	电磁阀	控制升降气缸动作	上升
13	Q4.2	2Y1	电磁阀	控制推料杆动作	0:退回;1:推出
14	Q4.3	3Y1	电磁阀	控制检测气缸动作	0:上升;1:下降
15	Q4.4	4Y1	电磁阀	控制挡料气缸动作	0:退回;1:推出

（1）检测单元任务

任务 5 中 PLC 的控制方法与任务 4 相同，设计为手动单循环方式，具体到检测单元的控制任务：在手动操作模式下，当设备满足启动条件时，按下启动按钮，检测单元首先对工件的颜色及材质进行识别，并存储识别结果。之后工作平台升至上端进行工件高度的测量，根据测量结果对工件进行分流，设定某一个尺寸范围的工件（合格品）从上滑槽分流出去，将不满足要求的工件（不合格品）从下滑槽分流出去，最后执行机构都返回到初始位置。

（2）检测单元 I/O 分配

手动单循环的控制方式在检测单元中的具体表现为：START 作为启动按钮，该按钮每按下一次代表一次启动任务，即一个完整循环的结束（开始）。检测单元中的升降气缸在一个完整的循环中只执行一次上升和下降的动作循环。确保启动前升降气缸处于最下端的位置，否则不能启动。上升要到最高端的位置，否则不能开始回复运动。

依据上述原则及端口分配，确定 PLC 的 I/O 接线图，如图 2-5-4 所示。确定了 PLC 的外部接口之后，便可以依据接口的地址进行程序流程图的绘制以及 PLC 控制程序（即梯形图）的编制。

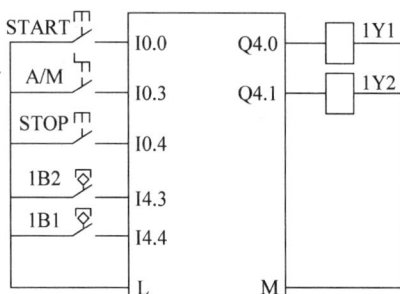

图 2-5-4　PLC 的 I/O 接线图

在工业生产实践中对执行部件的设计具有严格的时序控制，因此，需要再次明确在检测单元的各类执行元件动作时序上的要求，即生产工艺流程中有关安全性、稳定性的要求，从保证功能实现、保证安全生产的角度考虑，执行部件的初始状态应为：

① 升降气缸（工作平台）在下端位置。

② 推料气缸处于上端。

③ 检测气缸处于上端。

④ 工作平台上有工件。

根据以上几个原则，在设计程序结构时需要综合考虑各部件的运动时序，充分了解各部分结构的作用、执行机构与控制信号的关系，仔细分析控制任务等，在此基础上方能使得所编制的程序具有较高的执行效率、安全性、稳定性。考虑检测单元的具体动作，给出控制程序的流程图。

（3）检测单元程序流程图设计原则

对于小于最低高度 H_{min} 和大于最大高度 H_{max} 的检查是一个包含了数据运算处理的

程序段设计。该尺寸的数值仅仅是一个相对的值,是与测量用传感器的安装位置有关的,其输出是一个与工件高度呈正比例关系的数值。当传感器的安装位置确定了之后这个比例关系也就确定了。因此,在传感器的位置固定的前提下,可采用事先进行标准块的测量,然后进行换算的方法确定比例,继而确定上限和下限的高度值。然而 MPS 不存在所谓的标准产品以供测量,可采用以下 3 个方法来确定。

① 调整高度测量传感器的位置,确保测量的探头能够接触到 3 种不同高度的工件,并且传感器能输出一定量的数值(这是一个实际的数值,而非通过比例得到的相对数值)。

② 在系统工作之外,有针对性地进行程序编制。要实际测得一个工件的高度数值,该方法需要测量高度用的传感器,需要编写专用的程序来直接驱动检测气缸的上升和下降,但效果相对较好。

③ 测量 3 个高度尺寸数值和模拟假设,确定出高度的上限和下限值。

5.1.4　工作实施

(1) 安装注意事项

与供料单元类似,检测单元同样是一个独立的 PLC 控制系统,因此基本的调试法则及操作规范不再赘述。具体到本单元,在调试中可能会因为错误造成冲突的两个机构是推料气缸和测量高度用的传感器。关于它们可能造成的问题是:测量传感器还在测量进程中,退料缸便已经执行了推出动作,从而使得固定传感器的测量杆会受到一定的冲击力而遭受损坏或弯曲。可在运行程序前,将测量传感器的位置调高,使得测量杆的前端在测量时高于最大工件上表面,则可以有效避免设备受到损坏。

系统要求 PLC 的 I/O 接口开关量有 7 个输入、5 个输出,模拟量 1 个输入(0～10V),输入用于传感器信号的传输,输出用于执行机构的控制信号的传输。

检测单元采用独立的 PLC 进行控制,设计出检测单元的手动模式程序流程图如图 2-5-5 所示。检测单元 PLC 的 I/O 分配表如表 2-5-3 所示。

(2) 操作要求

开始前检测站是否复位,如果没有复位,复位灯亮,如果已经复位,开始灯亮,按下开始按钮,检测站上是否有工件,没有工件,等待,有工件,无杆气缸向上,向上到位后检测工件是否合格,不合格,无杆气缸向下,推出工件,合格,检测下一站是否准备好,没有准备好,等待,准备好,推出工件,循环结束,如图 2-5-6 所示。

5.1.5　成果检验

在本单元中气动执行机构有 4 个:升降气缸(无杆气缸)、推料气缸、检测气缸、挡料气缸。

分别由 4 个带手控装置的电磁阀控制,其中控制升降气缸的电磁阀为双控电磁阀,其余 3 个均为单控电磁阀。

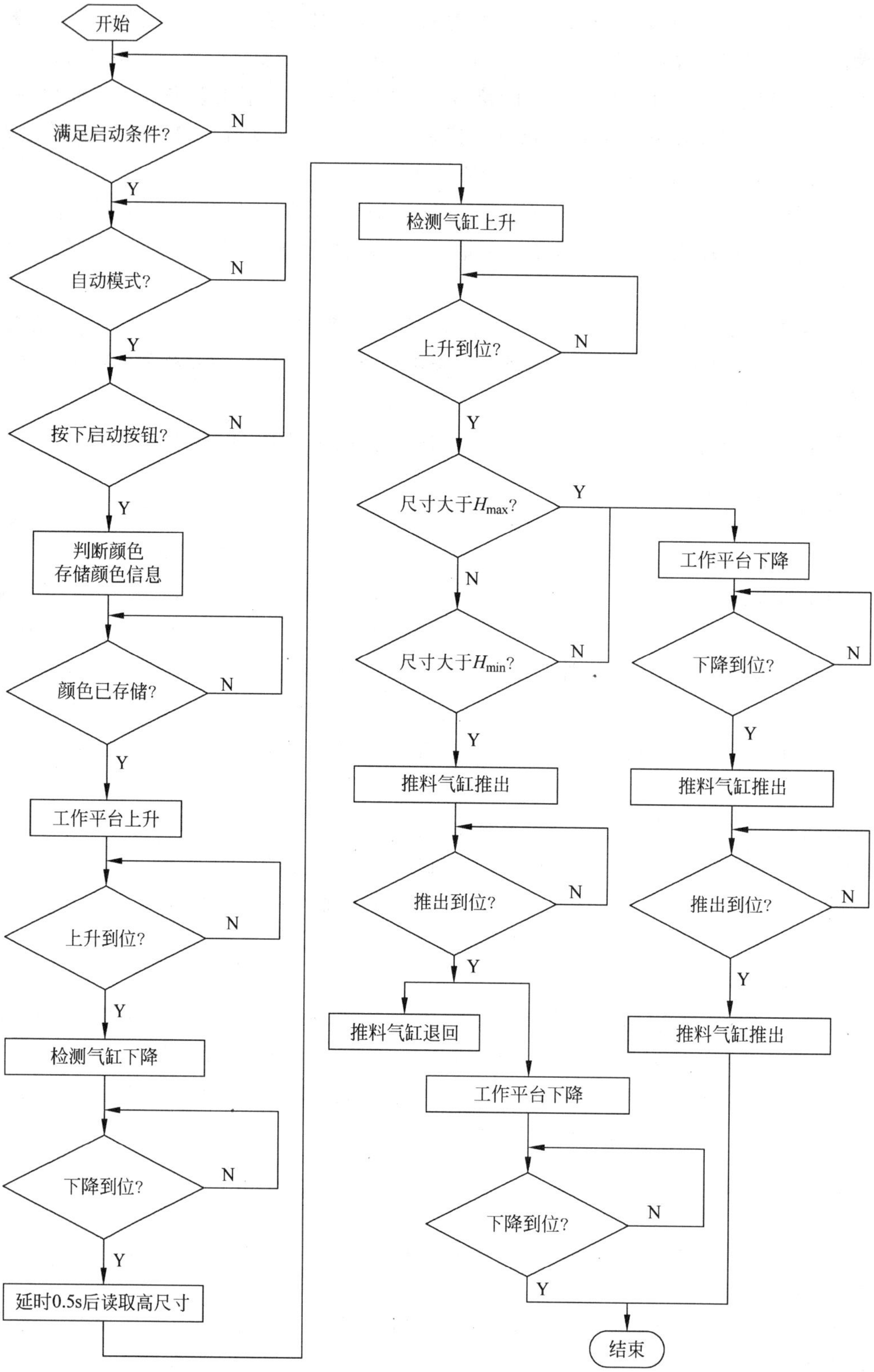

```
                            ┌─────────┐
                            │   开始   │
                            └────┬────┘
                                 ▼
                        ◇ 满足启动条件? ◇──N──┐
                                 │Y          │
                                 ▼           │
                        ◇   自动模式?   ◇──N──┤
                                 │Y          │
                                 ▼           │
                        ◇ 按下启动按钮? ◇──N──┘
                                 │Y
                                 ▼
                        ┌──────────────┐
                        │  判断颜色     │
                        │ 存储颜色信息  │
                        └──────┬───────┘
                                 ▼
                        ◇  颜色已存储?  ◇──N──┐
                                 │Y           │
                                 ▼            │
                        ┌──────────────┐      │
                        │  工作平台上升  │      │
                        └──────┬───────┘      │
                                 ▼            │
                        ◇  上升到位?   ◇──N───┘
                                 │Y
                                 ▼
                        ┌──────────────┐
                        │ 检测气缸下降  │
                        └──────┬───────┘
                                 ▼
                        ◇  下降到位?   ◇──N──┐
                                 │Y          │
                                 ▼           │
                        ┌──────────────────┐ │
                        │延时0.5s后读取高尺寸│─┘
                        └────────┬─────────┘
```

右侧流程：

```
                        ┌──────────────┐
                        │  检测气缸上升  │
                        └──────┬───────┘
                                 ▼
                        ◇  上升到位?   ◇──N──┐
                                 │Y          │
                                 ▼           │
                        ◇ 尺寸大于 $H_{max}$? ◇──Y──┐
                                 │N                  │
                                 ▼                   ▼
                        ◇ 尺寸大于 $H_{min}$? ◇──N──┐  ┌──────────────┐
                                 │Y              │  │  工作平台下降  │
                                 │               │  └──────┬───────┘
                                 │               │         ▼
                                 ▼               │  ◇  下降到位?  ◇──N──┐
                        ┌──────────────┐         │         │Y          │
                        │  推料气缸推出  │         │         ▼           │
                        └──────┬───────┘         │  ┌──────────────┐    │
                                 ▼               │  │  推料气缸推出  │────┘
                        ◇  推出到位?   ◇──N──┐    │  └──────┬───────┘
                                 │Y          │    │         ▼
                                 ▼           │    │  ◇  推出到位?  ◇──N──┐
                        ┌──────────────┐     │    │         │Y          │
                        │  推料气缸退回  │     │    │         ▼           │
                        └──────┬───────┘     │    │  ┌──────────────┐    │
                                 ▼           │    │  │  推料气缸推出  │────┘
                        ┌──────────────┐     │    │  └──────┬───────┘
                        │  工作平台下降  │─────┘    │         │
                        └──────┬───────┘          │         │
                                 ▼                │         │
                        ◇  下降到位?   ◇──N──┐     │         │
                                 │Y          │     │        │
                                 ▼           └─────┘        │
                             ┌──────┐                       │
                             │  结束 │◄──────────────────────┘
                             └──────┘
```

图 2-5-5 PLC 程序设计流程图

表 2-5-3　检测单元 PLC 的 I/O 分配表

序号	Status	Symbol	Address		Data type		Comment
1		1B1	I	···	BOOL		无杆气缸在上位
2		1B2	I	···	BOOL		无杆气缸在下位
3		1Y1	Q	···	BOOL		无杆气缸到下位
4		1Y2	Q	···	BOOL		无杆气缸到上位
5		2B1	I	···	BOOL		伸缩气缸在缩回位置
6		2Y1	Q	···	BOOL		伸缩气缸推工件
7		3Y1	Q	···	BOOL		打开气垫
8		B2	I	···	BOOL		工件不是黑的
9		B4	I	···	BOOL		安全传感器
10		B5	I	···	BOOL		工件是高的
11		CircleType	M		BOOL		
12		CycleEnd	M	···	BOOL		循环结束_中间继电器
13		delay	M	···	BOOL		延时_中间继电器
14		F_Start	M	···	BOOL		开始_中间继电器
15		G7_STD_3	FC	72	FC	72	
16		I/O_FLT1	OB	82	OB	82	I/O Point Fault 1
17		Init_Bit	M	···	BOOL		初始位置_中间继电器
18		Init_Pos	M	···	BOOL		初始位置_中间继电器
19		IP_FI	I	···	BOOL		下站已准备好
20		IP_N_FO	Q	···	BOOL		本站已有工件
21		moto	Q	···	BOOL		电机运行
22		OBPan	QB	1	BYTE		操作面板的输出字节
23		OBStat	QB	0	BYTE		站的输出字节
24		P_DB20	DB	20	FB	20	数据模块
25		P_EmS21	FC	21	FC	21	急停模块
26		P_FB20	FB	20	FB	20	功能模块
27		P_Init	OB	100	OB	100	启动模块
28		P_Org	OB	1	OB	1	主程序
29		P_Stop22	FC	22	FC	22	停止模块
30		Part_AV	I	···	BOOL		工件已准备好
31		RACK_FLT	OB	86	OB	86	Loss of Rack Fault
32		RC_CircleType	M	···	BOOL		远程控制钥匙
33		RC_Reset	M	···	BOOL		远程控制复位
34		RC_Start	M	···	BOOL		远程控制开始
35		RC_Stop	M	···	BOOL		远程控制停止
36		RCVar	MB	2	BYTE		中间继电器字节 2
37		Reset_OK	M	···	BOOL		成功复位_中间继电器
38		S1	I	···	BOOL		传送带前端传感器
39		S2	I	···	BOOL		传送带中端传感器
40		S3	I	···	BOOL		传送带末端传感器
41		station-ready	Q	···	BOOL		工作单元准备好
42		stoper	Q	···	BOOL		挡块运行

续表

序号	Status	Symbol	Address		Data type		Comment
43		TIME_TCK	SFC	64	SFC	64	读取系统时间
44		Var	MB	1	BYTE		中间继电器字节1
45		VAT_1	VAT	1			
46		Werstueck	M	···	BOOL		
47		workpiece-ready	Q	···	BOOL		工件给机械手准备好

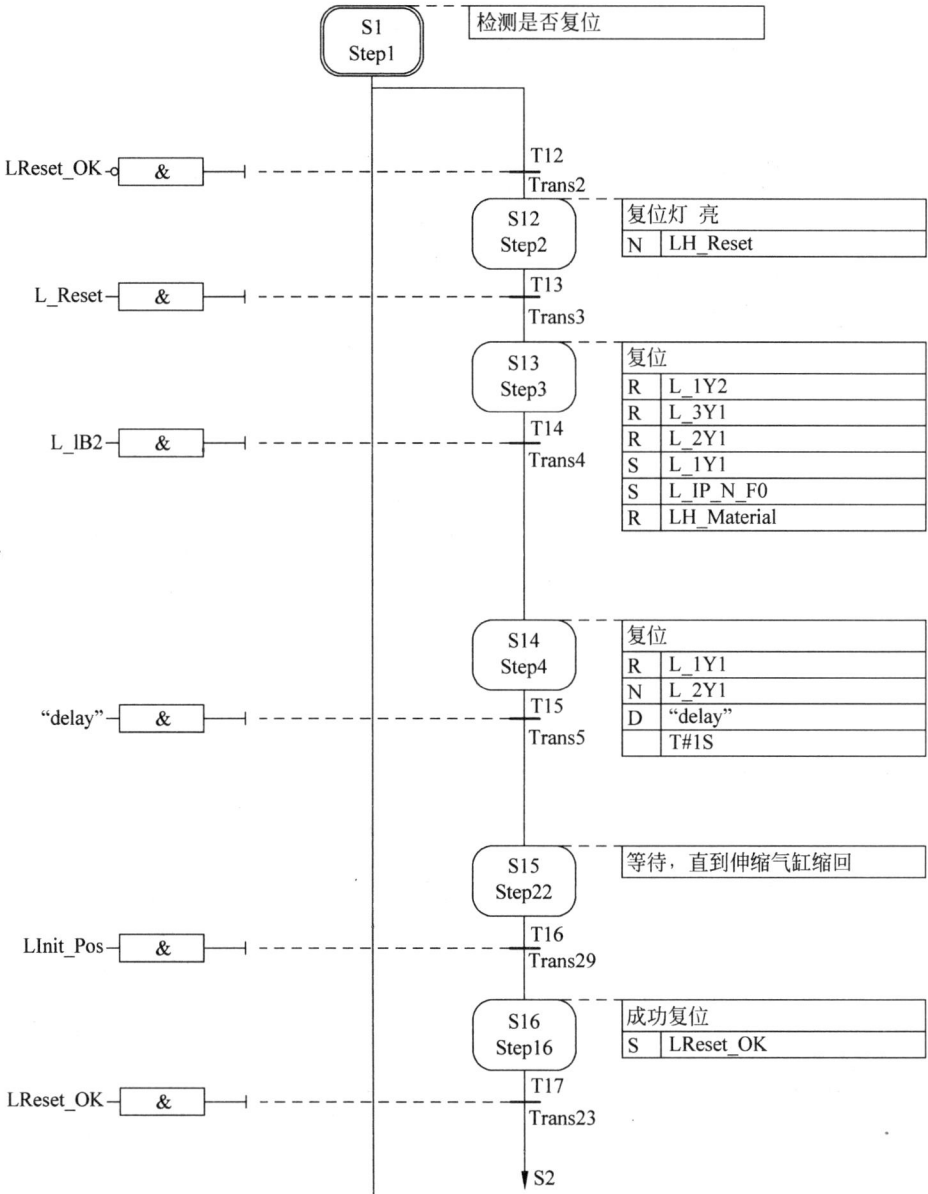

图 2-5-6　检测单元操作要求

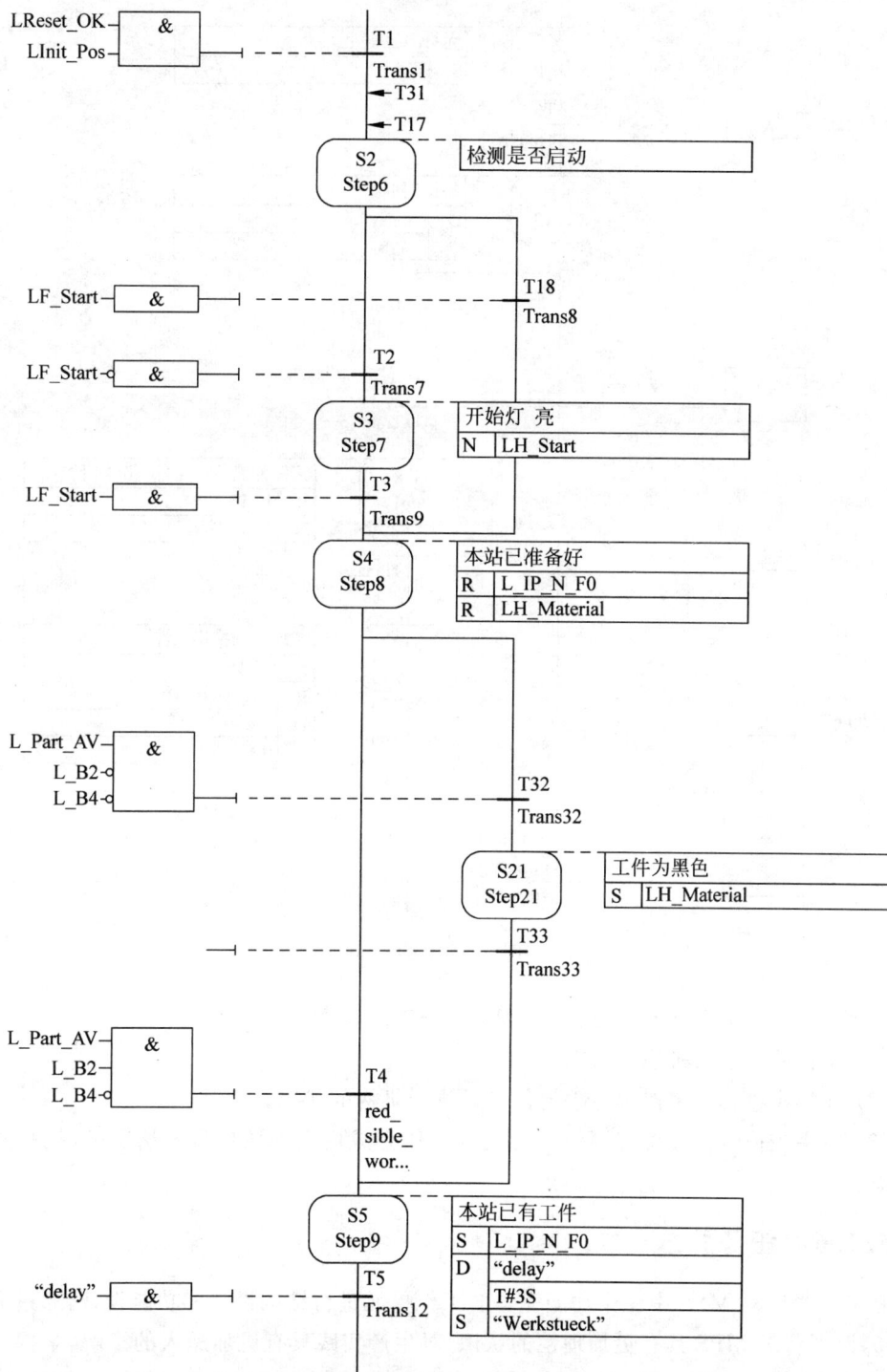

图 2-5-6(续)

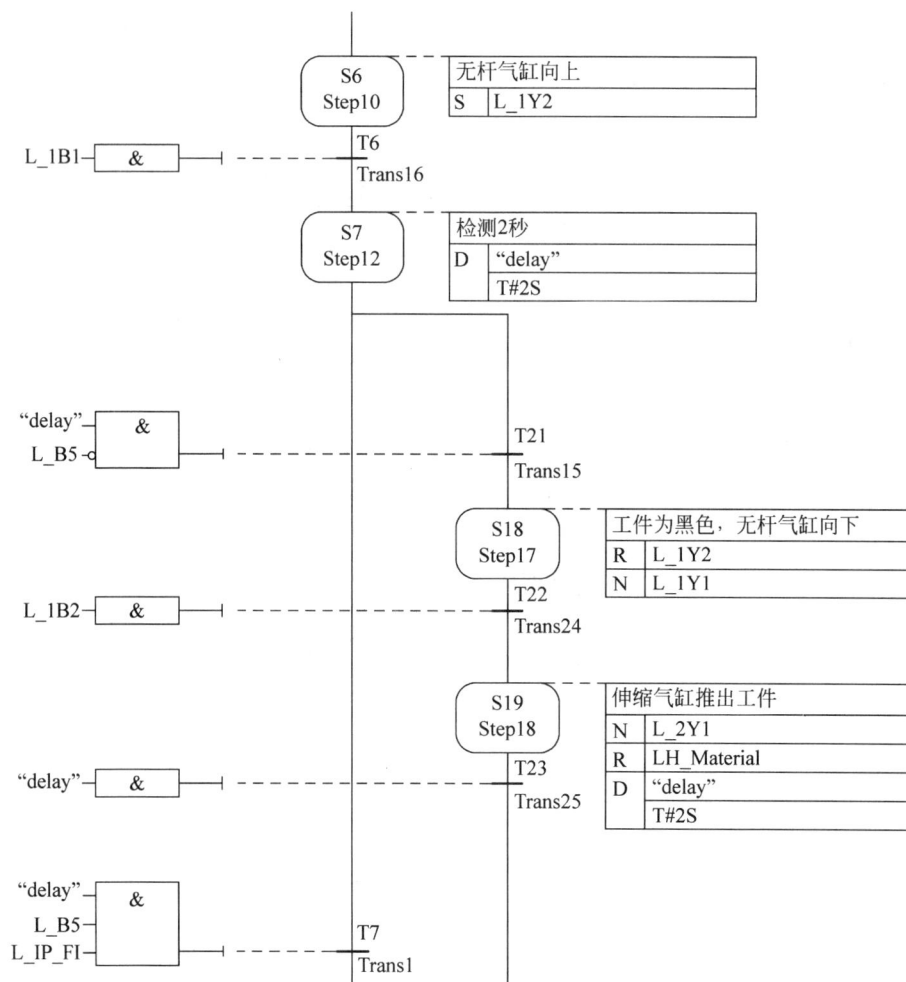

图　2-5-6(续)

在观察各个气缸的动作特征时,应观察以下 3 种状态。

(1) 操作前的执行机构的常态。

(2) 在操作过程中突然去掉手控信号时执行机构的状态。

(3) 在手控信号一直维持到使执行机构动作完成后去掉该信号的情况下,执行机构的状态。

5.1.6　任务总结

任务 5 是针对 MPS 中一个功能完备的工作单元进行结构设计和功能设计,通过完成任务 5,读者将对 MPS 具有更加理性的认识,对生产实践具有更加深入的了解,掌握一个生产线的动力系统及动力控制系统的结构、执行机构控制及控制机制的设计等知识,对于工业生产中至关重要的大型机构的安全性的概念获得更加深刻的理解。

完成后的检测单元实物图如图 2-5-7 所示。通过完成任务 5,可以增强对大型机电综合系统功能架构的了解,在理论知识及实践技能两个方面均得以提升。

图 2-5-7 检测单元实物图

思考题

1. 根据已知的 MPS 功能规划,简述检测单元在 MPS 完整生产过程中的作用。

2. MPS 拥有完整的生产过程,在该生产线上是否需要针对每个工作单元提供独立的动力源及 PLC? 试述原因及理由。

3. 采用 FluidSIM 软件进行检测单元气动控制回路设计。

4. 试述如何进行多种传感器配合以提高气动执行部件的工作精度(可参照检测单元的工作结构)。

5.2 检 测 单 元

检测单元和供料单元类似,是 MPS 中用到致电传感器较多的工作单元,检测单元需要对材料进行检测和鉴别,包含材质、颜色、大小等。

5.2.1 常用致电传感器

任务 5 中涉及较多的参量传感器以及气压传动系统中的执行元件,它们都是检测单元中必不可少的基本元件。图 2-5-8 是常见的电感式接近开关和电容式接近开关的结构图,表 2-5-4 中给出了常用的电感传感器和电容传感器的外形图及主要参数。对这些元件的工作原理及特点有一定程度的了解方能更好地将其用于检测单元的构建中。

电感式、电容式以及电阻式 3 种常见的致电传感器属于参量式的传感器类别,该类传感器的基本原理是把被测量参数的变化转变为电参量的变化,然后通过对电参量的测量达到对非电量检测的目的。

(a) 电感式接近开关　　　　　(b) 电容式接近开关

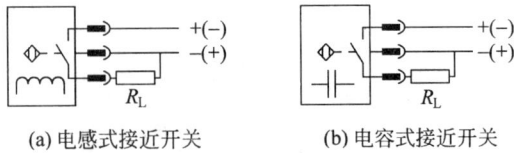

图 2-5-8　电感式接近开关和电容式接近开关

表 2-5-4　电感传感器和电容传感器

电感传感器	电容传感器
额定开关距离：2.5mm	额定开关距离：4mm
电源：24V DC	电源：24V DC
开关输出：PNP,常开触点	开关输出：PNP,常开触点
连接电缆：3-芯	连接电缆：3-芯

1. 电感式传感器

（1）电感式传感器简介

电感式传感器是由铁芯和线圈构成的、将直线或角位移的变化转换为线圈电感量变化的传感器，又称为电感式位移传感器。这种传感器的线圈匝数和材料导磁系数都是一定的，其电感量的变化是由于位移输入量导致线圈磁路的几何尺寸变化而引起的。当把线圈接入测量电路并接通激励电源时，就可获得正比于位移输入量的电压或电流输出。

（2）电感式传感器的特点

① 结构简单，传感器无活动电触点，因此工作可靠，寿命长。

② 灵敏度和分辨力高，能测出 $0.01\mu m$ 的位移变化。传感器的输出信号强，电压灵敏度高，一般每毫米的位移可达数百毫伏的输出。

③ 线性度和重复性都比较好，在一定位移范围（几十微米至数毫米）内，传感器非线性误差可达 $0.05\%\sim0.1\%$。同时，这种传感器能实现信息的远距离传输、记录、显示和控制，它在工业自动控制系统中被广泛采用。但不足的是频率响应较低，不宜进行快速动态测控等。

④ 测量范围宽（测量范围大时分辨率低）。

⑤ 无输入时有零位输出电压，会引起测量误差。

⑥ 对激励电源的频率和幅值稳定性要求较高。

⑦ 不适用于高频动态测量。

（3）电感式传感器的分类

电感式传感器种类很多，常见的有自感式、互感式和涡流式3种。电感式传感器主要用于位移测量和可以转换成位移变化的机械量（如力、张力、压力、压差、加速度、振动、应变、流量、厚度、液位、比重、转矩等）的测量。常用电感式传感器有变间隙型、变面积型和螺管插铁型。在实际应用中，这3种传感器多制成差动式，以便提高线性度和减小电磁吸力所造成的附加误差。

① 变间隙型电感式传感器：这种传感器的气隙 δ 随被测量的变化而改变，从而改变磁阻。它的灵敏度和非线性都随气隙的增大而减小，因此常常要考虑两者兼顾。δ 一般在 $0.1\sim0.5$mm 范围内。

② 变面积型电感式传感器：这种传感器的铁芯和衔铁之间的相对覆盖面积（即磁通截面）随被测量的变化而改变，从而改变磁阻。它的灵敏度为常数，线性度也很好。

③ 螺管插铁型电感式传感器：由螺管线圈和与被测物体相连的柱型衔铁构成。其工作原理是基于线圈磁力线泄漏路径上磁阻的变化，衔铁随被测物体移动改变线圈的电感量。这种传感器的量程大、灵敏度低、结构简单、便于制作。

2. 电容式传感器

（1）电容式传感器简介

把被测的机械量，如位移、压力等转换为电容量变化的传感器。它的敏感部分就是具有可变参数的电容器。其最常用的形式是由两个平行电极组成、极间以空气为介质的电容器。若忽略边缘效应，平板电容器的电容为 $\varepsilon A/\delta$，其中 ε 为极间介质的介电常数，A 为两电极互相覆盖的有效面积，δ 为两电极之间的距离。δ、A、ε 这3个参数中的任一个变化都将引起电容量变化，并可用于测量。因此电容式传感器可分为极距变化型、面积变化型、介质变化型3类。极距变化型一般用来测量微小的线位移或由力、压力、振动等引起的极距变化。面积变化型一般用于测量角位移或较大的线位移。介质变化型常用于物位测量和各种介质的温度、密度、湿度的测定。

20世纪70年代末以来，随着集成电路技术的发展，出现了与微型测量仪表封装在一起的电容式传感器。这种新型的传感器能使分布电容的影响大为减小，使其固有的缺点得到克服。电容式传感器是一种用途极广、很有发展潜力的传感器。

（2）电容式传感器的工作原理

电容式传感器也常常被人们称为电容式物位计，电容式物位计的电容检测元件是根据圆筒形电容器原理进行工作的，电容器由两个绝缘的同轴圆柱极板内电极和外电极组成，在两筒之间充以介电常数为 e 的电解质时，两圆筒间的电容量为 $C=2\Pi eL/\ln D/d$，式中 L 为两筒相互重合部分的长度；D 为外筒电极的直径；d 为内筒电极的直径；e 为中间介质的介电常数。在实际测量中 D、d、e 是基本不变的，故测得 C 即可知道液位的高低，这也是电容式传感器使用方便、结构简单、灵敏度高、价格便宜等的原因之一。

（3）电容式传感器的优缺点

电容器传感器的优点是结构简单，价格便宜，灵敏度高，过载能力强，动态响应特性好和对高温、辐射、强振等恶劣条件的适应性强等。缺点是输出非线性，寄生电容和分布电容对灵敏度和测量精度的影响较大，以及连接电路较复杂等。

3．电阻式传感器

（1）电阻式传感器简介

把位移、力、压力、加速度、扭矩等非电物理量转换为电阻值变化的传感器。它主要包括电阻应变式传感器、电位器式传感器(见位移传感器)和锰铜压阻传感器等。电阻式传感器与相应的测量电路组成的测力、测压、称重、测位移、加速度、扭矩等测量仪表是冶金、电力、交通、石化、商业、生物医学和国防等部门进行自动称重、过程检测和实现生产过程自动化不可缺少的工具。

（2）电位器式传感器的结构及分类

结构：由电阻元件及电刷(活动触点)两个基本部分组成。电刷相对于电阻元件的运动可以是直线运动、转动和螺旋运动，因而可以将直线位移或角位移转换为与其成一定函数关系的电阻或电压输出。

（3）电位器的结构与材料

电阻丝：康铜丝、铂铱合金及卡玛丝等。

电刷：常用银、铂铱、铂铑等金属。

骨架：常用材料为陶瓷、酚醛树脂、夹布胶木等绝缘材料，骨架的结构形式很多，常用矩形的。

5.2.2　气动执行、控制元件

1．无杆磁耦合式气缸

无杆气缸主要分为机械接触式和磁性耦合式两种。检测单元中采用了磁性耦合式，它是实现升降模块功能的主要元件，作为传动执行元件中较为常用的物件之一，磁性耦合式的无杆气缸缸体是固定在基座上而保持不动的，其缸体是空心，缸体内部有永磁的活塞，其外部的滑块内部同样镶嵌了永磁的物质，则当活塞在内部运动时便可带动外部的滑块一同运动。

无杆气缸的外形如图 2-5-9 所示，每一端都有一个通气口、一个进气口和一个出气口。连接至 CP 阀组而构成气压传动回路。内部活塞的运动带动了外部滑块的运动，通过将滑块和其他的附加装置用螺钉进行连接，实现模块升降的目的。

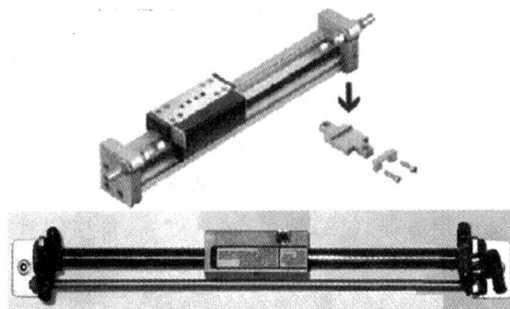

图 2-5-9　无杆气缸实物图

无杆气缸最大的优点是节省安装控件，特别适用于小缸径、长行程的场合，还能避免由于活塞杆及杆密封圈的损伤带来的故障，而且由于没有活塞杆，活塞两侧受压面积相等，双向形成同样的推力，有利于提高定位精度。

2. 有杆气缸：单作用气缸和双作用气缸

在结构上只有一个活塞和一个气缸杆的气缸称为普通气缸，在气缸运动的两个方向上根据受气压控制的方向个数的不同包含两种类别，即单作用和双作用：在两个方向上都受到气压控制的称为双作用气缸，仅在一个方向上受到气压控制的称为单作用气缸。如图 2-5-10 所示，双作用气缸具有两个腔，有活塞杆的腔称为有杆腔，无活塞杆的腔称为无杆腔。当压缩空气从无杆腔输入时，从有杆腔排气，在气缸的两腔形成气压差，推动活塞运动，使得活塞伸出；当从有杆腔进气时，则从无杆腔排气，压力差使得活塞杆退回。若有杆腔和无杆腔交替进气和排气，活塞杆便可实现往复直线运动。

图 2-5-10　有杆气缸：单作用气缸和双作用气缸

单作用气缸在缸盖一端的气口输入压缩空气，使得活塞杆伸出（或者缩回），另一端靠弹簧力、自重或者其他外力使得活塞杆恢复到初始位置。单作用气缸主要用在夹紧、退料、阻挡、压入、举起和进给等操作上。

5.3　供料单元及检测单元的常用设备维护

5.3.1　动力传递的系统维护

MPS 中的动力形式包含两种：电动和气动。电动主要为直流电机，其功率较小，用量有限，维护简单易行，这里不再做过多介绍。气动则是 MPS 的主要动力，其传递过程较长，功率相对较大，且气压传动包含较多注意事项，相对于电动机而言，其维护也较为严格。一般而言，气压传动系统有两种检查模式：点检和定检。点检即为定点检查，属于常态化的检查和维护。定检为定期检查,属于制度性的特殊检查和维护。

1. 点检

点检的内容如表 2-5-5 所示。

(1) 岗位负责人员进行日常检查。

(2) 管路系统检查包含冷凝水和润滑油,其中,冷凝水应当在设备运行前检查。

(3) 补充润滑油时,要检查油雾器中油的质量和滴下量是否符合要求。

(4) 检查供气压力,确认是否漏气。

表 2-5-5 点检的内容

元件名称	点 检 内 容
气缸	活塞杆与端盖之间是否漏气;活塞杆是否划伤或变形;管接头及配管是否松动损伤,气缸动作时有无异常声音,缓冲阀螺母是否锁紧
电磁阀	电磁铁外壳温度是否过高,电磁铁动作时阀芯工作是否正常;电磁阀是否漏气,电磁铁的内漏(可以通过气缸行程到末端时,检查阀的排气口是否有漏气来确诊)、紧固螺栓及管接头是否松动,电压是否正常,连接线路是否有划伤
油雾器	油杯内油量是否足够,润滑油是否变色、混浊;油杯底部是否积有灰尘和水,滴油量是否适当
减压阀	压力表读数是否在规定范围内;调压阀盖或锁紧螺母是否锁紧、有无漏气
过滤器	积水杯中是否积存冷凝水、采用自动排水器时,应确认其能否正常工作、是否漏气

2. 定检

定检的内容如表 2-5-6 所示。

(1) 停产检修,彻底处理点检中出现的问题,彻底完善在点检中发现的可能发生的问题。

(2) 对设备中的各个连接处、各个重要元件进行检查并批量更新。

表 2-5-6 定检的内容

元 件 名 称	定 检 内 容
气缸	密封圈是否损坏;缸筒、活塞、活塞杆是否损伤;缓冲效果是否合乎要求
调速阀	能否控制气缸的运动速度、能否控制空气的流量
电磁阀	检查排气口是否被油润湿或排气是否会在白纸上留下油雾斑点;判断润滑是否正常、密封圈是否损坏,阀芯有无油泥、灰尘
减压阀	滤芯是否应该清洗或更换;冷凝水排放阀动作是否可靠,储水杯有无损伤、裂痕
安定阀及压力继电器	在调定的压力下动作是否可靠,校验合格后是否有铅封或锁紧,电线是否损伤,绝缘是否合格

5.3.2 气动元件的维护原则

1. 保持充足的压缩空气供应和恒定的气源压力

气压传动设备的运行会受到多种因素的影响,综合而言,设备的保养需要注意以下两个方面。

（1）设备正常工作时必须具有充足的压缩空气供应量以保证较高的运行效率所需要的稳定的供气压力。

（2）压缩空气供应量取决于系统的生产能力。必须在产能发生变化的情况下及时调整供气容量及气源压力，一般而言，空气压缩机的容量应为生产部门最大用气量的1.2倍。

2. 保证供给清洁的压缩空气

由于空气中含有水和尘埃等杂质，空气压缩机又需要润滑，空气在压缩机中的变化接近绝热过程，所以空气压缩机即使具有很好的散热装置，压缩机的工作温度仍然会很高，使大量的润滑油汽化，因此，压缩机排出的压缩空气通常含有水、油、灰尘等杂质。气动系统中的前滤气器、冷却器、油水分离器担负着除水、除油、除尘的作用。压缩空气中的水分会引起管道、阀、气缸等金属元件的腐蚀；高温汽化后凝结的油分具有一定的弱酸性，会使橡胶、塑料、密封材料老化变质；进入阀体的灰尘、油污及其混合物所造成的积垢是阀动作失灵的主要原因。因此，前滤气器、冷却器、油水分离器的正常运行是气源洁净的保证。过滤器是空气清洁的最后保证，设计气动系统时要合理选用过滤器，以进一步清除压缩空气中的杂质。在系统运行期间应及时排除过滤器中积存的水，否则，当积存的水接近挡水板时，气流仍可将水和污垢混合而成的积存物卷起，并进入气动控制元件和执行元件中。

3. 保证控制中含有适量的润滑油

大多数气动元件和控制元件都要求适度的润滑。如果润滑不良将会发生以下故障。

（1）由于摩擦阻力增大而造成气缸推力不足，阀芯动作失灵。

（2）由于密封材料的磨损而造成空气泄漏。

（3）由于生锈造成元件损伤及动作失灵。

润滑的方法一般是采用油雾器进行喷雾润滑。油雾器一般安装在过滤器和减压阀之后，并应尽量靠近换向阀。与换向阀间的距离通常按下述原则确定：油雾器与换向阀之间的管道容积应为气容积的80%以下。当管道中装有节流阀时，上述容积比例应当减半。

检查油雾器的工作状态是否良好的简便方法是：将一张清洁的白纸放在换向阀的排气口附近，如果阀在工作3～4个换向循环后白纸上有分布均匀的细小油点，则表明润滑效果良好。

4. 保证气动系统的密封性

当管接头及气动元件的密封出现问题或损坏时，将导致压缩空气泄漏。漏气不仅增加了能量的消耗，也会导致供气压力的下降，甚至造成气动元件工作失灵。严重的泄漏可以通过耳听、手摸等方法直接测出；较轻微的泄漏则可以利用仪表或用涂抹肥皂水的办法在运行中检查，也可以在系统停止运行时通过各种检查气密性的方法进行检查。

5. 保证气动元件中运动零件的灵敏性

从空气压缩机排出的压缩空气包含有粒度为 $0.01\sim0.8\mu m$ 的油粒。在排气温度为

120~220℃的高温下,这些油粒会迅速氧化,颜色变深,粘性增大,并逐渐由液态固化成油泥。这种微米级以下的颗粒,一般过滤器无法滤除,当它们进入换向阀后就有可能附着在阀芯上,使阀的灵敏度逐渐降低,甚至出现动作失灵。为了保证阀的灵敏度,应在保证过滤装置状况良好的前提下定期清洗气动阀门。

6. 保证气动系统具有合适的工作压力

减压阀起着调节工作压力的作用。减压阀上的压力表应当工作可靠,读数准确。在减压阀调节好后,必须紧固减压阀盖锁紧螺母,防止松动。减压阀的调节压力必须符合气动系统的压力需求。

5.3.3 PLC 的常见故障诊断

通常 PLC 具有自诊断能力,其内部及部分外设发生故障时,会有故障代码自动返回,根据 PLC 自带的帮助文档,可查得故障并按照文档内容进行故障排除。下面给出常见故障及维护常识。

1. 基本的查找故障顺序

提出下列问题,并根据发现的合理动作逐个否定。一步步地更换各种模块,直到故障全部排除。所有主要的修正动作能通过更换模块来完成。除了一把螺丝刀和一个万用电表外,并不需要特殊的工具,不需要示波器、高级精密电压表或特殊的测试程序。

(1) PWR(电源)灯亮否?

如果不亮,在采用交流电源的框架的电压输入端(98~162V AC 或 195~252V AC)检查电源电压;对于需要直流电压的框架,测量+24V DC 和 0V DC 端之间的直流电压,如果不是合适的 AC 或 DC 电源,则问题发生在 SR PLC 之外。如 AC 或 DC 电源电压正常,但 PWR 灯不亮,应检查保险丝,如果有必要,就更换 CPU 框架。

如果亮,应检查显示出错的代码,对照出错代码表的代码定义进行相应的修正。

(2) RUN(运行)灯亮否?

如果不亮,检查编程器是不是处于 PRG 或 LOAD 位置,或者是不是程序出错。如 RUN 灯不亮,而编程器并没插上,或者编程器处于 RUN 方式且没有显示出错的代码,则需要更换 CPU 模块。

(3) BATT(电池)灯亮否?

如果亮,则需要更换锂电池。由于 BATT 灯只是报警信号,即使电池电压过低,程序也可能尚没改变。更换电池以后,检查程序或让 PLC 试运行。如果程序已有错,在完成系统编程初始化后,将录在磁带上的程序重新装入 PLC。

(4) 在多框架系统中,如果 CPU 是工作的,可用 RUN 继电器来检查其他几个电源的工作。如果 RUN 继电器未闭合(高阻态),按(1)的方法检查 AC 或 DC 电源,如果 AC 或 DC 电源正常而继电器是断开的,则需要更换框架。

2. 查找故障的一般步骤

其他步骤与用户的逻辑知识有关。下面给出的一些步骤实际上只适合较普通的故障查找,对于特定的应用问题,尚需要修改或调整。查找故障的最好工具就是人的感觉和经验。首先,插上编程器,并将开关打到 RUN 位置,然后按下列步骤进行操作。

(1) 如果 PLC 停止在某些输出被激励的地方,一般是处于中间状态,则查找引起下一步操作发生的信号(输入、定时器、线川、鼓轮控制器等),编程器会显示那个信号的 ON/OFF 状态。

(2) 如果输入信号,将编程器显示的状态与输入模块的 LED 指示进行比较,结果不一致,则更换输入模块。如发现在扩展框架上有多个模块要更换,那么,在更换模块之前,应先检查 I/O 扩展电缆和它的连接情况。

(3) 如果输入状态与输入模块的 LED 指示一致,则比较发光二极管与输入装置(按钮、限位开关等)的状态。如果两者不同,测量一下输入模块,如发现有问题,需要更换 I/O 装置,现场接线或电源;否则,要更换输入模块。

(4) 如信号是线川,没有输出或输出与线川的状态不同,就得用编程器检查输出的驱动逻辑,并检查程序清单。检查应按从右到左的顺序进行,找出第一个接不通的触点,如没有接通的那个是输入,就按(2)和(3)检查该输入点,如是线川,则按(4)和(5)进行检查。要确认主控继电器不影响逻辑操作。

(5) 如果信号是定时器,而且停在小于 999.9 的非零值上,则要更换 CPU 模块。

(6) 如果该信号用于控制一个计数器,首先应检查控制复位的逻辑,然后是计数器信号,之后按上述的(2)～(5)步进行操作。

3. 组件的更换

(1) 更换框架

① 切断 AC 电源,如装有编程器,则拔掉编程器。

② 从框架右端的接线端板上拔下塑料盖板,拆去电源接线。

③ 拔掉所有的 I/O 模块,如果原先安装时有多个工作回路,不要弄乱 I/O 的接线,并记下每个模块在框架中的位置,以便重新插上时不至于弄错。

④ 从 CPU 框架中拔除 CPU 组件和填充模块,将其放在安全的地方以便以后重新安装。

⑤ 卸去底部两个固定框架的螺丝,松开上部的两个螺丝,但不用拆掉。

⑥ 将框架向上推移一下,然后将框架向下拉出来放在旁边。

⑦ 将新的框架从顶部螺丝上套进去。

⑧ 装上底部螺丝,将 4 个螺丝都拧紧。

⑨ 插入 I/O 模块,注意位置要与拆下时一致。

⑩ 如果模块插错位置,将会引起控制系统危险的或错误的操作,但不会损坏模块。

⑪ 插入卸下的 CPU 和填充模块。

⑫ 在框架右边的接线端上重新接好电源接线,再盖上电源接线端的塑料盖。

⑬ 检查电源接线是否正确,然后接通电源。仔细地检查整个控制系统的工作,确保所有的 I/O 模块位置正确,程序没有变化。

(2) CPU 模块的更换

① 切断电源,如插有编程器,应将编程器拔掉。

② 向中间挤压 CPU 模块面板的上下紧固扣,使它们脱出卡口。

③ 把模块从槽中垂直拔出。

④ 如果 CPU 上装着 EPROM 存储器,把 EPROM 拔下,装在新的 CPU 上。

⑤ 将印刷线路板对准底部导槽。将新的 CPU 模块插入底部导槽。

⑥ 轻微地晃动 CPU 模块,使 CPU 模块对准顶部导槽。

⑦ 把 CPU 模块插进框架,直到两个弹性锁扣扣进卡口。

⑧ 重新插上编程器并通电。

⑨ 在对系统进行初始化编程后,把录在磁带上的程序重新装入。检查一下整个系统的操作。

(3) I/O 模块的更换

① 切断框架和 I/O 系统的电源。

② 卸下 I/O 模块接线端上的塑料盖。拆下有故障模块的现场接线。

③ 拆去 I/O 接线端的现场接线或卸下可拆卸式接线插座,这要视模块的类型而定。给每根线贴上标签或记下安装连线的标记,以便将来重新连接。

④ 向中间挤压 I/O 模块的上下弹性锁扣,使它们脱出卡口。

⑤ 垂直向上拔出 I/O 模块。

检测单元和供料单元自动化系统设计及调试

6.1 任务实施过程

6.1.1 工作原理

MPS 的每一个工作单元都是一个独立的自动化系统。所谓工业自动化,是具有智能处理核心的工业系统,通过智能化的处理,使得机电系统能够顺利工作。在 MPS 中以西门子 S300 PLC 为核心构成了工业控制的网络。

检测单元和供料单元在完成了主要动作任务设计之后,必须编制程序来实现 PLC 的自动化控制。自动化系统设计的基本流程如图 2-6-1 所示。

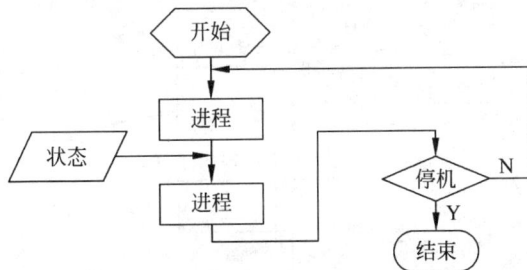

图 2-6-1 自动化系统设计的基本流程图

前面已经针对供料单元和检测单元进行了"手动单循环"的工作方式设计,完成了 PLC 的控制程序及其流程图、外部线路结构的设计与安装。与此相对应,本任务的主要内容为"自动循环"模式,其工作模型如图 2-6-1 所示:一旦设备开始运行,则一切的进程均由 PLC 进行控制。此时,PLC 通过接口卡采集数据,发布命令,得到机构执行后的状态,从而执行下一步的动作,如此循环往复,直到 PLC 接收到停车指令,或者按照其他原则正常停机,结束工作。

手动单循环工作模式与自动循环工作模式类似。在生产自动化的体系中,这两种方式是必不可少的控制方式。

6.1.2　过程分析

检测单元和供料单元的内部结构相似,均采用 PLC 作为控制核心,进行工作任务的处理。一个综合的机电一体化系统,对其实施控制的部分也可视为一个独立的电气控制系统。一个电气系统的自动化模式设计需要遵循以下几个方面的要求。

(1) 工作流程设计

对既定系统需要完成的全部工作进行分析,从总体出发,使得设备中的执行元件和控制元件配合得当,能够按照一定的顺序完成全部动作。

(2) 执行元件和控制元件

一个机电系统的自动化设计,关键在于电气系统部分,需要考虑执行元件的机械结构,使得这些机械元件具有一定的动作空间,从而能够保证系统工作中的安全问题。另外,在系统工作过程中,还需要使得被执行元件具备足够的驱动能力及对应的安全裕量。

(3) 启动、循环和停止条件

一个自动化系统按照一定的工序运行,必定存在循环往复的动作设计。因此,在自动化的机电系统中,对于每一个循环的启动和停止,必须设计严格的条件,设计时需要考虑到工作流程、执行部件的机械特性以及各类元件的安装要求等。否则,在工作流程设计中出现的问题可能会引发电力、设备等各个方面的故障,严重影响生产安全。

在任务 5 中,已明确了供料单元和检测单元的内部结构。由图 2-6-2 可见,不论是供料单元还是检测单元,在 MPS 中,其结构均由气动系统、气动控制元件、气动执行元件、信号及传感系统、PLC 这 5 个部分组成。

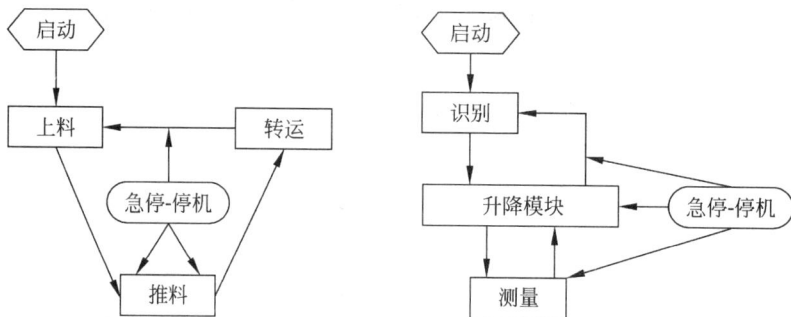

图 2-6-2　供料单元和检测单元内部模块工序

6.1.3　工作准备

自动化系统的改造,关键在于对控制器的信号接入进行一定的改变,将该信号作为 PLC 自动进行的工序循环的信号。设计时需要遵循一定的设计原则,这些原则是电气自动化系统中常用的原则,通常包括时间原则、速度原则、位置原则等。

如前所述,在生产自动化系统中,手动单循环和自动循环是两种必不可少的控制方式。因此,供料单元和检测单元作为独立的工作单元,也作为独立的机电一体化系统,在其控制设计中,两种控制方式都存在。而两种方式的区别仅在于循环条件不同。

在手动方式下,完整的工作过程结束,即代表工作结束,PLC程序自动退出。

在自动方式下,不存在结束循环的自动判断条件,PLC程序跳转,循环执行程序。

由上述内容可知,在手动循环和自动循环的设计中,改变PLC控制程序时,对PLC外部线路结构基本上不需要做出改动,3个主控按钮接入地址及传感系统的接入地址、对气动执行元件进行控制的输出地址等均保持不变。

6.1.4　工作实施

在自动化动作中,PLC作为控制核心,需要具备比较完善的程序设计功能,通过程序设计完成系统的控制。根据各个单元PLC的地址,完成程序流程图设计及相应的程序设计。

供料单元自动化程序流程图如图2-6-3所示。

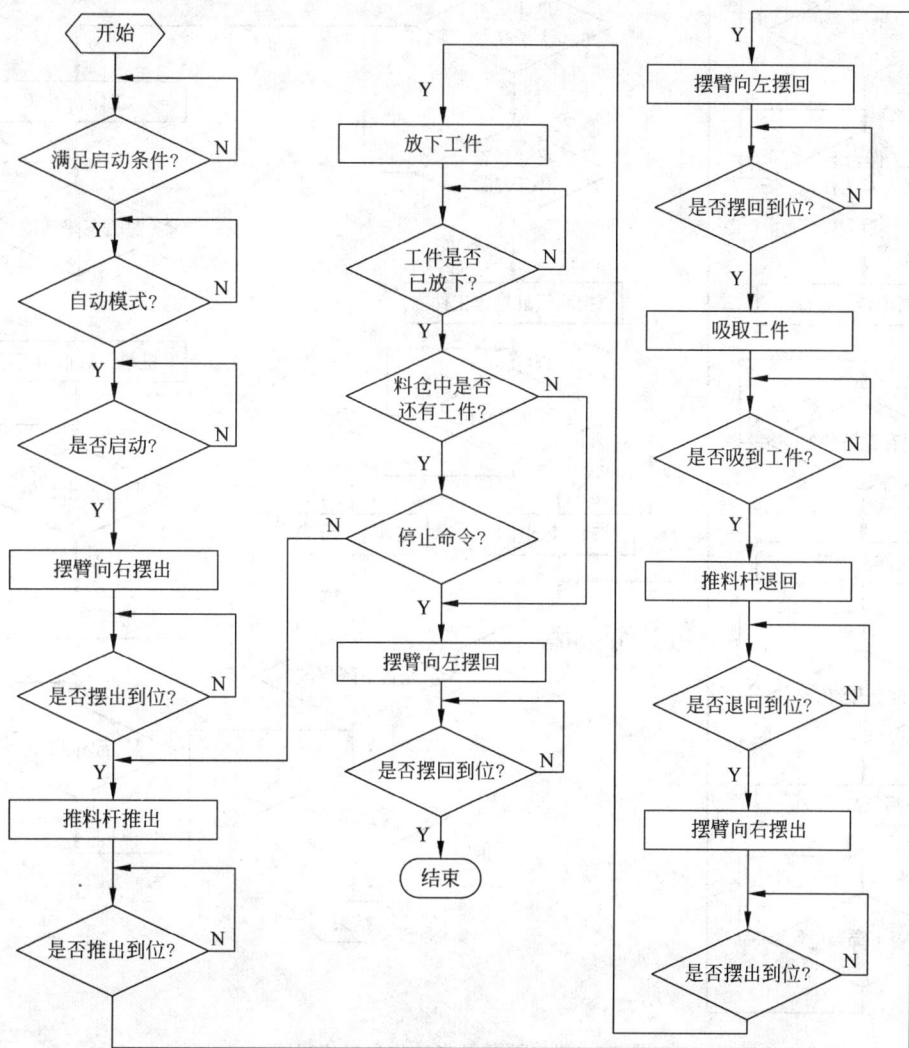

图 2-6-3　供料单元自动化程序流程图

检测单元自动化程序流程图如图 2-6-4 所示。

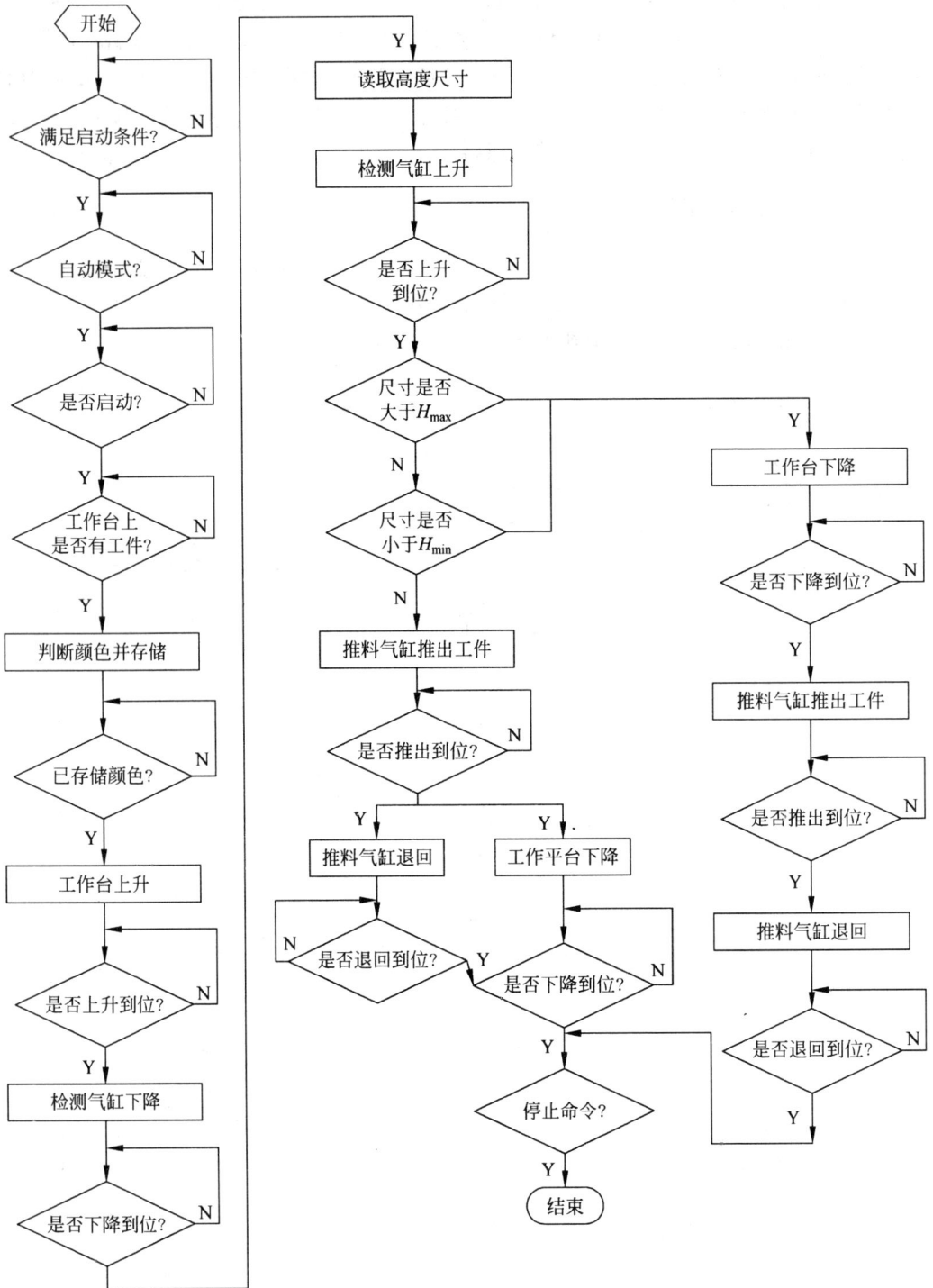

图 2-6-4　检测单元自动化程序流程图

6.1.5　成果检验

两个工作单元的自动循环工作模式的调试要求相同,首先需要依照流程图进行程序的编制,然后调试所编制的程序,以进行成果检验,其过程可参考以下要求。

创建一个项目,在该项目下编写控制程序,实现对检测单元中升降气缸的控制,工作方式为:自动/手动控制。当自动/手动(即 AUTO/MAN)转换开关被置于 AUTO 位置时,执行升降气缸的自动控制程序;当被置于 MAN 位置时,执行升降气缸的手动控制程序。

对所编写的控制程序进行认真检查,经检查确认无误后,进行实际的运行调试。

在调试程序时,可使用程序编辑器中的 Monitor 工具对调试的程序进行监视,观察程序的执行状态,通过该工具并结合观察到的设备执行状态,可以很方便地分析出程序中存在的问题。

(1)调试时需要重点注意的问题

① 在检查程序时,应重点检查各个执行机构之间是否会发生冲突,同一个执行机构在不同的阶段所做的相同动作是否区分开了。

② 如果几个程序段实现的都是同一个执行机构的同一个动作,而只是实现的条件不同,则应该将这几个程序段按照或逻辑关系进行合并。

③ 只有在认真、全面地检查了程序,并且再也查不出错误的情况下,才可以运行程序,进行实际调试。不可以在不经过检查的情况下就直接在设备上运行所编写的程序,否则如果程序中存在严重的错误,极易造成设备损坏。

(2)供料单元的调试检验

在手动操作模式下,按启动按钮时,供料单元的执行机构将把存放在料仓中的工件取出并转送出去,然后各执行机构回到初始位置,即每执行一个新的工作循环都需要按一次启动按钮。在启动前,供料单元的执行机构必须处于初始位置,否则不允许启动。

① 将手动控制程序编写在 FC 或 FB 中。

② 将是否为手动模式的条件体现在主程序 OB1 中,作为调用手动控制程序的条件。

③ 在编写程序时,注意区分使用 1 信号和"沿"信号。"1"信号对应于传感器的信号,代表的是某个执行机构的位置状态,而"沿"信号则对应着执行机构的动作状态。

④ 注意在程序中区分同一个执行机构在不同阶段所做的相同动作。

⑤ 程序编写完成后应注意仔细检查。

(3)检测单元的控制任务

在调试中,可能因程序错误造成的执行机构冲突现象是:在测量杆还在测量位置(下端)时,推料杆就推出了,从而使得传感器的测量杆径向受到冲击力,导致测量杆弯曲。

避免方法:在运行程序前,先将传感器的位置调高,使得测量杆的前端在测量位置高于最大工件的上表面,即使发生了上述的冲突动作,因为两个机构在空间上已经接触不上,所以也就不会损坏设备了。

当检测气缸下降检测工件时,可以人为地用手托起传感器的探头模拟检测工件的情况。

（4）检测单元调试检验

将所编写的程序下载到 CPU 中,进行实际运行调试,经过调试修改的过程,最终完善控制程序,实现控制功能。在调试前,必须对所编写的控制程序进行认真检查,重点检查各执行机构之间是否存在相互冲突。

其基本要求与供料单元的调试和检验类似。

（5）方法建议

① 在下载、运行程序前,必须认真检查程序。在检查程序时,应重点检查各个执行机构之间是否会发生冲突,同一个执行机构在不同的阶段所做的相同动作是否区分开了。

② 如果几个程序段实现的都是同一个执行机构的同一个动作,只是实现的条件不同,则应该将这几个程序段按或逻辑关系进行合并。

③ 只有在认真、全面地检查了程序,并且再也查不出错误的时候,才可以上机运行程序,进行实际调试,不可以在不经过检查的情况下直接在设备上运行所编写的程序,否则如果程序存在着严重的错误,极易造成设备损坏。

④ 在调试程序时,可以利用 STEP 7 软件所带的调试工具,通过监视程序的运行状态并结合观察到的执行机构的动作特征,来分析程序存在的问题。

⑤ 如果经过调试修改,程序能够实现预期的控制功能,则还应多运行几次,以检查运行的可靠性,查找程序的缺陷。

⑥ 注意总结经验。将在调试中遇到的问题、解决的方法记录下来。

6.1.6 任务总结

根据供料单元气压传动和 PLC 控制程序设计经验,分析检测单元在整个 MPS 中所起到的作用,对检测单元进行合理的气压传动以及 PLC 的手动单循环控制结构设计,使得检测单元实现了识别工件材料和检测工件尺寸两方面的功能。

通过完成任务 6,可增强对大型机电综合系统功能架构的了解,在理论及实践两个方面均获得提高。

特别提醒：在运行程序时,应该有人守候在设备旁,时刻注意设备的运行情况,一旦发生执行机构相互冲突的事件,应及时操作保护设施,如切断设备执行机构的控制信号回路、切断气源等,以避免造成设备的损坏。

思考题

1. 简要介绍在检测单元工作中对工件是怎样进行检测的? 实现了哪些检测?

2. 针对检测单元中的定时和延时程序,请尝试使用延时、定时功能块的编程方式进行程序设计或改进。

3. 在检测单元生产过程中出现工件在某个环节上停滞的状况,试探讨出现故障的可能原因。

4. 探讨检测单元各个工作部件的常规维护方法。

6.2 工业自动化及其系统

当前的工业自动化包含了传统的继电器控制电路,利用微控制器实现的单机控制方式,以及采用了 PLC 和组态软件相结合的智能化单机及组网控制方式等。当前,随着智能控制设备生产力的提升以及技术的不断进步,PLC 逐步深入到各类规模的工业生产中,PLC 自身的能力与生产规模能够相互对应,继而构成工业自动化系统,其具体形态又称为工业控制系统。

1. 工业控制系统

工业控制系统是对工业生产过程及其机电设备、工艺装备进行测量与控制的自动化技术工具(包括自动测量仪表、控制装置)的总称。工业自动化系统按构成的软、硬件可分类为自动化设备、仪器仪表与测量设备、自动化软件、传动设备、计算机硬件、通信网络等。

(1) 自动化设备

自动化设备包括可编程控制器(PLC)、传感器、编码器、人机界面、开关、断路器、按钮、接触器、继电器等工业电器及设备。

(2) 仪器仪表与测量设备

仪器仪表与测量设备包括压力仪器仪表、温度仪器仪表、流量仪器仪表、物位仪器仪表、阀门等设备。

(3) 自动化软件

自动化软件包括计算机辅助设计与制造系统(CAD/CAM)、工业控制软件、网络应用软件、数据库软件、数据分析软件等。

(4) 传动设备

传动设备包括调速器、伺服系统、运动控制、电源系统、马达等。

(5) 计算机硬件

计算机硬件包括嵌入式计算机、工业计算机、工业控制计算机等。

(6) 通信网络

通信网络包括网络交换机、视频监视设备、通信连接器、网桥等。

2. 工业自动化系统产品

(1) 可编程控制器(PLC)

按功能及规模可分为大型 PLC(输入输出点数>1024)、中型 PLC(输入输出点数为 256~1024)及小型 PLC(输入输出点数<256)。

(2) 分布式控制系统(DCS)

分布式控制系统又称为集散控制系统,按功能及规模也可分为多级分层分布式控制系统、中小型分布式控制系统、两级分布式控制系统。

(3) 工业 PC

能适合工业恶劣环境的 PC,配有各种过程输入输出接口板组成工控机。近年来又出现了 PCI 总线工控机。

（4）嵌入式计算机及 OEM 产品(包括 PID 调节器及控制器)

（5）机电设备数控系统(CNC、FMS、CAM)

（6）现场总线控制系统(FCS)

据专家估计,国内 PLC 产品的年增长率为 12％,以满足石油、化工、电力、市政等行业技改的需要,到 2015 年全国 PLC 需求量将达到 25 万套,合人民币 35～45 亿元。

3. 工业自动化系统中的几个概念

按照不同的规模和功能对工业自动化系统做出了分类后,纵观工业自动化体系,可以采用图 2-6-5 来描述:中小型 PLC 基本上用于工业系统中的第二层次,对统筹工作站和状态采集点的数据进行控制调度,各个 PLC 之间通过网络互联,也可不互联而通过第一层次的工控机进行统筹安排,这样就构成了较多类别的工业总线,例如 DCS、FF 等。

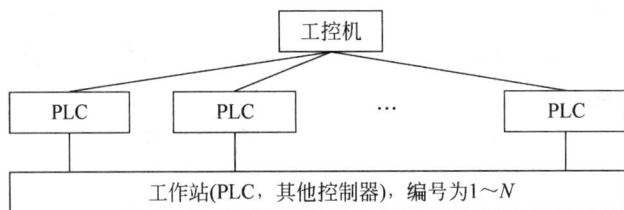

图 2-6-5　工业自动化体系

6.3　PLC 自动化生产系统程序设计

自动化生产线通常采用智能的元件作为核心进行控制,MPS 中的智能元件为 PLC,需要进行程序段设计,使得 PLC 按照既定的步骤实现工作循环。因此,需要设计程序,使之循环工作。

6.3.1　程序的循环结构

循环结构可以看成是一个条件判断语句和一个回转语句的组合。另外,循环结构包含 3 个要素:循环变量、循环体、循环终止条件。

循环结构在程序框图中是利用判断框来表示的,在判断框内写上条件,两个出口分别对应条件成立和条件不成立时所执行的不同指令,其中一个要指向循环体,然后再从循环体回到判断框的入口处。

PLC 通常采用梯形图的编程方式,但进行程序流程图绘制时仍然需要对循环的结构依据如上所述进行明确的设计。在循环过程中,最为常用的功能即为比较和判断。例如图 2-6-6 所示的循环结构涵盖了比较、判断功能,菱形框的内容在程序设计中表示为针对某个条件的判断 p,结果为两个通道,Y 代表判断结果满足设定条件,N 代表判断结果不满足设定条件,则进程 A 在不同的通道中被执行。

6.3.2　比较指令:整数、双整数和实数比较

比较指令用于完成整数、长整数或 32 位浮点数(实数)的相等、不等、大于、小于、大于

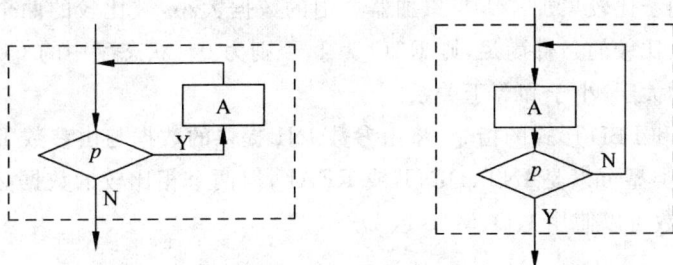

图 2-6-6　程序设计的循环结构

或等于、小于或等于等比较。表 2-6-1 所示为比较指令中几个常用的、基本的指令说明、LAD 格式以及部分示例,其他类型可根据表 2-6-1 中格式以此类推。

表 2-6-1　比较指令格式、示例及说明

说　明	LAD 指令	示　例
整数相等 EQ _1	CMP==1 IN1 IN2	I0.1　　CMP==1　　M8.0 ( ) MW10—IN1 IW10—IN2
整数不等 NE_1	CMP<>1 IN1 IN2	
长整数相等 EQ_D	CMP==D IN1 IN2	Q4.0 ( ) CMP>=D MD0—IN1 MD4—IN2
长整数不等 NE_D	CMP<>D IN1 IN2	
实数相等 EQ_R	CMP==R IN1 IN2	Q4.0 ( ) CMP>R MD0—IN1 MD4—IN2
实数不等 NE_R	CMP<>R IN1 IN2	

　　比较指令用于比较累加器 1 与累加器 2 中的数据大小,被比较的两个数的数据类型应该相同。如果比较的条件满足,则 RLO 为 1,否则为 0。状态字中的 CC0 和 CC1 位用来表示两个数的大于、小于和等于关系。

　　对于 LAD 和 FBD 形式的指令,将由参数 IN1 提供的数据与由参数 IN2 提供的数据进行比较,数据类型可以是 INT、DINT 或 REAL,但两个相比较的数据必须具有相同的数据类型,操作数可以使用 I、Q、M、L 或 D。

6.3.3　算数指令:加、减等基本运算指令

　　算术指令有两大类:基本算术运算指令和扩展算术运算指令。其中,基本算术运算指令用于完成整数、长整数或 32 位浮点数(实数)的加、减、乘、除、取余或绝对值等运算。表 2-6-2 中给出了常用的指令、说明及示例。

表 2-6-2　常用算数指令说明及 LAD 指令

说　　明	LAD 指令	说　　明	LAD 指令
整数加(ADD_I):累加器 2 的低字加累加器 1 的低字,结果保存在累加器 1 的低字中	ADD_I EN　　ENO IN1　　OUT IN2	整数减(SUB_I):累加器 2 的低字减去累加器 1 的低字,结果保存在累加器 1 的低字中	SUB_I EN　　ENO IN1　　OUT IN2
整数乘(NUL_I):累加器 2 的低字乘累加器 1 的低字,结果(32 位)保存在累加器 1 的低字中	MUL_I EN　　ENO IN1　　OUT IN2	整数除(DIV_I):累加器 2 的低字减去累加器 1 的低字,结果保存在累加器 1 的低字中	DIV_I EN　　ENO IN1　　OUT IN2
长整数加(ADD_DI):累加器 2 加累加器 1,结果保存到累加器 1 中	ADD_DI EN　　ENO IN1　　OUT IN2	长整数取余(MOD_DI):累加器 2 除以累加器 1,将余数保存到累加器 1 中	MOD_DI EN　　ENO IN1　　OUT IN2
实数加(ADD_R):累加器 2 加累加器 1,结果保存到累加器 1 中	ADD_R EN　　ENO IN1　　OUT IN2	取绝对值(ABS):累加器 1 的 32 位浮点数取绝对值,结果保存在累加器 1 中	ABS EN　　ENO IN　　OUT

　　对于 STL 形式的基本运算指令,参与运算的第 1 操作数由累加器 2 提供,第 2 操作数由累加器 1 提供,运算结果保存在累加器 1 中,并影响状态字的 CC1、CC0、OV 和 OS 标志位。对于 LAD 和 FBD 形式的基本算术运算指令,参与算术运算的第 1 操作数和第 2 操作数分别由参数 IN1 和 IN2(类型为 INT、DINT、REAL,操作数可以是 I、Q、M、L、D 及常数)提供,运算结果保存在由参数 OUT 指定的存储区中,并影响状态字的 CC1、CC0、OV 和 OS 等标志位。EN(类型为 BOOL)为使能输入信号,为 1 时运算操作可用,否则不可用。ENO 表示输出使能,如果运算结果在允许范围之外,则 ENO 输出为 0,代表结果

不能使用。

6.3.4　定时器指令：脉冲 S5 定时器

定时器相当于继电器控制电路中的时间继电器，在 S7-300 的 CPU 存储器中，为定时器保留有存储区，STEP 7 梯形图指令集最多支持 256 个定时器，使用定时器时，定时器的地址编号（T0～T511）必须在有效范围之内。共有 5 种定时器可供选择，为 S_PULSE（脉冲 S5 定时器，简称脉冲定时器）、S_PEXT（扩展脉冲 S5 定时器，简称扩展脉冲定时器）、S_ODT（接通延时 S5 定时器，简称接通延时定时器）、S_ODTS（保持型接通延时 S5 定时器，简称保持型接通延时定时器）、S_OFFDT（断电延时 S5 定时器，简称断电延时定时器）。

S_PULSE 和 S_ODT 的 LAD 指令与示例如表 2-6-3 所示。

表 2-6-3　S_PULSE 和 S_ODT

LAD 指令	示　例
Tno **S_PULSE** 启动信号　S　　Q　输出位地址 定时时间　TV　　BI　时间字单元1 复位信号　R　　BCD　时间字单元2	**T1** **S_PULSE** I0.1 —[ ]— S　　Q — Q4.0 —( ) S5T#8S — TV　　BI — MW0 —[ ]—[/]— R　　BCD — MW2
Tno ——(SP)	I0.1 —[ ]—　**T2** —(SP)— 　　　　S5T#8S

表 2-6-3 中各个符号的意义如下。

Tno——定时器的编号，其范围与 CPU 型号有关。

S——启动信号。当 S 端出现上升沿时，启动指定的定时器。

R——复位信号。当 R 端出现上升沿时，定时器复位，当前值清零。

TV——设定时间值的输入，最大值为 9990s，或为 2H_46M_30S，输入格式采用 S5 系统时间格式：S5T♯8S。

Q——定时器输出。定时器启动之后，剩余时间非 0 时，Q 输出为 1；定时器停止或剩余时间为 0 时，Q 输出为 0，该端可以连接位存储器，如 Q4.0 等，也可以悬空。

BI——剩余时间显示或输出（整数格式），采用十六进制形式，如 16♯0023 等。该端口可以接各种字存储器，也可以悬空。

BCD——剩余时间显示或输出（BCD 格式），采用 S5 系统时间格式。

在定时器运行期间，若 S 信号的 RLO 出现下降沿，则定时器停止，并保持当前时间，同时使定时器常开触点断开，输出 Q 为 0。当 RLO 在此出现上升沿时，定时器则重新从设定时间开始倒计时。

上述为针对 S5 脉冲定时器的简单介绍，在 MPS 的程序编制中需要使用到为数不多的定时器，均为常见的定时器，可参照相关文献进行学习。

6.3.5 装入指令

S7-300 按照字节(B)、字(W)和双子(DW)访问存储区并对其进行运算的指令称为数字指令,数字指令包括装入指令、传送指令、转换指令、比较指令、运算运算指令和字逻辑运算指令。以下为装入指令。

L(装入)指令:可以被寻址的操作数的内容(字节、字或双字)被送入累加器 1 中,未用到的位清零。

T(传送)指令:可以将累加器 1 的内容复制到被寻址的操作数(目标地址),所复制的字节数取决于目标地址的类型(字节、字或者双字),其中的操作数可以为直接 I/O 区(存储类型为 PQ)、数据存储区或过程映像输出表的相应位地址(存储类型为 Q)。

状态字与累加器 1 之间的装入和传送指令包含两个,即 L STW 和 T STW。前者可以将状态字装入到累加器 1 中,指令的执行与状态无关且对状态字没有任何影响,后者可以将累加器 1 的位 0~8 传送到状态字的相应位,指令的执行与状态位无关。

与地址寄存器有关的装入和传送指令有 5 个:LAR1、LAR2、TAR1、TAR2、CAR。

LC(定时器/计数器装载)指令可以在累加器 1 中的内容被保存到累加器 2 中之后,将指定定时器字中的当前时间值和时基以 BCD 码格式装入到累加器 1 中,或将指定计数器的当前计数值以 BCD 码格式装入到累加器 1 中。

MOVE 指令为功能框形式的传送指令,能够复制字节、字或双字数据对象。指令格式如图 2-6-7 所示(LAD 及示例):当 I0.1 为 1 时,将数据字节 MB0 的内容直接复制到过程输出字节 PQB5,同时使 Q4.0 动作。

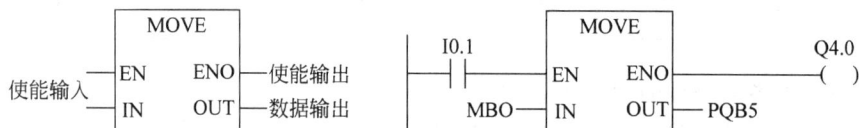

图 2-6-7 MOVE 指令格式

6.4 自动化系统的故障诊断技术应用

6.4.1 故障诊断综述

自动化系统故障诊断是对在机械制造过程或者其他过程中产生出来的各种故障进行排查、传输、处理、分析和解决。用先进的传感器接收过程中出现的各种物理量进行信号传输和信号处理,从分析处理的结果来对生产设备的工作情况以及产品的质量进行检测,对其发展趋势进行预测,并对故障进行诊断和报警,其功能如图 2-6-8 所示。

1. 技术背景

现代的机械制造系统具有控制规模大、自动化程度高和柔性化强的特点。由于制造系统的结构越来越复杂,价格越来越昂贵,因此,由于各种故障而导致的停机是企业不可忍受的负担。故障诊断系统能够有效地避免停机的发生,也就是能够合理制定维修计划,最大限度地减少停机维修的时间,以及在故障发生之后能够迅速做出反应。因此,故障诊断系统目前已经得到了迅速发展。

2. 故障诊断的目的

多传感器的应用是故障诊断系统所必需的,因为只有获取到足够的数据才有可能获得精确的分析结果。早期的系统通常只采用一种传感器,但这个方法早就无法满足现在获取系统状态的需要了。现在机械制造系统的复杂程度在日益提高,多种不同精度的传感器的同时应用为人们获得准确数据提供了可能。

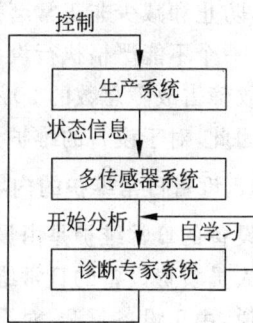

图 2-6-8 故障诊断流程图

此外,基于知识库的专家系统的应用为系统的智能化分析提供了人工智能的支持。这种专家系统拥有一个专门领域的知识库和一套有效的推理机制。由于现在的生产系统较复杂,通常的专家系统都拥有一个复合的知识库,为相应的生产系统提供知识支持。而且伴随着网络和通信技术的发展,故障诊断系统也具有分布式和集成性的特点。

要获得比较好的诊断效果,需要首先知道故障的模式。所谓模式就是相当于症状的一种描述。把能够获得的故障的模式集中在一起,就能够对故障进行有效的分类。正如治病不能只看症状一样,还要分析故障的机理,也就是诱发故障的原因。有的时候,故障的机理和故障的模式不能很容易区分开。但是通过综合分析这样的机理和模式,就有可能归纳出一个故障的模型,这个模型可以被用于进行故障诊断的专家系统所采用,作为知识库的一部分。一种比较普遍的方法是把故障模型表示称为树状结构,这样的表达方便了之后的程序分析,也便于集成在专家系统中。由此可以看出,故障模型的建立是故障分析中最重要的部分。

故障分析在机械生产系统方面可以被应用在自动生产线、数控机床、柔性制造单元以及更大的系统如计算机集成制造系统中。只有具体分析不同的应用环境,才能够获得适合于不同环境的设计。例如自动生产线,它是由基本工艺设备和各种辅助设备、控制系统组成的,从实质上来说就是一个刚性自动化制造系统。自动线是由不同的机电设备组成的,由于集成性的存在,它比单个设备复杂,要想在短时间内找出原因和位置是很困难的。自动线越长,设备利用率越低。为了提高利用率,除了要提高设备的可靠性之外,在一定的条件下,完全有必要引入自动线中的故障诊断系统。为了和自动线相适应,就要在不同的位置获取到信息,然后引入一个适合于流动生产的故障模型来分析故障产生的原因。这样,故障诊断的引入就有可能为自动线带来鲁棒性。

故障诊断是随着生产过程的复杂化而产生的一种技术,由于和现代传感器技术、专家系统技术相结合,已经展现出了很强的生命力,必将为提高企业的生产效率和设备运行稳定性提供越来越强大的支持。

6.4.2 机电设备系统的运行维护

设备的服役期是设备寿命周期的主要阶段,也是设备运行发挥作用、产生效益的重要时期。因此设备运行期的管理非常重要,设备运行中的维护操作成为使设备保持良好的状态,防止和减少非正常磨损和突发故障,提高企业经济效益的重要环节。根据技术统计资料,一个不能严格执行设备维护和检修制度的制造商,由于使用不当或操作失误造成的设备故障占故障总数的 20%~35%。

因此,对于设备的维护大体可以从以下几个方面着手。

1. 设备日常维护的内容

设备的日常维护是由设备的维修人员或操作人员负责的。目前的发展趋势是由设备操作人员负责设备的日常维护,将设备操作人员培养成多技能工。对于自动化流水线设备来说,由于设备复杂,对设备的日常维护工作要求比较高,因此对设备操作人员的总体素质要求也比较高。目前 T 公司和 H 公司的设备维护工作基本上还是由专业的设备维护人员来完成的。操作员应能正确使用生产设备,同时对设备进行检查、润滑、清洁及紧固 4 方面的维护。这 4 方面的工作是在操作员对设备进行检查的同时进行的。

(1)检查

操作员应对所管理设备的运行状况、运行参数、润滑、振动、声音、温度、是否有异味等进行检查,以人的感官或利用简易检测仪器来进行设备检查。

(2)润滑

首先检查设备的润滑状况,润滑油脂的温度、压力、液面、是否变质,油路是否畅通等。应定期给设备更换或补充润滑油脂。

(3)清洁

对设备(附属设备)和周围环境进行清扫,保持其本来面目和光泽,不能留有卫生死角。将生产现场的所有物品加以定置、定位,按照使用频率和目视化准则进行合理布置,摆放整齐。

(4)紧固

检查时如果发现设备的非转动部位的紧固螺栓发生松动,要及时拧紧固定。

2. 设备日常维护的程序化

设备的日常维护按照定点、定时、定量、定标准、定人、定记录及定路线实现规范化和程序化。定人是指由经过培训和具有一定实际经验的操作员或者专职的设备维护人员,负责设备管理的日常保养和维护;定点是指根据设备的结构和运行特点,对重点部位、常见故障点确定检查部位和内容;定量是指对设备发生磨损、腐蚀、变形和减薄的地方,按照维修技术标准进行劣化倾向的测定,以决定维修与否;定时是指按照设备的运行状况、变化特点及生产要求,确定操作员的检查维护时间;定路线是指生产流程和设备的布置,规定检查维护的路线;定标准是指根据不同的运行时间段,规定判别设备劣化的标准并制定相应的检查维护方法、手段和操作流程;定记录是指为检查维护创建统一的简单明了的表格,由操作员或专职的维护人员将检查维护的结果如实地填写在表格内,尤其是设备的异常现象,应全面准确记录,同时相关操作人员应签名确认。

3. 建立企业设备的自主管理体系

(1)建立企业设备的自主管理体系的步骤

① 初始清洁(清洁、点检)。

② 对设备问题根源的攻关。

③ 标准规范的初步编制。

④ 点检实习。

⑤ 自主点检。

⑥ 整理整顿规范化。

⑦ 自主管理的不断完善。

（2）点检制的系统功能

设备点检制度是以设备点检为中心的设备管理体制，也是 TPM 的基础。对于自动化流水线设备，采用点检制度，可以有效地降低设备故障率，提高维修效率，提高生产品质，降低维修费用，从而给企业带来显著的经济效益。专职点检人员负责设备的点检，又负责设备管理，是操作和维修之间的桥梁与核心。

点检员对其管理区内的设备负有全权责任，严格遵守标准进行点检，制定维修标准，编制点检计划、检修计划，管理检修工程，编制材料计划及维修费用的预算。点检体系由 5 个部分组成：岗位操作人员的日常点检、专业点检人员的定期点检、专业技术人员的精密点检、专家的技术诊断和倾向性诊断、技术专家的精度测试检查。设备点检由操作人员、专业点检人员、专业技术人员、维修技术人员等，在不同专业和不同阶段为了达到同一目标，使各类专业技术的各个层次的人相互配合、协调，形成完善有效的设备管理体系。

（3）点检制的业务

设备点检按照设备区域、检查路线图、规定的业务流程进行。企业应当根据自身设备的特点编制相应的点检计划、点检标准，并对点检工作结果进行跟踪考核，具体来说就是"八定"。

① 定人员。点检作业的核心是专职点检员的点检，它不是巡回检查，而是固定点检区的人员做到定地点、定人员、定项目等，人员不会轻易变动。

② 定地点。预先设定好设备的点检计划表，包括明确设备的点检部位、项目和内容，以使点检人员能够心中有数，做到有目的、有方向地进行点检。

③ 定方法。对于不同的点采用不同的点检方法，通常称为"五感"，即听、看、闻、摸、尝。

④ 定周期。对于故障点的部位、项目、内容均有预先设定的周期，随着点检人员素质的提高和经验的积累，由其进行不断地修改、完善，摸索出最佳的点检周期。

⑤ 定标准。点检标准是衡量或判别点检部位是否正常的依据，也是判断此部位是否劣化的尺度。

⑥ 定表式。点检计划表（或点检作业卡）是点检员实施点检作业的指南，也是点检员心中的一份自主管理蓝图。

⑦ 定记录。点检实绩记录有固定格式，包括作业记录、异常记录、故障记录和倾向记录等。这些完整的记录为点检业务的信息传递提供了有价值的原始数据。

⑧ 定点检业务流程。

（4）点检专业人员

对专业点检员的要求很高，具有丰富的专业知识和实际工作经验，掌握各种技术和管理标准，制定维修计划、材料计划、资金预算，分析故障及处理意见，提出改善设备的对策等。

（5）点检计划和作业卡

制定点检作业卡、周点检计划卡、长期点检计划表等，使点检成为标准作业。

加工单元的PLC控制系统
设计及调试

7.1　任务实施过程

在车辆装配生产线中应对已经筛选完毕的零件进行后期处理,以便进行装配。因此,任务 7 是 MPS 加工单元的设计。加工单元获取到被筛选后的原料后进行流水加工,被加工后的元件离开该单元进入机械手单元进行搬运、装箱等后续操作。本任务将针对加工单元,研究其安装结构、工作原理和自动化的工作程序设计。

7.1.1　工作原理

对应于 MPS 的加工单元,其主要工作为:模拟钻孔并进行钻孔质量的检测。加工单元共包含 3 个功能模块:旋转工作台模块、钻孔检测模块、钻孔模块。

旋转工作台用于将待加工物件送到钻孔工作点,实现物件的钻孔加工。工作台由传感器系统定位,通过电感式传感器实现工作台定位。

带电感式传感器的电磁执行装置用于检测工件是否被放置到合适的位置。

加工单元是 MPS 中唯一没有使用气压传动系统的单元。

本单元使用了电感式接近开关、漫反射式光电传感器,旋转工作台采用的电气部件包含直流电机及其控制用继电器。

7.1.2　过程分析

首先确定加工单元内部各个模块的工作组织结构,如图 2-7-1 所示。

(1) 旋转工作台模块

旋转工作台模块中包含旋转工作台、直流电动机、电感式接近开关、

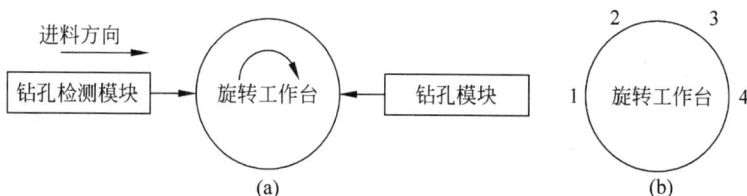

图 2-7-1　功能模块的工作顺序

漫反射式光电传感器、支架、定位凸块等。

　　工作台被固定在铝合金底板上,通过直流电动机进行驱动,实现工作台的旋转。工作台上具有 6 个圆孔,其中 4 个圆孔对应了 4 个工位,如图 2-7-1(b)所示,对应表 2-7-1。

表 2-7-1　旋转工作台 4 个工位的功能及传感器的功用

工位 1	识别该处是否具有待加工元件
工位 2	检测待加工工件高度是否符合要求
工位 3	钻孔加工点(对工件进行加工操作)
工位 4	完成件由此处被转运至下一单元

　　旋转工作台具有 6 个圆孔,因此,每次均以 60°的步进幅度旋转,由电感式接近开关判断工作台的位置,继而发出信号,使得旋转工作台下的直流电动机根据传感器的信号转动或停止。

　　旋转工作台的结构和主要参数如表 2-7-2 所示。

表 2-7-2　旋转工作台的结构和主要参数

结　　　构	参　　　数
	工位数量:6 直径:350mm 高度:125mm 额定电压:24V 额定转速:6min-1(带 47Ω 串联电阻) 额定电流:0.15A(带 47Ω 串联电阻) 额定电流:0.5A

　　(2) 检测模块

　　检测模块中包含固定支架、检测探头、检测电磁铁固定支架和检测传感器等。

　　探头携带检测传感器,用于对工件进行高度检查。

　　检测传感器为磁感应接近开关,对某个固定位置进行判定,通过接近开关断定探头能够运动触及该位置,说明符合高度要求,否则不符合,如图 2-7-2 所示。

　　(3) 钻孔模块

　　钻孔模块用于模拟对原料进行加工的过程。

　　钻孔模块中包括钻孔电机、钻孔装置升降电机、夹紧气缸、钻孔模块支架和传感器。

　　钻孔部分被升降电机带动,沿着支架上下运动,在其两端均设置有传感器(磁感应式接近开关），用于对升降过程进行定位。

　　夹紧气缸在安装过程中需要进行位置调节，以确保夹紧气缸能够对工件实现稳固的夹紧操作，故而设置如图 2-7-3 所示的传感器进行检测，传感器为磁感应式接近开关。

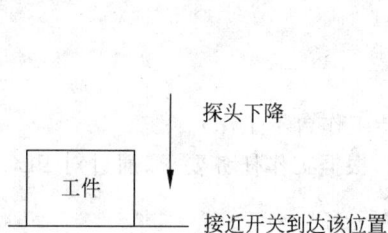

图 2-7-2　检测工件高度是否符合要求　　　　图 2-7-3　夹紧气缸运动检测示意图

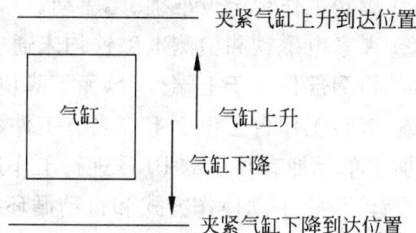

7.1.3　工作准备

（1）继电控制系统配备

　　加工单元与其他单元的不同之处在于附加了一个采用继电器的控制系统，因此首先需要明确该电气系统的构成和功能结构。

　　在旋转工作台的每一个工位都具有直流电动机。加工单元的全部工作通过机电控制系统对电动机的控制和操作来实现。在 MPS 的加工单元中，共包含有 5 个继电器用以控制直流电动机，作用在工作台旋转电机、工位 3 上控制钻孔电机、工位 3 控制钻孔装置上升和下降电机、工位 4 上实现工件转移的拨走电机。

　　在工位 4 上，将完成钻孔加工的工件转移至下一个工作单元，因此，在工位 4 的位置上设置有直流电机，旋转工作台每旋转一步（60°），拨叉就在直流电动机的带动下实现"拨走"动作一次，工件被分流，如图 2-7-4 所示。

图 2-7-4　工位 4 上的拨叉动作、工件分流示意图

（2）安装及使用注意事项

　　加工单元中存在继电器设备以及直流电机等设备，因此，在操作使用过程中需要注意这些设备的特点，使得继电器控制信号连接准确无误，避免触头竞争等常见错误的发生。

　　除此之外，还需要注意以下几个方面。

　　① 直流电动机及继电器等电工设备在安装及使用过程中严格遵循电气安全指标。

　　② 直流电动机采用小于 24V 的外接电源，原因在于 PLC 的触点直接输出驱动能力不足。

　　③ 由于有运动部件，因此，加工单元各个工件的安装需要足够牢固，以防止在运行过程中发生固定设备的螺丝松动等安全问题。

　　④ 加工单元内所有运动部件的安装位置需要具有足够的空间，以防止机械故障产生或安全问题出现。

　　⑤ 安装设备时需要考虑各类光电传感器正常工作时对环境的要求，以避免工作进程中可能出现的误动作。

　　⑥ 气压传动系统参数：气源工作压力在 6～8bar 之间。

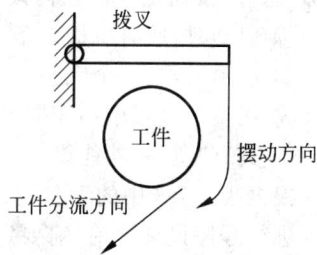

与其他工作单元类似,加工单元需要设置两种工作方式:手动单循环、自动循环。

首先确定加工单元的"初始位置",即:

① 钻孔模块处于上端位置。

② 旋转工作台定位准确、无驱动。

③ 夹紧电磁铁和检测电磁铁均未通电。

④ 检测部件处于上端位置,无下降位移。

⑤ 旋转工作台工位 1 上应当有工件(否则旋转工作台不工作)。

加工单元拥有独立的 PLC 进行工作过程控制,根据工作任务要求,通过对 PLC 进行程序设计,设定手动操作方式和自动循环操作方式。

(3) 手动操作方式

手动操作方式的工序流程图如图 2-7-5 所示。

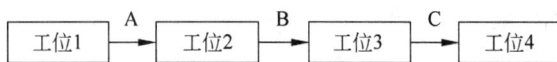

| 工位1 | A | 工位2 | B | 工位3 | C | 工位4 |

图 2-7-5　加工单元手动操作方式的工序流程示意图

3 个点:

A:旋转工作台启动条件,即需要工位 1 上有工件存在。

B:被钻孔加工。

C:钻孔质量检测的结果被存储。

手动操作方式可描述为:一旦"启动"按钮被按下,则在一个完整的过程之内,不再受到除"急停"按钮之外的任何按钮的操作控制。因此,手动操作方式需要注意如下事项。

① 启动时,所有机械设备、电气设备需要处于初始位置。

② 启动后,在一个完整的工序进程中,不受启动按钮控制。

③ 在整个过程中不需要另外的人工操作。

④ 具有"急停"功能设计。

根据表 2-7-3 中的 I/O 地址设计出 PLC 的接口结构,并据此编制程序。

进行程序设计之前,需要定制程序设计流程图,程序流程图的设计需要注意以下两个方面的问题。

① 同一个执行机构在不同阶段所做的相同动作需要严格区分开,PLC 程序不能检查出错误,但执行过程中容易出现安全事故。

② 如果若干个程序段对应同一个执行机构,需要注意优化程序段之间的逻辑结构,保证各个程序段执行的条件有明显的区分。

(4) 自动循环方式

自动循环工作方式与手动循环工作方式最大的不同在于,自动方式在工作过程中不需要任何人工干预,在按下了"启动"按钮之后,便不再停止(停止条件到达之前),但是需要重点针对紧急停机的功能进行设计,以保证紧急状态下的停机动作完善,从而确保安全。

在自动循环工作方式下,对 PLC 进行 I/O 规划与在手动模式下相同。

① 启动条件:执行结构处于初始位置,且 1 号工位没有工件。

② 1 号工位有工件→工作台带动其运转到 2 号工位,等待 1 号工位有新工件→旋转,将新工件送入 2 号工位。

表 2-7-3 PLC手动操作方式的 I/O 配置

序号	地址	设备符号	设备名称	设备用途	信 号 特 征
1	I0.0	START	按钮	启动	按下时,信号为1
2	I0.3	AUTO/MAN	选择开关	自动/手动	0:自动;1:手动
3	I0.4	STOP	按钮	停止	按下时,信号为1
4	I4.0	B8	光电传感器	1号位有工件?	0:无工件;1:有工件
5	I4.1	B7	电感式传感器	工作台到位?	0:工作台没到位;1:到位
6	I4.2	3B1	磁感应式接近开关	夹紧气缸位置	1:夹紧气缸在退回位置
7	I4.3	3B2	磁感应式接近开关	夹紧气缸位置	1:夹紧气缸在推出位置
8	I4.4	1B1	磁感应式接近开关	钻孔气缸位置	1:钻孔气缸在上方位置
9	I4.5	1B2	磁感应式接近开关	钻孔气缸位置	1:钻孔气缸在下方位置
10	I4.6	2B1	磁感应式接近开关	检测气缸位置	1:检测气缸在上方位置
11	I4.7	2B2	磁感应式接近开关	检测气缸位置	1:检测气缸在下方位置
12	Q4.1	K1	继电器	控制钻孔电机	1:钻孔电机转动
13	Q4.2	K2	继电器	控制工作台电机	1:工作台电机转动
14	Q4.3	1Y1	电磁阀	控制钻孔气缸	0:钻孔气缸停止;1:气缸上升
15	Q4.4	1Y2	电磁阀	控制钻孔气缸	0:钻孔气缸停止;1:气缸下降
16	Q4.5	3Y1	电磁阀	控制夹紧气缸	0:夹紧气缸伸出;1:夹紧气缸退回
17	Q4.6	2Y1	电磁阀	控制检测气缸	0:检测气缸下降;1:检测气缸上升

③ 循环进行上述过程,直至接收到急停或停止命令。

④ 停止动作对应一个停止过程,即旋转工作台继续工作,直至 4 号工位的相应操作结束。

自动循环操作的初始位置如下:

① 钻孔气缸处于上端位置。

② 旋转工作台工位正确。

③ 夹紧气缸处于伸出位置。

④ 检测气缸处于上端位置。

根据控制任务的要求,在考虑了安全、效率以及工作可靠性的基础上,设计出程序流程图。关于流程图需要注意以下问题。

① 可设置一个"启动/停止"的标志,以控制程序流程,保证程序完善、安全。

② 在程序编制中严密注意传感器信号。

③ 不同程序段对同一个执行机构实施动作,必须在程序中设置保护措施,以防止其同时发生,造成设备损坏。

④ 程序编写完成后,需重点注意工作台转动时,夹紧气缸、检测气缸是否会与工作台发生干涉。

7.1.4 工作实施

如上所述,与其他工作单元相同,加工单元采用独立的 PLC 进行过程控制,具有两种控制模式:手动单循环模式和自动循环模式。此前已进行讲述,这两种控制方式对于 PLC 而言,程序流程结构大致相同,硬件结构基本上保持不变。因此,在图 2-7-6 和图 2-7-7 中,主要的区别在于程序跳转的条件。在进行流程图分析时需要认真体会跳转条件的设置。

图 2-7-6 所示为手动单循环工作方式。

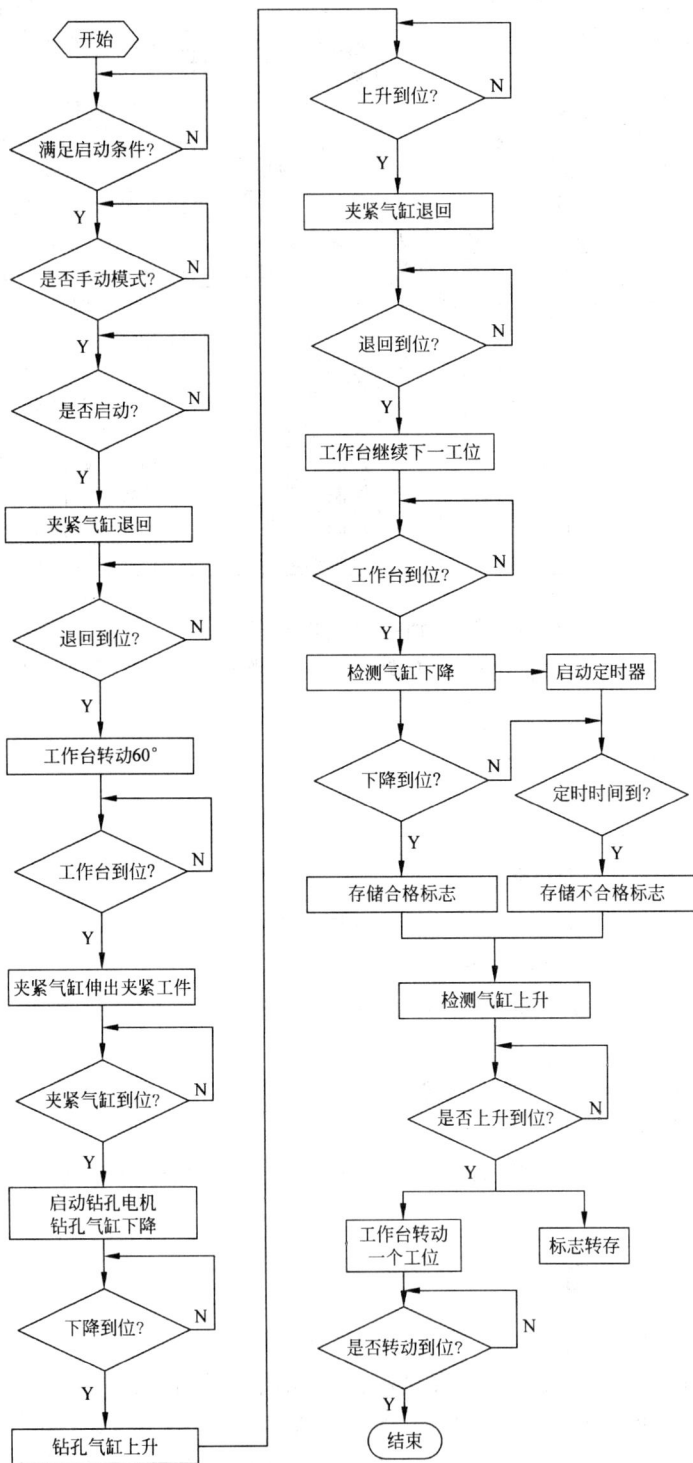

图 2-7-6 手动单循环模式程序流程图

图 2-7-7 所示为自动循环工作方式。

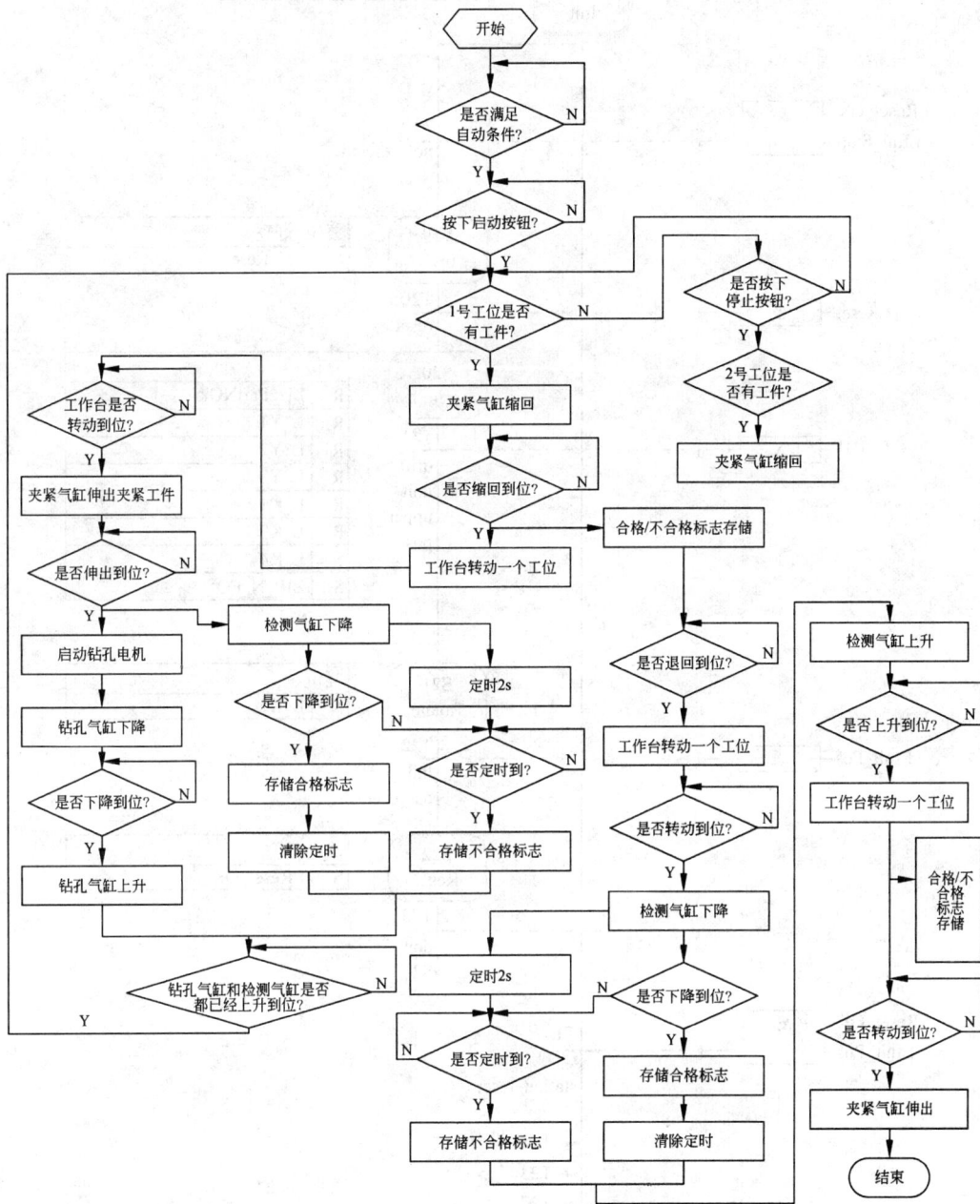

图 2-7-7　自动循环模式程序流程图

操作要求：开始前检测站是否复位，如果没有复位，复位灯亮，已经复位，开始灯亮，按下开始按钮，有工件转盘转动 60°，检测第一个工件是否合格，检测结束，转盘转动60°，对工件进行加工，加工结束，转盘转动 60°，推出工件，循环结束。如图 2-7-8 所示。

S1 Init		检测是否复位

LReset_OK — LEm_Stop —	&	⊢	T19 not_reseted

S19 res...	复位_灯亮
	N	LH_Reset

LReset —	&	⊢	T20 reset

S20 actu...	复位	
	R	LH_PartNOk
	R	L_Y1
	R	L_Y2
	R	L_Y3
	R	L_K1
	R	L_K3
	S	L_K4
	S	LIP_N_FO

L_1B1 —	&	⊢	T21 drill_ unit_ upper_ pos

S21 Rotate	复位	
	N	L_K2

LInit_Pos —	&	⊢	T22 init_p os_reached

S22 Res...	成功复位	
	S	LReset_OK

T23
done
↓S2

LReset_OK — LInit_Pos —	&	⊢	T1

station_reset

← T18
← T23
← T27

S2 inte...	检测是否启动

LF_Start —	&	⊢	T24 Trans6

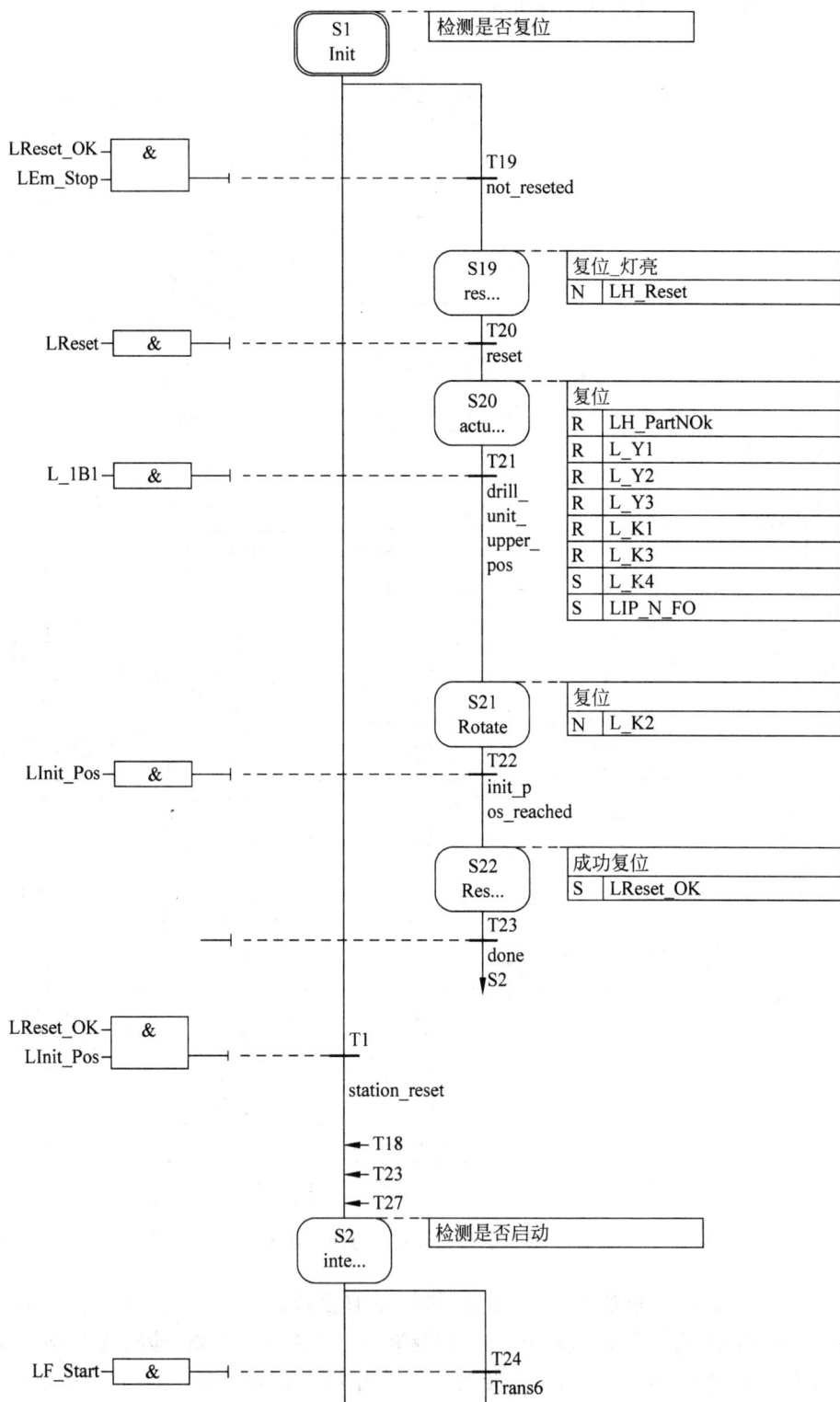

图 2-7-8　加工单元操作要求

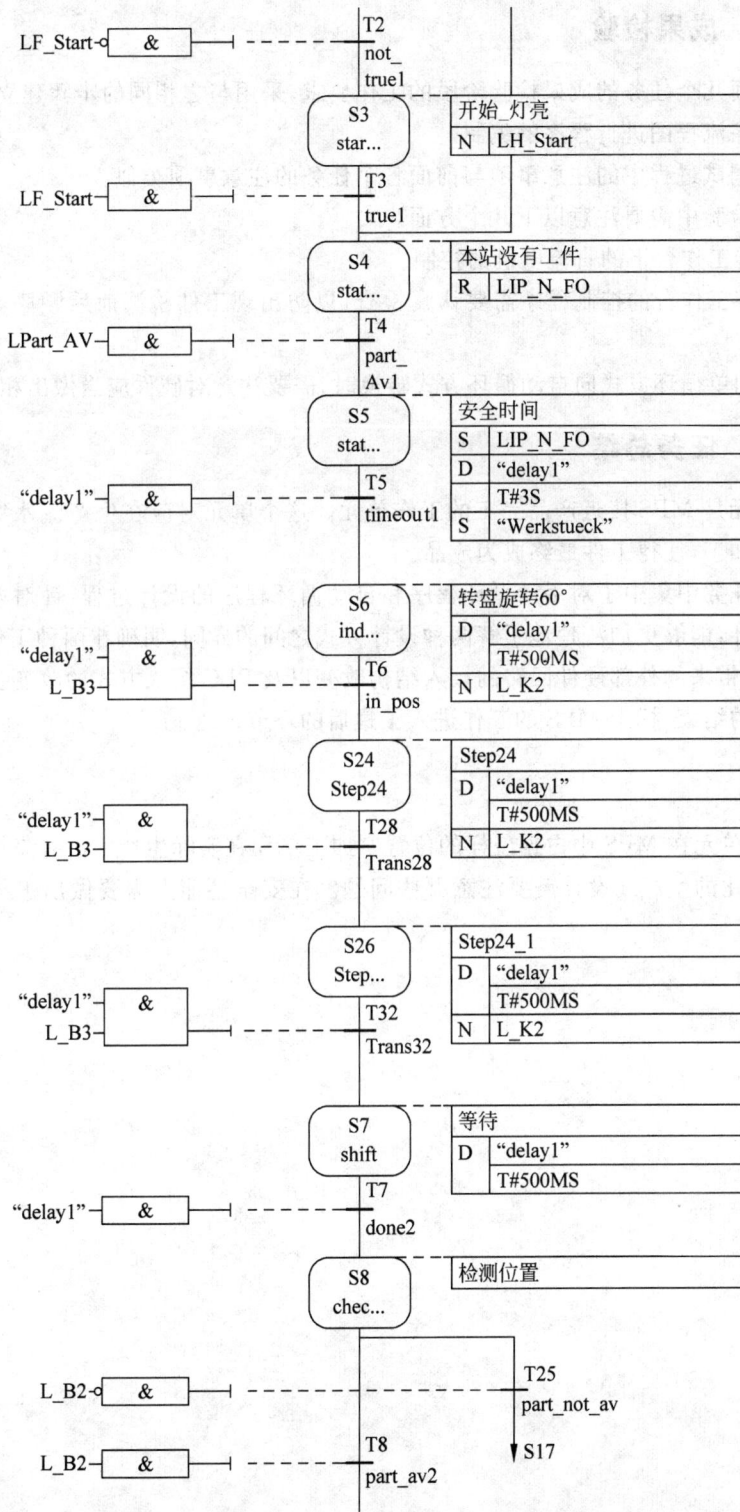

	开始_灯亮	
S3 star...	N	LH_Start

LF_Start—&—　　T2 not_true1

LF_Start—&—　　T3 true1

	本站没有工件	
S4 stat...	R	LIP_N_FO

LPart_AV—&—　　T4 part_Av1

	安全时间	
S5 stat...	S	LIP_N_FO
	D	"delay1"
		T#3S
	S	"Werkstueck"

"delay1"—&—　　T5 timeout1

	转盘旋转60°	
S6 ind...	D	"delay1"
		T#500MS
	N	L_K2

"delay1"—&—
L_B3——　　T6 in_pos

	Step24	
S24 Step24	D	"delay1"
		T#500MS
	N	L_K2

"delay1"—&—
L_B3——　　T28 Trans28

	Step24_1	
S26 Step...	D	"delay1"
		T#500MS
	N	L_K2

"delay1"—&—
L_B3——　　T32 Trans32

	等待	
S7 shift	D	"delay1"
		T#500MS

"delay1"—&—　　T7 done2

	检测位置	
S8 chec...		

L_B2—&—　　T25 part_not_av → S17

L_B2—&—　　T8 part_av2

图　2-7-8(续)

7.1.5　成果检验

根据前面几个任务的成果检验阶段的工作要求,采用与之相同的步骤建立工作任务,根据上述程序流程图进行程序的编制。

在程序调试过程中的注意事项与前面各个任务的注意事项类似。

在成果检验中需要注意以下几个方面。

(1) 旋转工作台下的直流电机的控制。

(2) 选装工作台的控制程序需要认真检查,以防出现工件检测前后顺序不能相互配合的状况。

(3) 手动单循环方式向自动循环方式转换时,需要注意对硬件应当做出相应的调整。

7.1.6　任务总结

加工单元是 MPS 接近产品完工的工作单元。这个单元对应在生产流水线上对工件做出最后的加工,使得工件最终成为成品。

本工作任务中集中了对手动循环程序和自动循环程序的设计过程,针对两种工作方式的流程设计,能够更加清楚地了解两种设计方式之间的异同,明确在两种工作方式的切换进程中,所带来的外部硬件回路的接入结构改变以及 PLC 接入方式的改变。

任务 7 的结束,标志 MPS 的工作进入了最后的环节。

思考题

1. 加工单元在 MPS 中占据怎样的位置? 加工单元在实际生产中占有怎样的位置?

2. 自动化的生产线设计需要注意哪些问题? 在安全性能上需要做出怎样的设置或设计?

操作手单元、分拣单元的控制系统设计及调试

8.1 任务实施过程

8.1.1 工作原理

（1）操作手单元

操作手单元采用柔性 2 自由度操作装置，可以将工件直接传输到下一个工作单元，其主要构成如下：

① 提取模块。

② 滑槽模块。

③ 气源处理组件。

④ I/O 界限端子、CP 阀组、真空发生器和真空检测传感器。

操作手单元采用独立的 PLC 进行工作过程控制，需要进行手动和自动两种工作模式设计。

（2）分拣单元

分拣单元可以实现工件按照材质或颜色进行分拣，可以将工件按照颜色分配到 3 个滑槽中，本单元主要包括如下模块和工件。

① 供料检测模块。

② 传送模块。

③ 滑槽模块。

④ 气源处理组件、I/O 界限端口、CP 阀组、继电器。

⑤ 对射式光电传感器和反射式光电传感器。

8.1.2 过程分析

（1）操作手单元

提取模块是本单元的重要功能模块。

提取模块实际上是一个"气动机械手",主要由两个直线气缸(提取气缸和摆臂气缸)、一个转动气缸及支架组成。提取气缸在结构和外观上不同于一般的直线气缸,在末端外部安装有夹持装置和吸嘴,用于提取工件。在气缸的两端分别安装有磁感应式接近开关,用于判断气缸的动作是否到位。

摆臂气缸构成气动机械手臂,可以实现水平方向的伸出和缩回动作,在极限位置同样安装有磁感应式接近开关,用于判断气缸动作是否到位。

操作手单元功能示意图如图 2-8-1 所示。

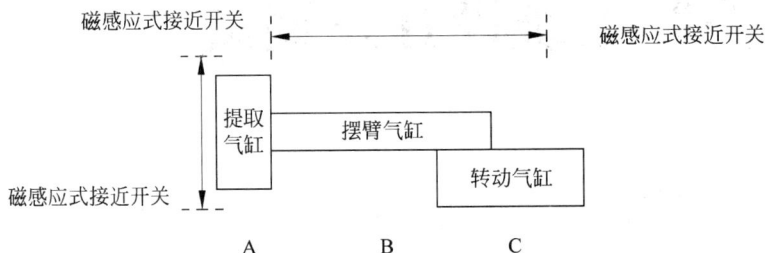

图 2-8-1　操作手单元功能示意图

在图 2-8-1 中,C 带动了 B,B 上安装了 A,A 直接进行工件的提取。

① A 为提取气缸,可上下移动,极限位置安装有磁感应式接近开关。

② B 为摆臂气缸,可直线往复运动,极限位置安装有磁感应式接近开关。

③ C 为转动气缸,可 180°旋转,带动 A 和 B 运动,极限位置安装有磁感应式接近开关。

操作手单元需要设计两种工作模式,即手动单循环工作模式和自动工作模式。两者的工作顺序基本相同,如图 2-8-2 所示。

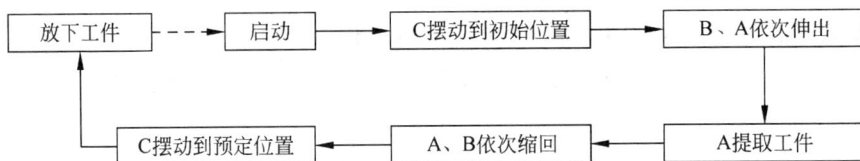

图 2-8-2　操作手单元工作顺序

在"放下工件"动作中需要有一个对工件是否符合要求进行判断的环节,以使得工件能够被投放到正确的滑槽位置。

(2) 分拣单元

分拣单元可以实现对工件按照材质或者颜色分拣的过程,将工件分拣到 3 个滑槽中,其主要功能模块为"工料检测模块"和"传送模块"。

① 工料检测模块:识别工件材质和颜色,由阻挡气缸、漫反射式光电传感器(A)、电感式传感器(B)及光电传感器(C)组成。其中,A 用于识别是否有工件到来,B 用于识别工件材质(是否为金属材质),C 用于识别工件颜色(是否为非黑色)。

② 传送模块:其中传送带用于将所有工件依次传送到指定的位置,由导向模块根据

工件材质、颜色的判断结果进行拦截及引导,将不同材质和颜色的工件分别送入到3个滑槽中。

分拣单元示意图如图 2-8-3 所示：A、B、C 三类传感器安装在传送带的前端,对进入传送带的工件进行检测,分别在导向模块附近,按照检测结果将不同的工件送入到滑槽1、2、3 之内,完成工件(即"成品")的分拣。

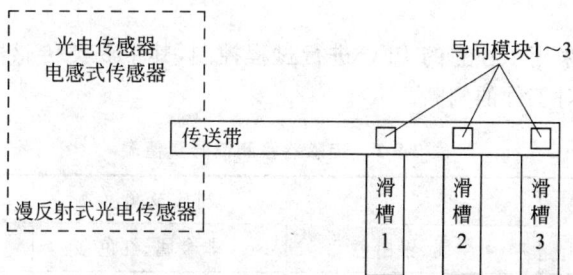

图 2-8-3　分拣单元结构示意图

分拣单元同样包含手动单循环和自动循环两种控制模式,其基本流程如图 2-8-4 所示。

① 当第一个工件被放置到传送带左端(起始端)时,导向模块 1 推出,使得工件从第一个滑槽中分流出去。

② 当第二个工件被放置到传送带左端(起始端)时,导向模块 2 推出,使得工件从第一个滑槽中分流出去。

③ 当第三个工件被放置到传送带左端(起始端)时,导向模块 3 推出,使得工件从第一个滑槽中分流出去。

依据上述方式即可实现一个完整的循环。

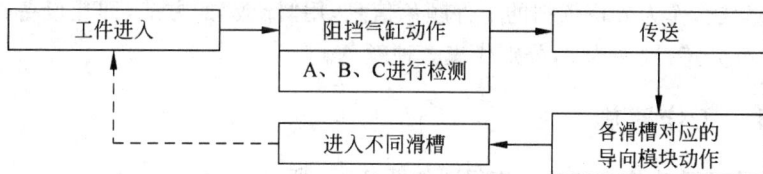

图 2-8-4　分拣单元工作流程

8.1.3　工作准备

(1) 操作手单元

操作手单元两种工作模式(手动和自动)的起始位置相同,要求如下：

① 摆臂(B)位于右端位置。

② 摆臂气缸处于缩回位置。

③ 提取气缸(A)处于上端位置。

④ 气动元件处于复位状态。

各种元件、组件在工作过程中,在空间位置上需要具备足够的余量,以防止与其他元件、组件发生碰撞,具体有以下几点需要注意。

① 在铝合金板上安装走线槽、盖板和导轨。

② 在导轨上确定出 PLC 接线端子、CP 阀组的位置,按照电气安装规则走线。

③ 气动回路的连接放在最后一步,以便于调整位置,确保操作手单元工作过程中的安全。

（2）分拣单元

分拣单元依旧采用了独立的 PLC 进行过程控制,其中 3 类传感器需要进行表 2-8-1 所示的配合以完成对工件的判断。

表 2-8-1 传感器检测信号真值表

传　感　器	材质及颜色		
	金属、银白色	非金属、红色	非金属、黑色
漫反射式光电传感器	1	1	1
光电传感器	1	1	0
电感式传感器	1	0	0

分拣单元包含两种工作模式,即手动单循环和自动循环模式,也存在"初始位置",如下:

① 导向气缸 1 处于退回位置。

② 导向气缸 2 处于退回位置。

③ 传送带处于停止状态。

需要注意的问题:分拣单元作为独立设备被控制时,需要有工件及其信息的来源(即对工件的材质和颜色的判断结果)。在手动控制的编程中,通过用人工放置的方法来解决工件的输送问题,作为分拣依据的工件颜色信息,用"计数"的方式,即让设备按照放置工件的顺序进行分拣,周期为 3,分别代表 3 种颜色。

8.1.4 工作实施

操作手单元手动单循环控制流程图如图 2-8-5 所示。

操作手单元自动模式下的流程图如图 2-8-6 所示。与图 2-8-5 基本相同,不同之处在于流程图的最后环节需要做出"是否按下停止按钮"的判断,原因在于:自动模式是不需要人工干预的自动工作方式,除非有停止信号发出,否则将按照既定要求循环工作。

操作手单元 PLC 的 I/O 分配表如表 2-8-2 所示。

操作要求:开始前检测站是否复位,如果没有复位,复位灯亮,已经复位,开始灯亮,按下开始按钮,如果站上有工件,气抓手向下抓取工件,气抓手组件向上,到位后检测工件颜色,如果是黑色的,则气抓手组件向右移动到第一个滑槽位置,如果不是黑色的,则气抓手组件向右移动到第二个滑槽位置,然后气抓手向下放下工件,气抓手组件回到原位,循环结束,如图 2-8-7 所示。

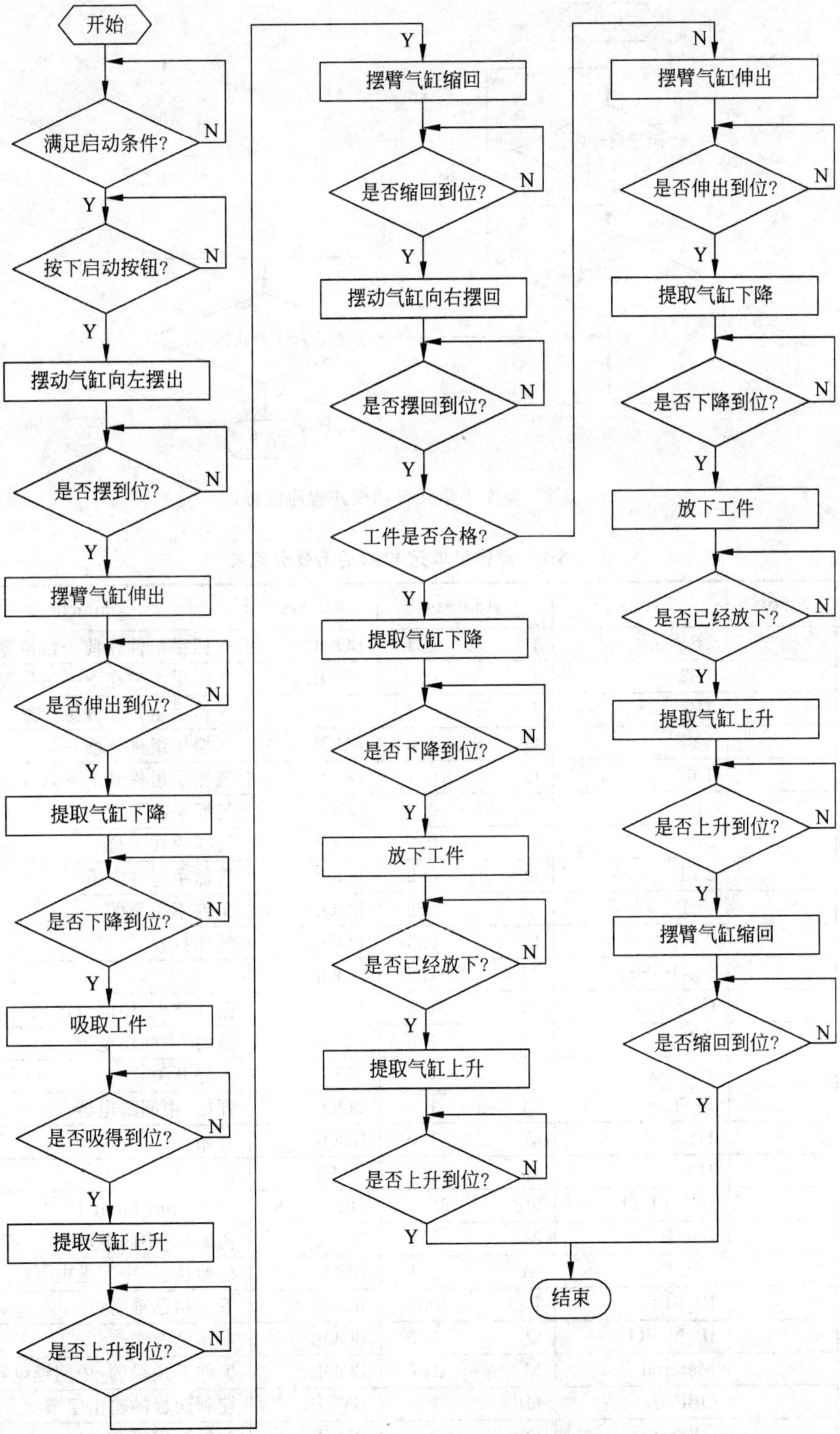

```
开始

满足启动条件? ──N
    │Y
按下启动按钮? ──N
    │Y
摆动气缸向左摆出
    │
是否摆到位? ──N
    │Y
摆臂气缸伸出
    │
是否伸出到位? ──N
    │Y
提取气缸下降
    │
是否下降到位? ──N
    │Y
吸取工件
    │
是否吸得到位? ──N
    │Y
提取气缸上升
    │
是否上升到位? ──N


摆臂气缸缩回 ──Y
    │
是否缩回到位? ──N
    │Y
摆动气缸向右摆回
    │
是否摆回到位? ──N
    │Y
工件是否合格? ──
    │Y
提取气缸下降
    │
是否下降到位? ──N
    │Y
放下工件
    │
是否已经放下? ──N
    │Y
提取气缸上升
    │
是否上升到位? ──Y


摆臂气缸伸出 ──N
    │
是否伸出到位? ──N
    │Y
提取气缸下降
    │
是否下降到位? ──N
    │Y
放下工件
    │
是否已经放下? ──N
    │Y
提取气缸上升
    │
是否上升到位? ──N
    │Y
摆臂气缸缩回
    │
是否缩回到位? ──N
    │Y

结束
```

图 2-8-5　操作手单元手动单循环控制流程图

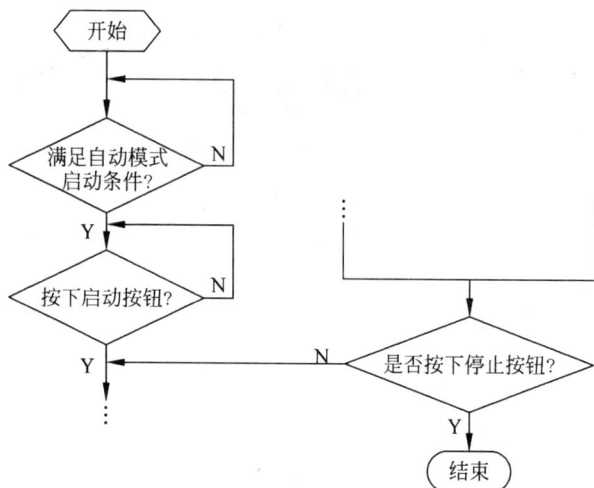

图 2-8-6 操作手单元自动模式程序流程图

表 2-8-2 操作手单元 PLC 的 I/O 分配表

序号	Status	Symbol	Address		Data type		Comment
1		1B1	I	0.1	BOOL		气抓手组件在前一站位置
2		1B2	I	0.2	BOOL		气抓手组件在下一站位置
3		1B3	I	0.3	BOOL		气抓手组件在分拣位置
4		1Y1	Q	0.0	BOOL		气抓手组件到前一站
5		1Y2	Q	0.1	BOOL		气抓手组件到下一站
6		2B1	I	0.4	BOOL		气抓手在下位
7		2B2	I	0.5	BOOL		气抓手在上位
8		2Y1	Q	0.2	BOOL		气抓手组件向下
9		3B1	I	0.6	BOOL		工件不是黑的
10		3Y1	Q	0.3	BOOL		气抓打开
11		CircleType	M	2.5	BOOL		
12		CycleEnd	M	1.3	BOOL		循环结束_中间继电器
13		delay	M	1.6	BOOL		延时_中间继电器
14		Em_Stop	I	1.5	BOOL		急停开关
15		F_Start	M	1.0	BOOL		开始_中间继电器
16		H1	Q	1.0	BOOL		开始_灯
17		H2	Q	1.1	BOOL		复位_灯
18		I/O_FLT1	OB	82	OB	82	I/O Point Fault 1
19		Init_Bit	M	1.5	BOOL		初始位_中间继电器
20		Init_Pos	M	1.1	BOOL		初始位置_中间继电器
21		IP_FI	I	0.7	BOOL		下一站已准备好
22		IP_N_FO	Q	0.7	BOOL		本站已有工作
23		Material	M	1.7	BOOL		工件不是黑的_中间继电器
24		OBPan	QB	1	BYTE		控制面板的输出字节
25		OBStat	QB	0	BYTE		站的输出字节
26		P_DB40	DB	40	FB	40	数据模块

序号	Status	Symbol	Address		Data type		Comment
27		P_EmS41	FC	41	FC	41	急停模块
28		P_FB40	FB	40	FB	40	功能模块
29		P_Init	OB	100	OB	100	启动模块
30		P_Org	OB	1	OB	1	组织模块
31		P_Stop42	FC	42	FC	42	停止模块
32		Part_AV	I	0.0	BOOL		工件已准备好
33		RACK_FLT	OB	86	OB	86	Loss of Rack Fault
34		RC_CircleType	M	2.3	BOOL		
35		RC_Reset	M	2.1	BOOL		远程控制复位
36		RC_Start	M	2.0	BOOL		远程控制开始
37		RC_Stop	M	2.2	BOOL		远程控制停止
38		RCVar	MB	2	BYTE		远程控制中间继电器字节
39		Reset_OK	M	1.2	BOOL		成功复位_中间继电器
40		S1	I	1.0	BOOL		开始按钮
41		S2	I	1.1	BOOL		停止按钮
42		S3	I	1.2	BOOL		自动/手动开关
43		S4	I	1.3	BOOL		复位按钮
44		TIME_TCK	SFC	64	SFC	64	读取系统时间
45		Varl	MB	1	BYTE		中间继电器字节
46		Werkstueck	M	2.4	BOOL		

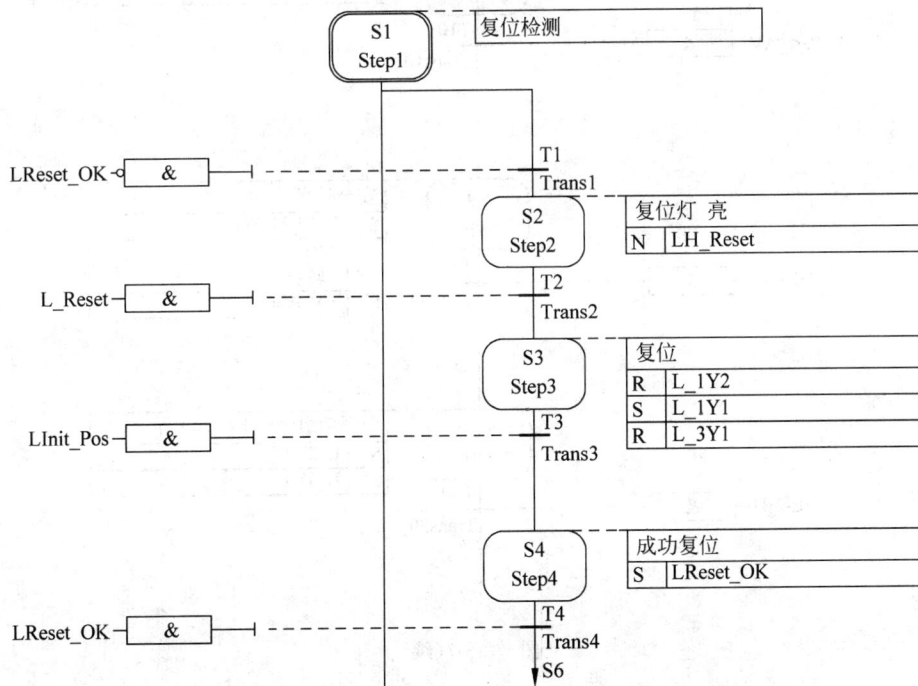

图 2-8-7 操作手单元操作要求

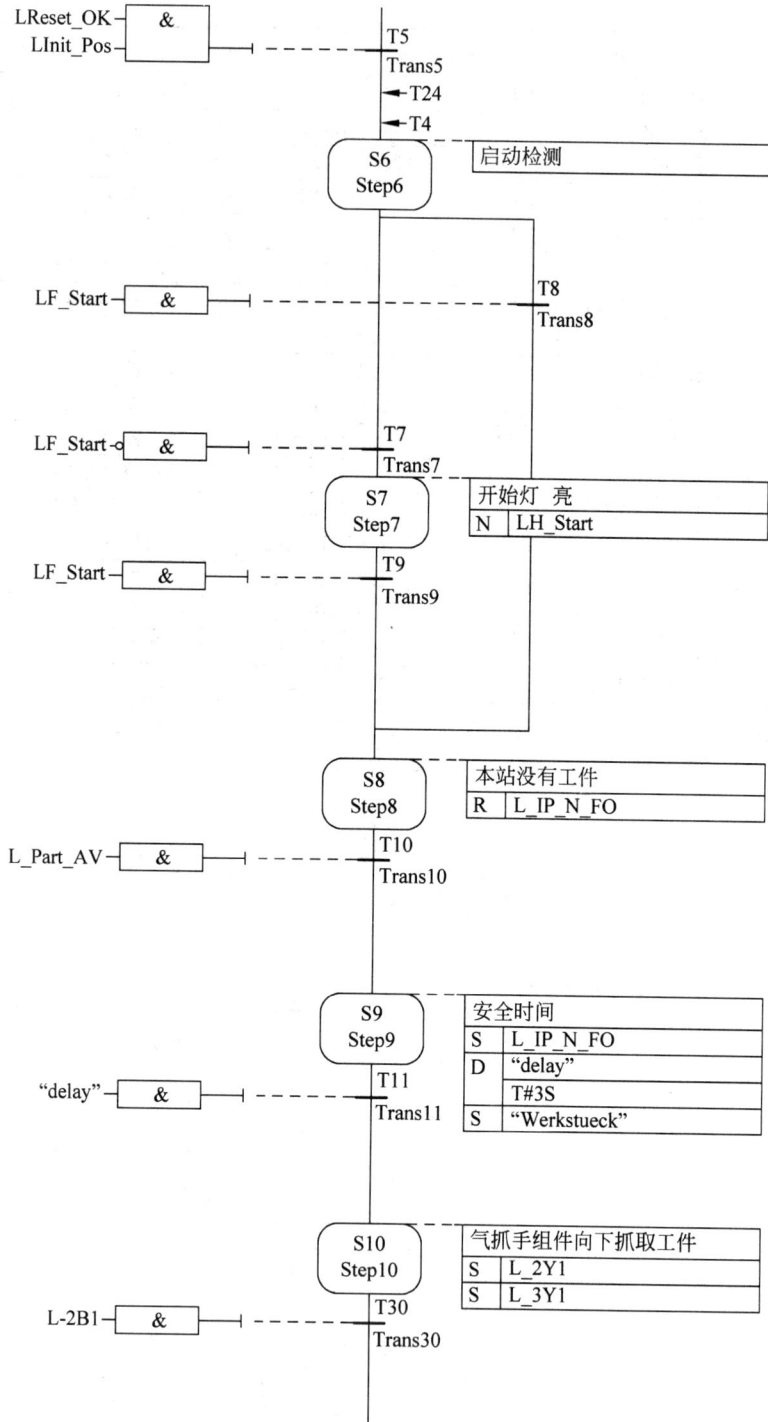

图 2-8-7(续)

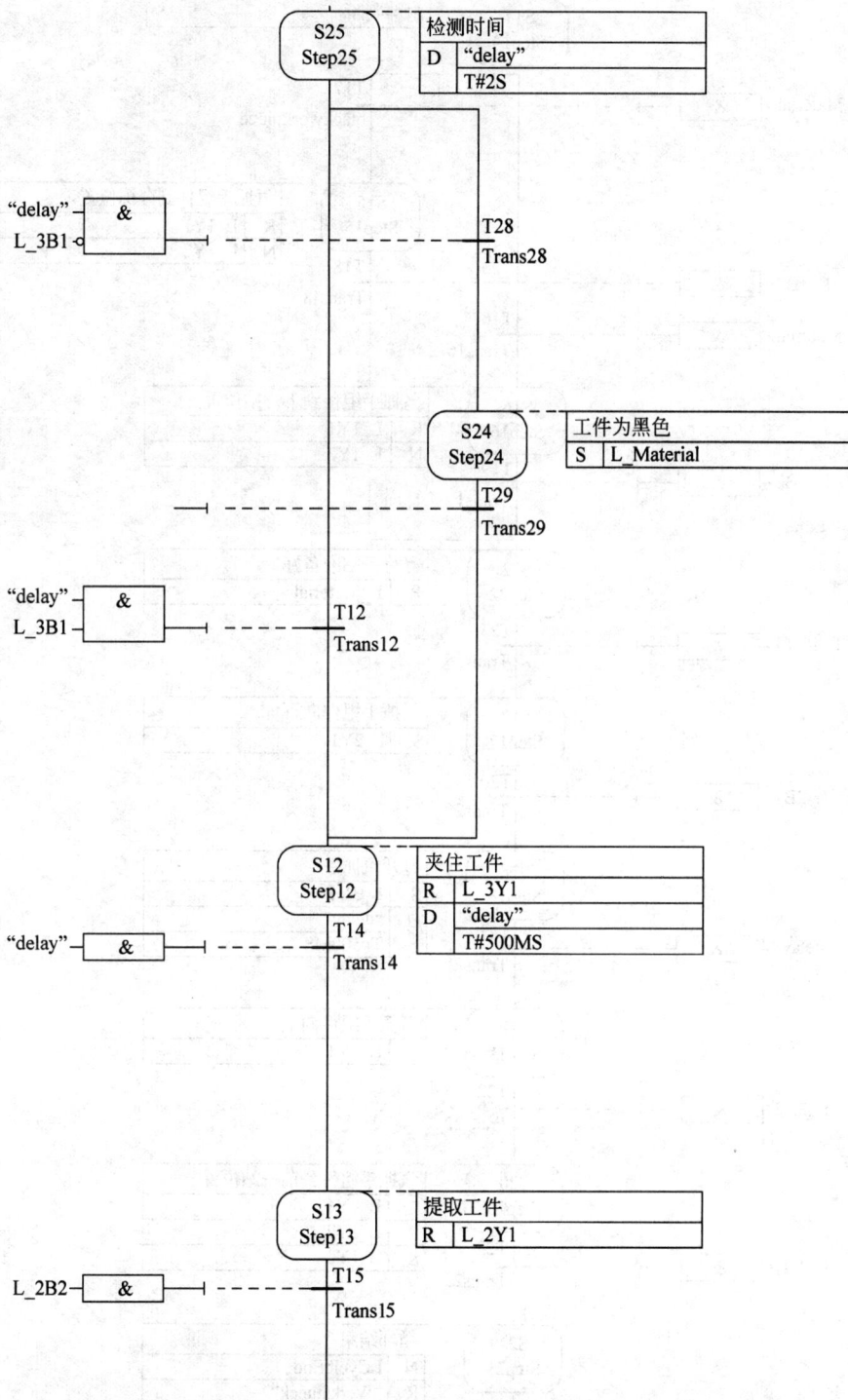

S25 Step25	检测时间	
	D	"delay"
		T#2S

"delay"
L_3B1 ─o ─── & ─────── T28
Trans28

S24 Step24	工件为黑色	
	S	L_Material

T29
Trans29

"delay"
L_3B1 ─── & ─────── T12
Trans12

S12 Step12	夹住工件	
	R	L_3Y1
	D	"delay"
		T#500MS

"delay" ─── & ─── T14
Trans14

S13 Step13	提取工件	
	R	L_2Y1

L_2B2 ─── & ─── T15
Trans15

图　2-8-7（续）

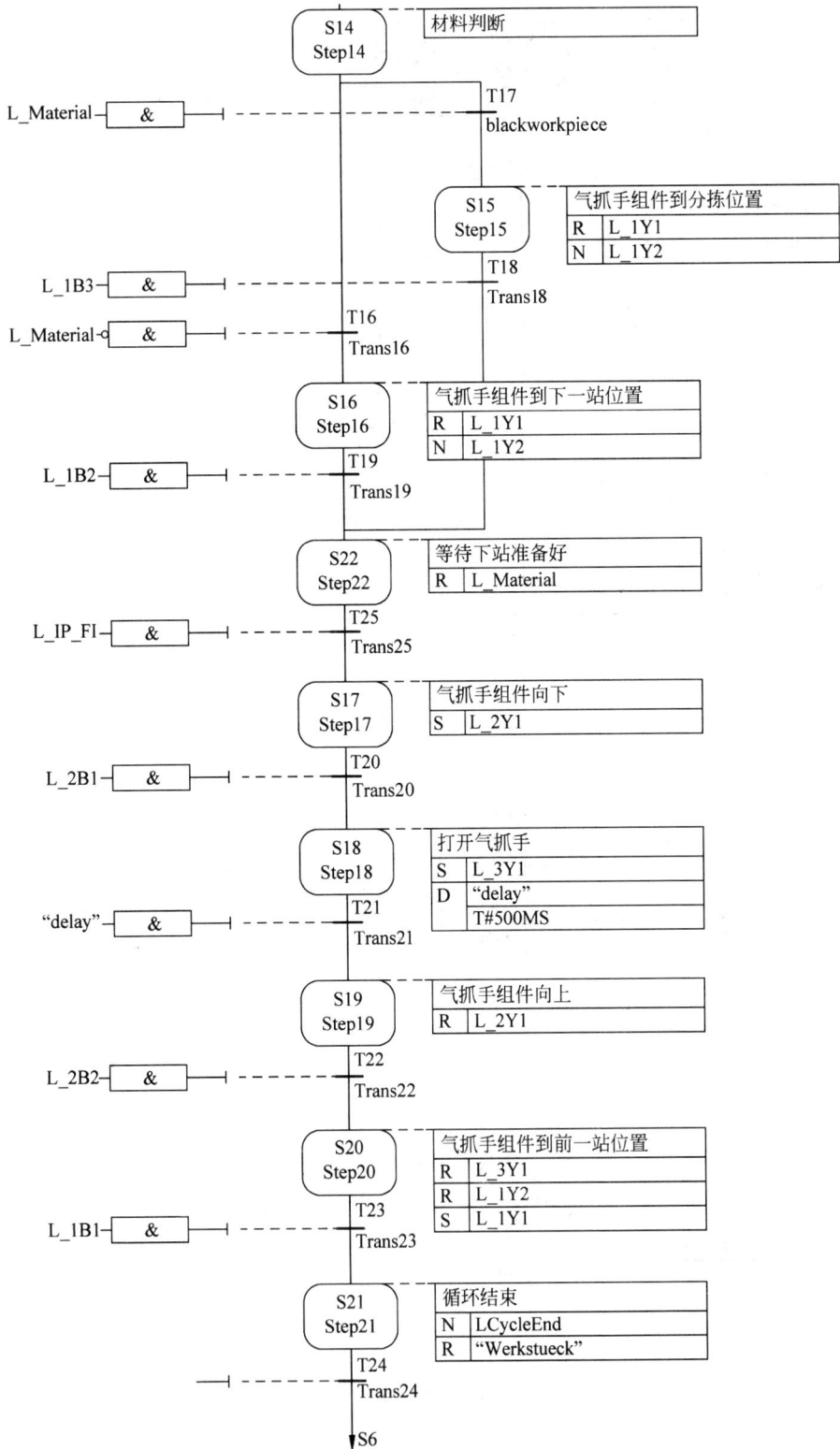

图 2-8-7(续)

分拣单元手动控制程序流程图如图 2-8-8 所示。

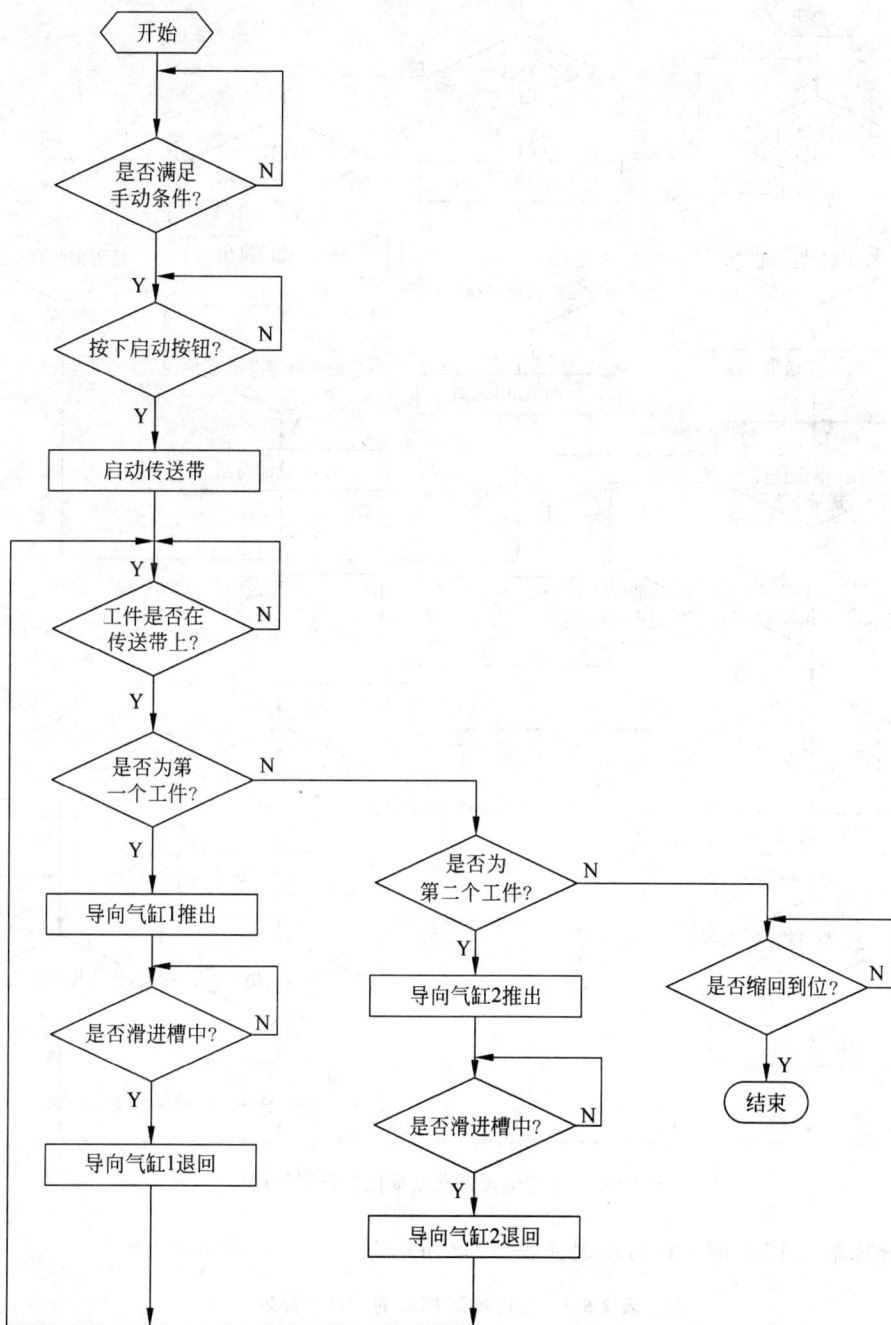

图 2-8-8 分拣单元手动控制程序流程图

分拣单元自动连续控制程序流程图如图 2-8-9 所示。

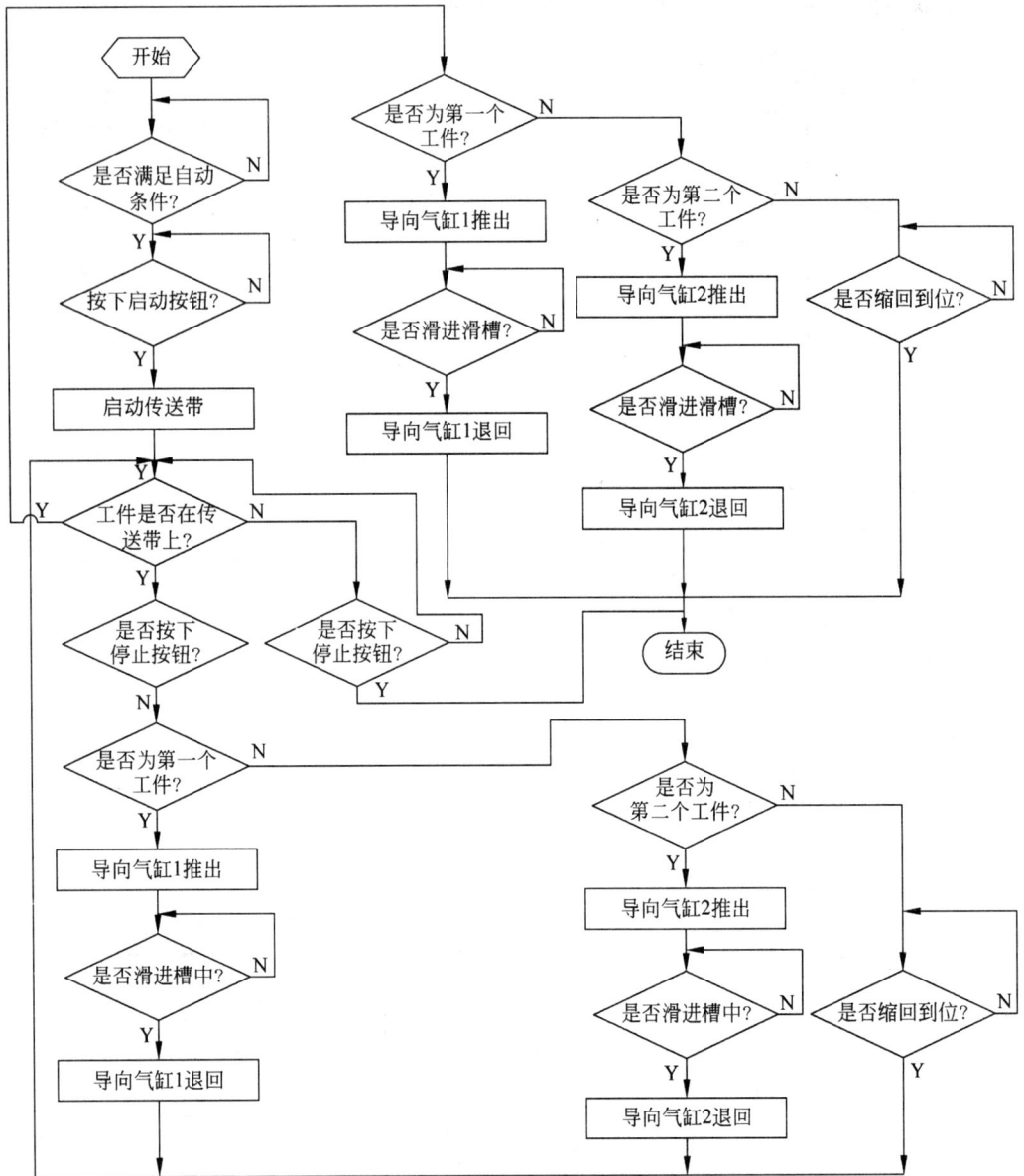

图 2-8-9　分拣单元自动连续控制程序流程图

分拣单元 PLC 的 I/O 分配表如表 2-8-3 所示。

表 2-8-3　分拣单元 PLC 的 I/O 分配表

序号	Status	Symbol	Address		Data type	Comment
1		1B1	I	0.4	BOOL	分拣手臂 1 在缩回位置
2		1B2	I	0.5	BOOL	分拣手臂 1 在伸出位置
3		1Y1	Q	0.1	BOOL	分拣手臂 1 伸出

续表

序号	Status	Symbol	Address		Data type		Comment
4		2B1	I	0.6	BOOL		分拣手臂2在缩回位置
5		2B2	I	0.7	BOOL		分拣手臂2在伸出位置
6		2Y1	Q	0.2	BOOL		分拣手臂2伸出
7		3Y1	Q	0.3	BOOL		挡块缩回
8		B2	I	0.1	BOOL		工件是金属的
9		B3	I	0.2	BOOL		工件不是黑的
10		B4	I	0.3	BOOL		滑槽满了
11		CircleType	M	2.5	BOOL		
12		CycleEnd	M	1.3	BOOL		循环结束
13		delay	M	1.6	BOOL		延时继电器
14		Em_Stop	I	1.5	BOOL		急停按钮
15		F_Start	M	1.0	BOOL		开始_中间继电器
16		H1	Q	1.0	BOOL		开始_灯
17		H2	Q	1.1	BOOL		复位_灯
18		H3	Q	1.2	BOOL		滑槽满_灯
19		I/O_FLT1	OB	82	OB	82	I/O Point Fault 1
20		Init_Bit	M	1.5	BOOL		初始位
21		Init_Pos	M	1.1	BOOL		初始位置
22		IP_N_FO	Q	0.7	BOOL		本站已有工作
23		K1	Q	0.0	BOOL		电机工作
24		OBPan	QB	1	BYTE		控制面板的输出
25		OBStat	QB	0	BYTE		站的输出
26		P_DB70	DB	70	FB	70	数据模块
27		P_EmS71	FC	71	FC	71	急停模块
28		P_FB70	FB	70	FB	70	功能模块
29		P_Init	OB	100	OB	100	启动模块
30		P_Org	OB	1	OB	1	组织模块
31		P_Stop72	FC	72	FC	72	停止模块
32		Part_AV	I	0.0	BOOL		工件已准备好
33		RACK_FLT	OB	86	OB	86	Loss of Rack Fault
34		RC_CircleType	M	2.3	BOOL		远程控制钥匙
35		RC_Reset	M	2.1	BOOL		远程控制复位
36		RC_Start	M	2.0	BOOL		远程控制开始

序号	Status	Symbol	Address		Data type		Comment
37		RC_Stop	M	2.2	BOOL		远程控制停止
38		RC_Var	MB	2	BYTE		远程控制中间继电器
39		Reset_OK	M	1.2	BOOL		成功复位
40		S1	I	1.0	BOOL		开始按钮
41		S2	I	1.1	BOOL		停止按钮
42		S3	I	1.2	BOOL		自动/手动开关
43		S4	I	1.3	BOOL		复位按钮
44		TIME_TCK	SFC	64	SFC	64	读取系统时间
45		Varl	MB	1	BYTE		中间继电器
46		Werkstueck	M	2.4	BOOL		

操作要求：开始前检测站是否复位，如果没有复位，复位灯亮，已经复位，开始灯亮，按下开始按钮，如果有工件，传送带运动，挡块在伸出位置，检测工件的颜色，分拣手臂根据不同的工件颜色进行分类。如图 2-8-10 所示。

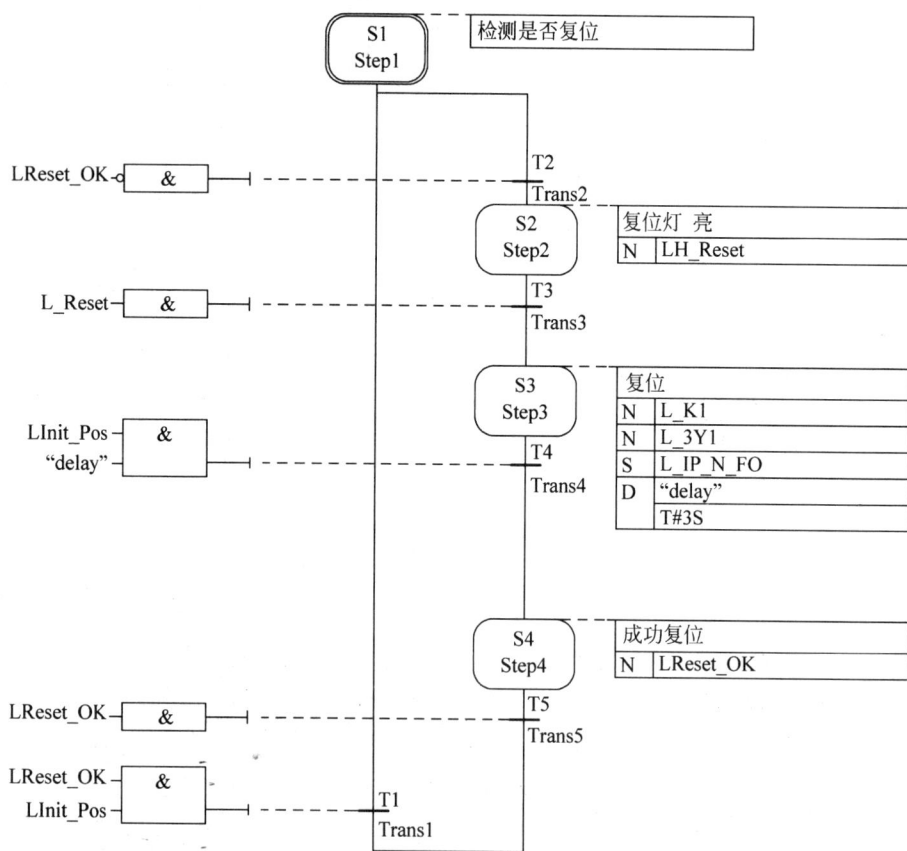

图 2-8-10　分拣单元操作要求

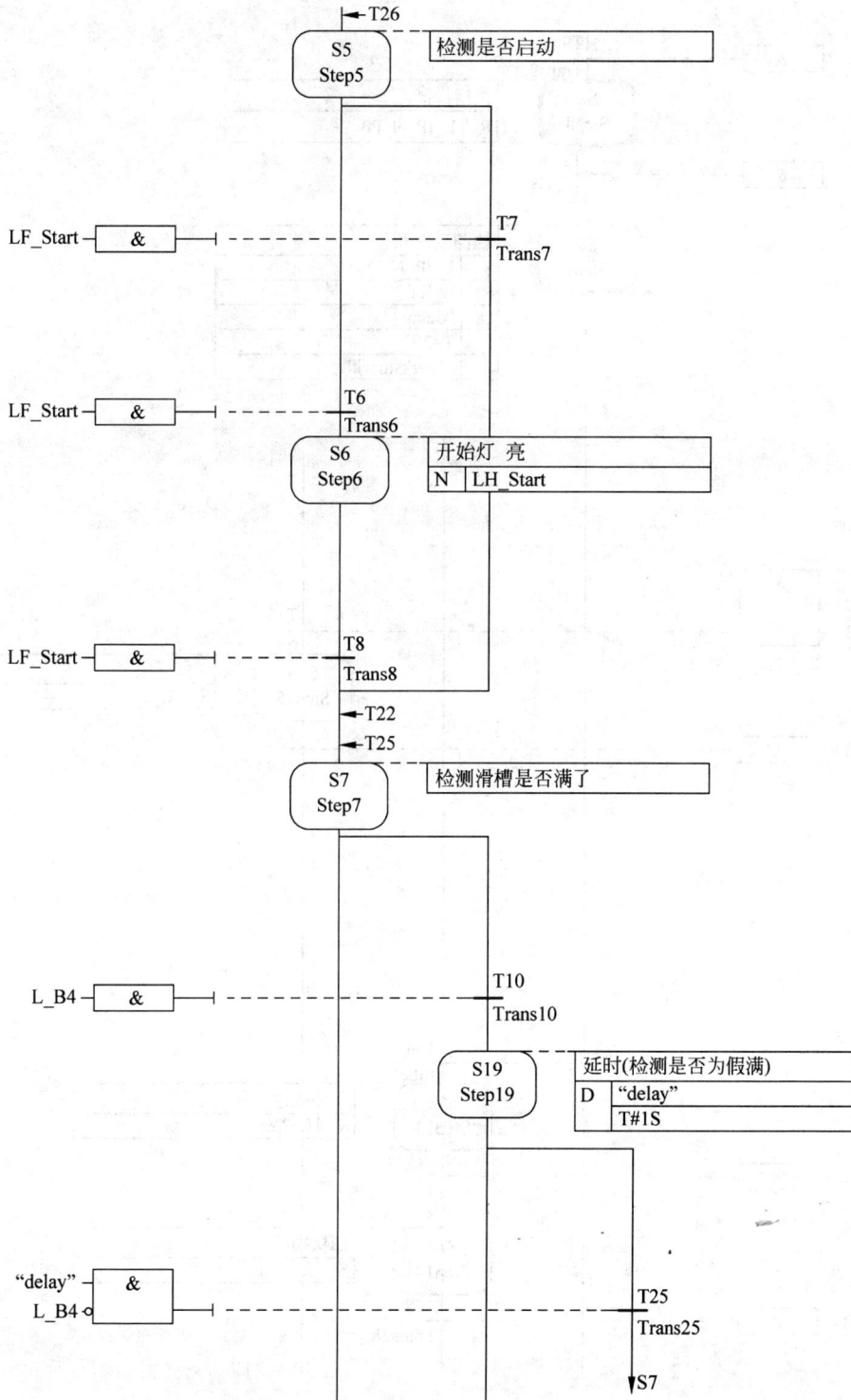

图 2-8-10(续)

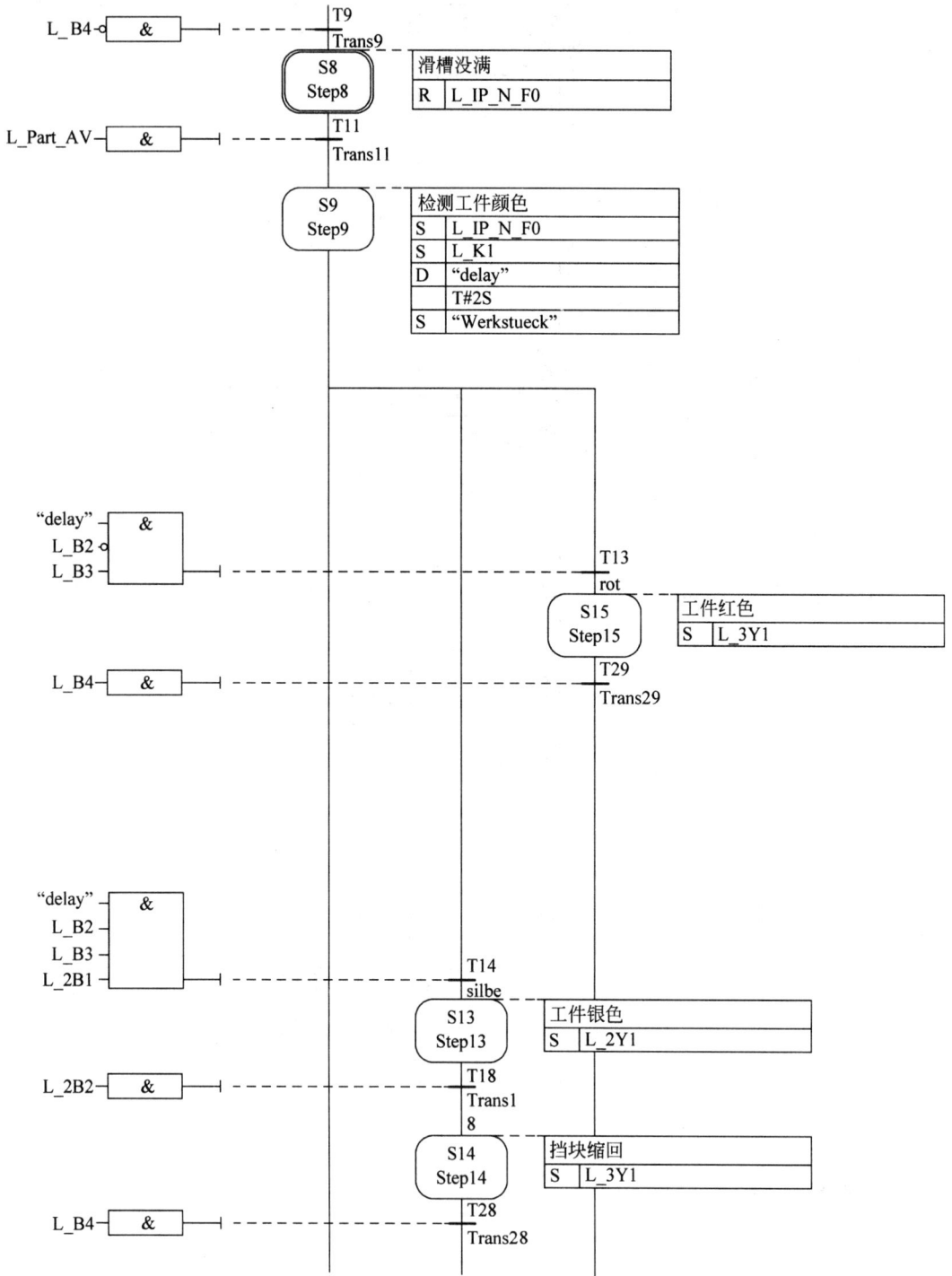

L_B4 ─○& ─ ─ ─ ─ │T9
                  Trans9

| S8 Step8 | 滑槽没满 |
| | R L_IP_N_F0 |

L_Part_AV ─& ─ ─ ─ ─ │T11
                      Trans11

S9 Step9	检测工件颜色
	S L_IP_N_F0
	S L_K1
	D "delay"
	T#2S
	S "Werkstueck"

"delay" ─&
L_B2 ─○
L_B3 ─ ─ ─ ─ ─ │T13
               rot

| S15 Step15 | 工件红色 |
| | S L_3Y1 |

L_B4 ─& ─ ─ ─ ─ │T29
                Trans29

"delay" ─&
L_B2
L_B3
L_2B1 ─ ─ ─ ─ ─ │T14
                silbe

| S13 Step13 | 工件银色 |
| | S L_2Y1 |

L_2B2 ─& ─ ─ ─ ─ │T18
                 Trans18

| S14 Step14 | 挡块缩回 |
| | S L_3Y1 |

L_B4 ─& ─ ─ ─ ─ │T28
                Trans28

图 2-8-10(续)

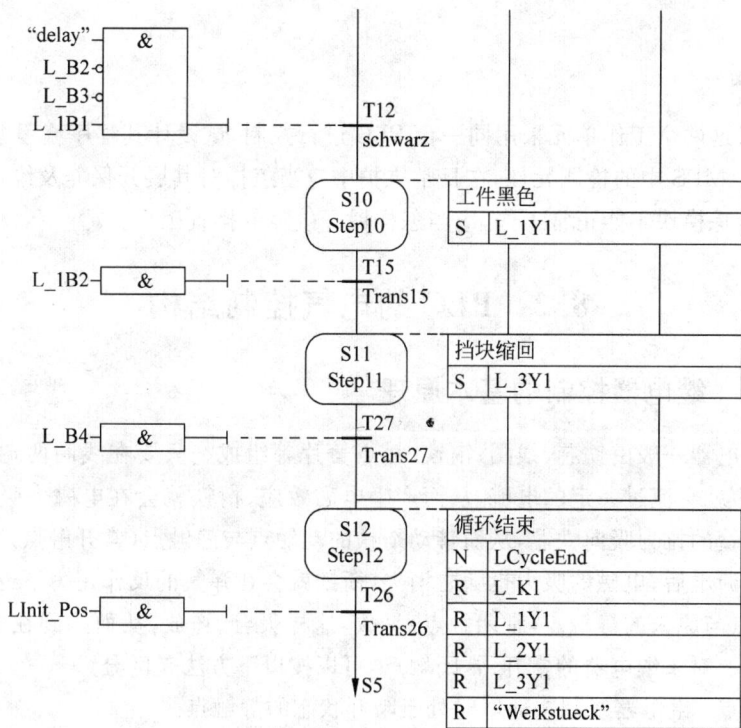

图　2-8-10(续)

8.1.5　成果检验

依据此前检验各个任务成果的基本原则展开。

两个单元均采用了同一个 PLC 进行程序控制。因此,在程序设计中,从程序的运行维护方面考虑,需要在同样的工作任务之内设置多个模块,可设置全局变量,从而方便对成品分流的判断。

8.1.6　任务总结

操作手单元和分拣单元是 MPS 的最后两个工作单元,其主要工作目的在于将业已加工完善的产品进行归类,实现自动化生产环节的最后一个步骤。

这两个单元实际上可采用同一台 PLC 完成工作,操作手单元所完成的动作较为单一,将工件提升到指定的地点即可,余下的工作由分拣单元实现。分拣单元的构成与 MPS 的其他单元类似,通过传感器对工件成品的属性进行判定,根据属性对成品进行归类,实现分拣的功能。在任务 8 内,两个单元系统设计和调试的完成标志着 MPS 全部工作任务的完成。至此,一个完整的生产加工系统,在从任务 2 开始至本工作任务截止的 7 个环节中得到了完整的呈现,包含动力传递结构、电气控制结构和 PLC 的软硬件设计、设备常用维护和检修技术等内容。MPS 是一个位于实验室条件下的自动化生产系统模型,通过对 MPS 的全面掌握,为今后实际生产线的操作、维护及工作原理的掌握奠定了良好的基础。

思考题

1. 若对这两个工作单元采用同一台 PLC 进行控制,试设计其程序流程图。
2. 对于 MPS 中的检测元件,在日常维护中应当怎样对其展开保养及维护工作?
3. 若分拣模块不能正常工作,应当怎样展开故障的排查工作?

8.2 PLC 的电气控制结构

8.2.1 继电器控制的基本原理

电磁继电器一般由铁芯、线圈、衔铁、触点簧片等组成。只要在线圈两端加上一定的电压,线圈中就会流过一定的电流,从而产生电磁效应,衔铁就会在电磁力吸引的作用下克服返回弹簧的拉力吸向铁芯,从而带动衔铁的动触点与静触点(常开触点)吸合。

当线圈断电后,电磁的吸力也随之消失,衔铁就会在弹簧的反作用力下返回原来的位置,使动触点与原来的静触点(常闭触点)释放,这样吸合、释放,从而达到在电路中导通、切断的目的。对于继电器的常开、常闭触点,可以按以下方法来区分。

常开触点:继电器线圈未通电时处于断开状态的静触点。

常闭触点:处于接通状态的静触点。

继电器一般有两类控制电路,即低压控制电路和高压工作电路,MPS 中采用了小型的直流电磁继电器,在与 MPS 对应的实际生产系统中,将视 PLC 的型号而定,可采用具有较大通断电流的交流线圈中间继电器。

小型直流电磁继电器涉及以下变量。

(1)线圈直流电阻:指用万用表测出的线圈的电阻值。

(2)额定工作电压或额定工作电流:指继电器正常工作时线圈的电压或电流值。有时,手册中只给出额定工作电压或额定工作电流,这时就可以用欧姆定律算出没给出的额定电流或额定电压值,即 $I=U/R, U=IR, R$ 为继电器线圈的直流电阻。

(3)吸合电压或电流:指继电器产生吸合时的最小电压或电流。如果只给继电器的线圈加上吸合电压,这时的吸合是不牢靠的。一般吸合电压为额定工作电压的 75% 左右。

(4)释放电压或电流:指继电器两端的电压减小到一定数值时,继电器从吸合状态转到释放状态时的电压值。释放电压要比吸合电压小得多,一般释放电压是吸合电压的 1/4 左右。

(5)触点负载:指继电器的触点在切换时能承受的电压和电流值。

8.2.2 PLC 的 I/O 驱动

在 PLC 电路中间通常使用继电器进行外部用电器的驱动,如图 2-8-11 所示。

在 PLC 电路中,由于 PLC 本身的输出触点驱动能力有限,对于功率很小的灯泡或

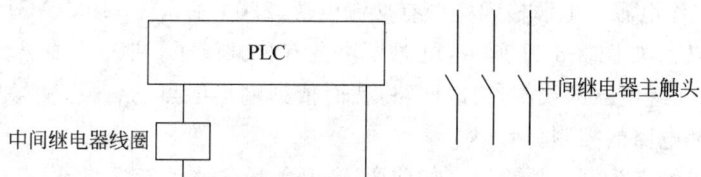

图 2-8-11 PLC 的 I/O 驱动示意图

LED 尚可,对于功率稍大的用电器,则不能实现正常驱动,否则会因驱动电流过大(相对于 PLC 输出触点而言为过载)而损坏 PLC 输出触点,因此,输出触点直接驱动中间继电器,由中间继电器的主触点连接外接电源,对大功率用电器进行驱动。

PLC 的输出端口和公共端构成闭合回路,通过这种模式实现继电器的线圈得电/失电,从而控制了继电器工作,不同厂家、不同种类的继电器的该类"回路"所采用的电源制式不同,从直流 24V 到交流 220V 不等。通常,在小型及控制电路中,使用比较广泛的是直流继电器。

8.2.3 PLC 的接口卡

1. PLC 的构成

从结构上分,PLC 分为固定式和组合式(模块式)两种。固定式 PLC 包括 CPU 板、I/O 板、显示面板、内存块、电源等,这些元素组合成一个不可拆卸的整体。模块式 PLC 包括 CPU 模块、I/O 模块、内存、电源模块、底板或机架,这些模块可以按照一定的规则组合配置。

2. I/O 模块

PLC 与电气回路的接口是通过输入输出部分(I/O)完成的。I/O 模块集成了 PLC 的 I/O 电路,其输入暂存器反映输入信号状态,输出点反映输出锁存器状态。输入模块将电信号变换成数字信号送入 PLC 系统,输出模块相反。I/O 分为开关量输入(DI)、开关量输出(DO)、模拟量输入(AI)、模拟量输出(AO)等模块。

开关量是指只有开和关(或 1 和 0)两种状态的信号,模拟量是指连续变化的量。常用的 I/O 分类如下。

(1) 开关量:按电压水平分,有 220V AC、110V AC、24V DC;按隔离方式分,有继电器隔离和晶体管隔离。

(2) 模拟量:按信号类型分,有电流型($4\sim20\text{mA}$,$0\sim20\text{mA}$)、电压型($0\sim10\text{V}$,$0\sim5\text{V}$,$-10\sim10\text{V}$)等,按精度分,有 12bit、14bit、16bit 等。除了上述通用的 I/O 外,还有特殊的 I/O 模块,如热电阻、热电偶、脉冲等模块。按 I/O 点数确定模块规格及数量,I/O 模块可多可少,但其最大数受 CPU 管理基本配置的能力,即受最大的底板或机架槽数限制。

3. 电源模块

PLC 电源用于为 PLC 各模块的集成电路提供工作电源。同时,有的还为输入电路提供 24V 的工作电源。电源输入类型有交流电源(220V AC 或 110V AC)、直流电源(常用的为 24V AC),如图 2-8-11 所示,电源模块具有公共端子,在公共端子和 PLC 输出触点之间连接中间继电器的线圈,构成回路,从而依据输出触点的信号,使得中间继电器动作,实现对外部电路的控制。

通常,输出触点为开关量输出。如前所述,开关量的驱动能力有限。

8.3 加工单元、操作手单元和分拣单元

8.3.1 旋转工作台

旋转工作台模块主要由旋转工作台、直流电动机、电感式接近开关、漫反射式光电传

图 2-8-12 旋转工作台

感器、支架、定位凸块等组成。旋转工作台被直接固定在铝合金底板上,通过直流电机驱动旋转,实现各工位上下工件的功能,如图 2-8-12 所示。

旋转工作台的参数在任务 7 中已经进行简要的介绍,此处不再赘述。

旋转工作台的动作是由 PLC 来控制实现的,PLC 的输出触点通过 I/O 接口卡控制继电器的通断,继而使得连接在旋转工作台上的直流电动机具有"转动"和"停止"两种状态。

8.3.2 电感式接近开关传感器

1. 定义

接近开关传感器是代替限位开关等接触式检测方式,以无须接触检测对象进行检测为目的的传感器的总称,如图 2-8-13 所示。能把检测对象的移动信息和存在信息转换为电信号。在转换为电信号的检测方式中,包括利用电磁感应引起的检测对象的金属体中产生涡电流的方式、捕捉物体的接近引起的电气信号容量变化的方式等。将检测金属存在的感应型接近传感器、检测金属及非金属物体存在的静电容量型接近传感器、利用磁力产生的直流磁场的开关定义为"接近传感器"。

接近开关是一种无须与运动部件进行机械接触即可操作的位置开关。当物体接近开关的能感应到的距离时,不需要机械接触及施加任何压力即可使开关动作,从而驱动交流或直流电器或给计算机装置提供控制指令。接近开关是一种开关型传感器(即无触点开关),它既有行程开关、微动开关的特性,同时具有传感性能,且动作可靠,性能稳定,频率响应快,应用寿命长,抗干扰能力强等,并且具有防水、防震、耐

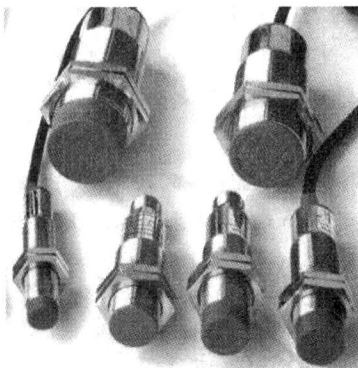

图 2-8-13 电感式接近开关传感器

腐蚀等特点。产品有电感式、电容式、霍尔式、交流型、直流型。

接近开关又称为无触点接近开关，是理想的电子开关量传感器。当金属检测体接近开关的感应区域时，开关就能无接触、无压力、无火花，迅速发出电气指令，准确反映出运动机构的位置和行程，即使用于一般的行程控制，其定位精度、操作频率、使用寿命、安装调整的方便性和对恶劣环境的适应能力也是一般机械式行程开关所不能相比的。它被广泛地应用于机床、冶金、化工、轻纺和印刷等行业。在自动控制系统中可作为限位、计数、定位控制和自动保护环节。接近开关具有使用寿命长、工作可靠、重复定位精度高、无机械磨损、无火花、无噪声、抗振能力强等特点。因此到目前为止，接近开关的应用范围日益广泛，其自身发展和创新的速度也极快。

2. 主要功能

（1）检验距离

检测电梯、升降设备的停止、启动、通过位置；检测车辆的位置，防止两物体相撞；检测工作机械的设定位置，移动机器或部件的极限位置；检测回转体的停止位置；检测阀门的开或关位置；检测气缸或液压缸内的活塞移动位置。

（2）尺寸控制

金属板冲剪的尺寸控制装置；自动选择、鉴别金属件长度；检测自动装卸时堆物的高度；检测物品的长、宽、高和体积。

（3）检测物体是否存在

检测生产包装线上有无产品包装箱；检测有无产品零件。

（4）转速与速度控制

控制传送带的速度；控制旋转机械的转速；与各种脉冲发生器一起控制转速和转数。

（5）计数及控制

检测生产线上的产品数；高速旋转轴或盘的转数计量；零部件计数。

（6）检测异常

检测瓶盖有无；判断产品是否合格；检测包装盒内的金属制品是否缺乏；区分金属与非金属零件；产品有无标牌检测；起重机危险区报警；安全扶梯自动启停。

（7）计量控制

产品或零件的自动计量；检测计量器、仪表的指针范围而控制数或流量；检测浮标控制测面高度、流量；检测不锈钢桶中的铁浮标；仪表量程上限或下限的控制；流量控制；水平面控制。

（8）识别对象

根据载体上的编码进行"是"与"非"的识别判定。

（9）信息传送

ASI（总线）连接设备各个位置上的传感器在生产线（50～100m）中的数据往返传送等。

3. 接近开关分类及结构

接近开关的作用是当某物体与接近开关接近并达到一定距离时发出信号。不需要施加外力,是一种无触点式的主令电器。它的用途已远远超出行程开关所具备的行程控制及限位保护。接近开关可用于高速计数、检测金属体的存在、测速、液位控制、检测零件尺寸、无触点式按钮等。

(1) 目前应用较为广泛的接近开关按工作原理可以分为以下几种类型。

① 高频振荡型:用以检测各种金属体。

② 电容型:用以检测各种导电或不导电的液体或固体。

③ 光电型:用以检测所有不透光物质。

④ 超声波型:用以检测不透过超声波的物质。

⑤ 电磁感应型:用以检测导磁或不导磁金属。

按其外形可分为圆柱形、方形、沟型、穿孔(贯通)型和分离型。圆柱形比方形安装方便,但其检测特性相同;沟型的检测部位是在槽内侧,用于检测通过槽内的物体;贯通型在我国很少生产,而在日本则应用较为普遍,可用于小螺钉或滚珠之类的小零件和浮标组装成水位检测装置等。

(2) 接近开关按供电方式可分为直流型和交流型。

接近开关按输出形式又可分为直流两线制、直流三线制、直流四线制、交流两线制和交流三线制。

① 两线制接近开关:两线制接近开关安装简单,接线方便,应用比较广泛,但却有残余电压和漏电流大的缺点。

② 直流三线制:直流三线制接近开关的输出型有 NPN 和 PNP 两种。20 世纪 70 年代的日本产品绝大多数是 NPN 输出,在西欧各国 NPN、PNP 两种输出型都有。较多的PNP 输出接近开关被应用在 PLC 或计算机中作为控制指令,而 NPN 输出接近开关则多用于控制直流继电器,在实际应用中要根据控制电路的特性选择其输出形式。

4. 接近开关的选型

对于不同材质的检测体和不同的检测距离,应选用不同类型的接近开关,以使其在系统中具有较高的性能价格比,为此在选型中应遵循以下原则。

(1) 当检测体为金属材料时,应选用高频振荡型接近开关。该类型接近开关对于铁镍、A3 钢类检测体检测最灵敏;对于铝、黄铜和不锈钢类检测体,其检测灵敏度较低。

(2) 当检测体为非金属材料时,如木材、纸张、塑料、玻璃和水等,应选用电容型接近开关。

(3) 要对金属体和非金属体进行远距离检测和控制时,应选用光电型接近开关或超声波型接近开关。

(4) 当检测体为金属时,若检测灵敏度要求不高,可选用价格低廉的磁性接近开关或霍尔式接近开关。

8.3.3　漫反射式光电传感器

漫反射式光电传感器属于光电类别的传感器,如图 2-8-14 所示,其工作原理大致相同,它们之间的最大区别在于对于不同环境的敏感度不同,工作环境不同。漫反射式光电传感器与前述的对射式光电传感器在性能上和价格上都没有较大差别。因此,关于漫反射式光电传感器的工作原理,可参照前面介绍的对射式光电传感器,以下为漫反射式光电传感器在使用时要注意的事项。

图 2-8-14　漫反射式光电传感器

(1)漫反射式光电传感器的工作原理是传感器红外发射管发射出红外光,接收管根据反射回来的红外光强度大小来计数,故被检测的工件或物体表面必须有黑白相间的部位用于吸收和反射红外光,这样接收管才能有效地截止和饱和,从而达到计数的目的。

(2)在使用过程中,光电传感器的前端面与被检测的工件或物体表面必须保持平行,这样光电传感器的转换效率最高。

(3)光电传感器的前端面与反光板的距离保持在规定的范围内。

(4)光电传感器必须安装在没有强光直接照射的地方,因强光中的红外光将影响接收管的正常工作。

(5)光电传感器的红外发射管的电流在 2~10mA 之间时发光强度与电流的线性最佳,所以电流取值一般不超过这个范围。取值太大发射管的光衰也大,长时间工作将影响寿命;在电池供电的情况下电流取值应小,此时抗干扰性下降,在进行结构设计时应考虑这点,尽量避免外界光干扰等不利因素。

(6)安装焊接时,光电传感器的引脚根部与焊盘的最小距离不得小于 5mm,否则焊接时易损坏管芯,或引起管芯性能的变化。焊接时间应小于 4 秒。

(7)保证光电传感器最佳工作状态的参数选择方法:根据实际的检测距离选取光电传感器的型号。

8.4　MPS 设备的常规养护技术及养护管理制度

1．设备维护概念

设备维护是指设备维修与保养的结合,是为了防止设备性能劣化或降低设备失效的概率,按事先规定的计划或相应技术条件的规定进行的技术管理措施。

当生产线设备发生故障时,操作者需要第一时间迅速通知设备维护人员前来维护。

2．设备维护理念

设备的维护修理如果只是在问题出现时才着手进行,将会导致生产能力和品质低下,失去竞争力。因此,有必要对设备保养的一些基本方法进行分类研究。

基本的设备维护方式有如下几种。

① 事后维护；

② 预防维护；

③ 生产维护；

④ 全公司的生产维护；

⑤ 预知维护(包含有状态基准维护和时间基准维护两种)。

在日本,设备管理的过程分为以下5个阶段。

第一阶段：事后维护

在1950年以前所进行的都是事后维护。

事后维护的想法就是等到设备坏了再修理。即使现在,当生产设备的停机损失可以忽略时也可以采取事后维护的方案。修理作业的发生如果是突发性的,在事前制订计划是很难的,因此不利于人员、材料、器材的分配和安排。还有当平均故障间隔不确定时,平均修复期间短,定期地进行部件交换要花费高额费用,在这种情况下也可采取事后维护。

第二阶段：预防维护

预防维护在1950年左右被引入美国,这种方法是在设备发生故障之前进行维护。

预防维护是为了防止设备突发故障造成停机而采取的一种方法,是根据经济的时间间隔对部件或某个单元进行更换的维护方式。

预防维护的间隔时间可根据设备的规模或寿命等来定。可以一年一次或每半年一次或一月一次或一周一次进行定期点检或是修理或是大修。预防维护如果过多就不经济实惠了。

第三阶段：生产维护

20世纪60年代考虑使用的是生产维护。这是在确保能提高设备生产性的前提下最经济的维护方式。这种方式就是将设备整个运行过程中的花费或维持设备运转的一切费用与设备的劣化损失以及相应判断结合起来,然后决定怎样维护的一种方式。有以下两种方式和思路。

(1) 改良维护

为了使设备的维护和修理更容易,不需要修理维护,但可以进行设备改良,也就是说通过改善和改良设备的生产性而对设备进行的技术改良。

(2) 维护预防

为了从根本上降低设备的维护费用,与其只是考虑如何维护,还不如制造不需要维护的设备或是购入时就充分考虑到设备的维护。这种想法能最大限度地达到设备维护的经济性,称为维护预防。

第四阶段：全员参加的生产维护

从1970年开始就进入了包含作业者自主组成的小集团活动为单位的全公司性的生产维护。日本电装在1971年发表了一篇名为"全员参加的生产维护(TPM)"的文章,指出生产预防(保养)不单是办公室人的责任,而是包括所有岗位责任人为中心的所有经营层、管理层及作业员在内的全公司式的一种全员预防。

经营层是推进生产维护的责任人,全体作业员要抱着热情参与的态度,即使可能还没有成熟和完善,但是这已经是 TPM 活动诞生的标志。

第五阶段:预知维护

第五阶段就是在 20 世纪 80 年代开始普及的预知保全。

预知保全是对设备的劣化状况或性能状况进行诊断,然后在诊断状况的基础上开展保养、维护活动。因此,前提是要尽量正确并且高精度地把握好设备的劣化状况。

对劣化状态进行观测、在真正需要维护的必要时候实施维护,就是状态基准(监视)维护,随着对设备的状况进行定量的把握和设备故障诊断技术的提高,从根据时间进行点检检查和修理过渡到以设备的状态为基准进行判断。

以时间为基准的就叫做时间基准维护或计划维护。

8.4.1 电气设备与维护

1. 电气设备维修的 10 项原则

(1)先动口再动手

对于有故障的电气设备,不应急于动手,应先询问产生故障的前后经过及故障现象。对于生疏的设备,还应先熟悉电路原理和结构特点,遵守相应规则。拆卸前要充分熟悉每个电气部件的功能、位置、连接方式以及与四周其他器件的关系,在没有组装图的情况下,应一边拆卸,一边画草图,并记上标记。

(2)先外部后内部

应先检查设备有无明显裂痕、缺损,了解其维修史、使用年限等,然后再对机内进行检查。拆前应排查周边的故障因素,确定为机内故障后才能拆卸。否则,盲目拆卸,可能将设备越修越坏。

(3)先机械后电气

只有在确定机械零件无故障后,才能进行电气方面的检查。检查电路故障时,应利用检测仪器寻找故障部位,确认无接触不良故障后,再有针对性地查看线路与机械的运作关系,以免误判。

(4)先静态后动态

在设备未通电时,判定电气设备按钮、接触器、热继电器以及保险丝的好坏,从而判定故障的所在。然后进行通电试验,听其声、测参数、判定故障,最后进行维修。如在电动机缺相时,若测量三相电压值无法判别时,就应该听其声,单独测每相对地电压,方可判定哪一相缺损。

(5)先清洁后维修

对于污染较重的电气设备,先对其按钮、接线点、接触点进行清洁,检查外部控制键是否失灵。许多故障都是由脏污及导电尘块引起的,清洁后故障往往会排除。

(6)先电源后设备

电源部分的故障率在整个故障设备中占的比例很高,所以先检修电源往往可以事半功倍。

（7）先普遍后非凡

由装配件质量或其他设备故障而引起的故障，一般占常见故障的50％左右。电气设备的非凡故障多为软故障，要靠经验和仪表来测量和维修。

（8）先外围后内部

先不急于更换损坏的电气部件，在确认外围设备电路正常时，再考虑更换损坏的电气部件。

（9）先直流后交流

检修时，必须先检查直流回路静态工作点，再检查交流回路动态工作点。

（10）先故障后调试

对于调试和故障并存的电气设备，应先排除故障，再进行调试。调试必须在电气线路无故障的前提下进行。

2. 检查方法和操作实践

（1）直观法：根据电器故障的外部表现，通过看、闻、听等手段，检查、判定故障的方法。

① 执行以下检查步骤。

a. 调查情况：向操作者和故障在场人员询问情况，包括故障外部表现、大致部位、发生故障时环境情况。如有无异常气体、明火，热源是否靠近电器，有无腐蚀性气体侵入，有无漏水，是否有人修理过，修理的内容等。

b. 初步检查：根据调查的情况，看有关电器外部有无损坏，连线有无断路、松动，绝缘有无烧焦，螺旋熔断器的熔断指示器是否跳出，电器有无进水、油垢，开关位置是否正确等。

c. 试车：通过初步检查，如果存在会使故障进一步扩大进而造成人身、设备事故的可能性，要进一步试车检查，试车中要注意有无严重跳火、异常气味、异常声音等现象，一经发现应立即停车，切断电源。注意检查电器的温升及电器的动作程序是否符合电气设备原理图的要求，从而发现故障部位。

② 检查方法有以下几种。

观察火花：电器的触点在闭合、分断电路或导线线头松动时会产生火花，因此可以根据火花的有无、大小等来检查电器故障。例如，正常紧固的导线与螺钉间发现有火花时，说明线头松动或接触不良。电器的触点在闭合、分断电路时跳火说明电路通，不跳火说明电路不通。控制电动机的接触器主触点两相有火花、一相无火花时，表明无火花的一相触点接触不良或这一相电路断路；三相中两相的火花比正常大，另一相比正常小，可初步判定为电动机相间短路或接地；三相火花都比正常大，可能是电动机过载或机械部分卡住。在辅助电路中，接触器线圈电路通电后，衔铁不吸合，要分清是电路断路还是接触器机械部分卡住造成的。可按一下启动按钮，如按钮常开触点闭合位置断开时有稍微的火花，说明电路通路，故障在接触器的机械部分；如触点间无火花，说明电路是断路。

动作程序：电器的动作程序应符合电气说明书和图纸的要求。如某一电路上的电器动作过早、过晚或不动作，说明该电路或电器有故障。另外，还可以根据电器发出的声音、温度、压力、气味等分析判定故障。运用直观法，不但可以确定简单的故障，还可以把较复杂的故障缩小到较小的范围。

测电压法：测量电压法是根据电器的供电方式,测量各点的电压值与电流值并与正常值进行比较。具体可分为分阶测量法、分段测量法和点测法。

测电阻法：可分为分阶测量法和分段测量法。这两种方法适用于开关、电器分布距离较大的电气设备。

（2）对比法：把检测数据与图纸资料及平时记录的正常参数相比较来判定故障。对无资料又无平时记录的电器,可与同型号的完好电器相比较。电路中的电器元件属于同样控制性质或多个元件共同控制同一设备时,可以利用其他相似的或同一电源的元件动作情况来判定故障。

（3）置转换元件法：某些电路的故障原因不易确定或检查时间过长时,为了保证电气设备的利用率,可转换同一相性能良好的元器件实验,以证实故障是否由此电器引起。运用置换元件法检查时应注意：当把原电器拆下后,要认真检查是否已经损坏,只有确定是由于该电器本身因素造成的损坏时,才能换上新电器,以免新换元件再次损坏。

（4）逐步开路（或接入）法：多支路并联且控制较复杂的电路短路或接地时,一般有明显的外部表现,如冒烟、有火花等。电动机内部或带有护罩的电路短路、接地时,除熔断器熔断外,不易发现其他外部现象。这种情况可采用逐步开路（或接入）法进行检查。逐步开路法：碰到难以检查的短路或接地故障,可重新更换熔体,把多支路交联电路,一路一路逐步或重点地从电路中断开,然后通电试验,若熔断器再次熔断,则故障就在刚刚断开的这条电路上。然后再将这条支路分成几段,逐段地接入电路。当接入某段电路时熔断器又熔断,则故障就在这段电路及某电器元件上。这种方法简单,但容易把损坏不严重的电器元件彻底烧毁。逐步接入法：电路出现短路或接地故障时,换上新熔断器逐步或重点地将各支路一条一条地接入电源,重新试验。当接到某段时熔断器又熔断,则故障就在刚刚接入的这条电路及其所包含的电器元件上。

① 强迫闭合法：在排除电器故障时,经过直观检查后没有找到故障点,且没有适当的仪表进行测量时,可用一绝缘棒将有关继电器、接触器、电磁铁等用外力强行按下,使其常开触点闭合,然后观察电器部分或机械部分出现的各种现象,如电动机从不转动到转动,设备相应的部分从不动到正常运行等。

② 短接法：设备电路或电器的故障大致归纳为短路、过载、断路、接地、接线错误、电器的电磁及机械部分故障6类,其中出现较多的为断路故障。它包括导线断路、虚连、松动、触点接触不良、虚焊、假焊、熔断器熔断等。对这类故障除用电阻法、电压法检查外,还有一种更为简单可行的方法,就是短接法。方法是用一根良好绝缘的导线,将所怀疑的断路部位短路接起来,如短接到某处,电路工作恢复正常,说明该处断路。具体操作可分为局部短接法和长短接法。

3. 总结

以上几种检查方法要灵活运用,遵守安全操作规章。对于连续烧坏的元器件应查明原因后再进行更换；测量电压时应考虑到导线的压降；不违反设备电器控制的原则,试车时手不得离开电源开关,并且电流应等量或略小于额定电流；注重测量仪器挡位的选择。

8.4.2 机械设备维护与保养

1. 设备的维护保养

通过擦拭、清扫、润滑、调整等一般方法对设备进行护理,以维持和保护设备的性能和技术状况,称为设备维护保养。

设备维护保养的要求主要有以下 4 项。

(1) 清洁

设备内外整洁,各滑动面、丝杠、齿条、齿轮箱、油孔等处无油污,各部位不漏油、不漏气,设备周围的切屑、杂物、脏物要清扫干净。

(2) 整齐

工具、附件、工件(产品)要放置整齐,管道、线路要有条理。

(3) 润滑良好

按时加油或换油。不断油,无干磨现象,油压正常,油标明亮,油路畅通,油质符合要求,油枪、油杯、油毡清洁。

(4) 安全

遵守安全操作规程,不超负荷使用设备,设备的安全防护装置齐全可靠,及时消除不安全因素。

2. 设备日常维护

设备的维护保养内容一般包括日常维护、定期维护、定期检查和精度检查,设备润滑和冷却系统维护也是设备维护保养的一个重要内容。

设备的日常维护保养是设备维护的基础工作,必须做到制度化和规范化。对设备的定期维护保养工作要制定工作定额和物资消耗定额,并按定额进行考核,设备定期维护保养工作应纳入车间承包责任制的考核内容。设备定期检查是一种有计划的预防性检查,检查的手段除了包括通过人的感官以外,还包括采用一定的检查工具和仪器,按定期检查卡执行,定期检查又称为定期点检。对机械设备还应进行精度检查,以确定设备实际精度的优劣程度。

设备维护应按维护规程进行。设备维护规程是对设备日常维护方面的要求和规定,坚持执行设备维护规程,可以延长设备使用寿命,保证安全、舒适的工作环境。其主要内容应包括:

(1) 设备要达到整齐、清洁、坚固、润滑、防腐、安全等的作业内容、作业方法、使用的工器具及材料、达到的标准及注意事项。

(2) 日常检查维护及定期检查的部位、方法和标准。

(3) 检查和评定操作工人维护设备程度的内容和方法等。

3. 我国设备维护三级保养标准

三级保养除了日常保养外,还有一级保养和二级保养。

一级保养:一级保养以操作工人为主,维修工人协助,按计划对设备局部进行拆卸和检查,清洗规定的部位,疏通油路、管道,更换或清洗油线、毛毡、滤油器,调整设备各部位的配合间隙,紧固设备的各个部位。一级保养所用时间为 4～8h,完成后应做记录并注明尚未清除的缺陷,车间机械员组织验收。一级保养的范围应是企业全部在用设备,对重点设备应严格执行。一级保养的主要目的是减少设备磨损,消除隐患,延长设备使用寿命,为完成到下次一级保养期间的生产任务在设备方面提供保障。

二级保养:二级保养以维修工人为主,操作工人参加完成。二级保养列入设备的检修计划,对设备进行部分解体检查和修理,更换或修复磨损件,清洗、换油、检查修理电气部分,使设备的技术状况全面达到规定设备完好标准的要求。二级保养所用时间为 7 天左右。

二级保养完成后,维修工人应详细填写检修记录,由车间机械员和操作者验收,验收单交设备动力科存档。二级保养的主要目的是使设备达到完好标准,提高和巩固设备完好率,延长大修周期。

4．精密设备使用维护要求

(1) 必须严格按说明书规定安装设备。

(2) 对于对环境有特殊要求的设备(恒温、恒湿、防震、防尘)企业应采取相应措施,确保设备精度性能。

(3) 在设备的日常维护保养中不许拆卸零部件,发现异常应立即停车,不允许带病运转。

(4) 严格执行设备说明书规定的切削规范,只允许按直接用途进行零件精加工。加工余量应尽可能小。加工铸件时,毛坯面应预先喷砂或涂漆。

(5) 非工作时间应加护罩,长时间停歇,应定期进行擦拭、润滑、空运转。

(6) 附件和专用工具应有专用柜架搁置,保持清洁,防止研伤,不得外借。

5．动力设备的使用维护要求

动力设备是企业的关键设备,在运行中有高温、高压、易燃、有毒等危险因素,是保证安全生产的要害部位,为了做到安全、连续、稳定供应生产上所需的动能,对动力设备的使用维护有以下特殊要求。

(1) 运行操作人员必须事先培训并且考试合格。

(2) 必须有完整的技术资料、安全运行技术规程和运行记录。

(3) 运行人员在值班期间应随时进行巡回检查,不得随意离开工作岗位。

(4) 在运行过程中遇到不正常情况时,值班人员应根据操作规程进行紧急处理,并及时报告上级。

(5) 保证各种指示仪表和安全装置灵敏准确,定期校验。备用设备应完整可靠。

(6) 动力设备不得带病运转,任何一处发生故障必须及时消除。

(7) 定期进行预防性试验和季节性检查。

(8) 经常对值班人员进行安全教育,严格执行安全保卫制度。

6．提高设备维护水平的措施

为了提高设备维护水平,应使维护工作基本做到三化,即规范化、工艺化、制度化。

规范化就是使维护内容统一,哪些部位该清洗、哪些零件该调整、哪些装置该检查,要根据各企业情况按客观规律加以统一考虑和规定。

工艺化就是根据不同设备制订各项维护工艺规程,按规程进行维护。

制度化就是根据不同设备的不同工作条件,规定不同维护周期和维护时间,并严格执行。

对于定期维护工作,要制定工时定额和物质消耗定额,并按定额进行考核。

参 考 文 献

[1] 刘增辉.模块化生产和加工系统应用技术[M].北京:电子工业出版社,2005

[2] 何瑞.模块化生产加工系统应用教程[M].北京:电子工业出版社,2008

[3] 何瑞.模块化生产加工系统应用教程[M].天津:天津大学出版社,2011

[4] 廖常初.S7-300/400 PLC 应用技术[M].北京:机械工业出版社,2011

[5] 刘增辉.S7-300 PLC 应用技术[M].北京:机械工业出版社,2011

[6] 张豪.机电一体化设备维修[M].北京:化学工业出版社,2011

[7] 吴先文.机电设备维修技术[M].北京:机械工业出版社,2009

[8] 薛建斌,楼佩煌.机电一体化维修工实用技术手册[M].南京:江苏科学技术出版社,2007

[9] 黄志坚.气动设备使用与维修技术[M].北京:中国电力出版社,2009

[10] 中国就业培训技术指导中心.常用机电设备液压与气动控制系统安装调试与维护[M].北京:中国劳动设备保障出版社,2011